DIANLI TONGXIN JISHU GAIZAO XIANGMU
BIAOZHUNHUA GUANLI SHOUCE

电力通信技术改造项目 标准化管理手册

赵景宏　申扬　主编

中国电力出版社
CHINA ELECTRIC POWER PRESS

内 容 提 要

本书针对电力生产技术改造项目管理的要求，分阶段系统性地描述通信技改项目的建设过程与要求，按照“分阶段、全过程”管控的建设方案，结合国家及行业工程项目最新制度要求修编而成。

全书共分5部分，分别是工程项目前期、工程实施过程、工程竣工管理、档案管理和评价机制。同时，为便于使用，附录部分收录了名词术语、规程规范及标准化管理模板等。

本书可供通信技术改造项目的管理人员使用，从事其他工程的配套通信技改工程相关人员可参照执行。

图书在版编目（CIP）数据

电力通信技术改造项目标准化管理手册 / 赵景宏，申扬主编. —北京：中国电力出版社，2019.1
ISBN 978-7-5198-2965-0

Ⅰ. ①电… Ⅱ. ①赵… ②申… Ⅲ. ①电力通信网–技术改造–项目管理–标准化管理–中国–手册 Ⅳ. ①TM73

中国版本图书馆CIP数据核字（2019）第026166号

出版发行：中国电力出版社
地　　址：北京市东城区北京站西街19号（邮政编码100005）
网　　址：http://www.cepp.sgcc.com.cn
责任编辑：邓慧都（010-63412636）
责任校对：黄　蓓　朱丽芳
装帧设计：张俊霞
责任印制：石　雷

印　　刷：三河市百盛印装有限公司
版　　次：2019年1月第一版
印　　次：2019年1月北京第一次印刷
开　　本：787毫米×1092毫米　16开本
印　　张：22.5
字　　数：518千字
印　　数：0001—2000册
定　　价：96.00元

编委会

前 言

《电力通信生产技术改造项目标准化管理手册》是针对通信技术改造工程，根据国家及行业工程管理要求，并参考了《国家电网有限公司项目管理部标准化管理手册（试行）（2018年版）》中电网项目管理的规定与办法，结合电力通信项目的特点，经过广泛征求各有关部门的管理要求及意见编制而成。

本书编制体现了四个特点：一是深入研究了通信技改工程的标准化建设及管理经验，结合国家及行业最新的管理要求；二是本书适用于各种通信技改工程的管理，统一各种类型，形成统一模式；三是本书采用按时间顺序进行编排并按施工监理进行分类，便于随时根据需要提取内容；四是明确了流程，突出主要管控节点，详细描述有关内容，并统一了管理模板。

本书主要明确了施工项目部与监理项目部两个项目部的定位、组建原则、组建方式与要求；明确了项目部工作职责及各岗位职责，以及施工项目部重点工作与关键管控节点。通过通信专业管理要求，明确项目管理、安全管理、质量管理、造价管理和技术管理五个专业的管理工作内容与方法、管理流程和管理依据。管理工作内容与方法主要明确了工作内容和基本方法，附录 C 中详细收录了各阶段的模板，各章节均有管理流程图，突出了通信技改管理重要单项业务的工作流程。根据国家档案管理办法并结合自身实际完成了通信技改项目的档案收集、整理、组卷。最后通过评价机制，对项目部工程合同履约、施工管理及成效等方面进行的综合评价，明确了评价方法、评价标准、评价结果应用等内容。

本手册管理模板中施工、监理项目部名称以项目部公章为准。报审表经建设单位审核签字后，加盖建设管理单位公章；需建设管理单位负责人签字的，加盖建设管理单位公章。

本书管理模板中施工项目部填写内容部分采用打印方式，监理项目部、建设单位、建设管理单位审查意见采用手写方式。其姓名、日期的签署均采用手写方式。

本书管理模板中一式多份文件应全部为原件归档。文件的份数根据各参建单位留存和各工程档案归档要求确定。移交归档的文件在移交前由组卷单位负责保管。

使用本书管理模板时不需要打印模板左上方“模板代码”字段和下方的“填写、使用说明”字段及相关内容。

本书的主要依据在附录 B 中列出了各项工作所依据的国家、行业等有关法律法规、管理制度、技术标准等。相关名词术语详见附录 A。本书管理模板代码的命名规则为 T 代表通信工程；Q 代表项目前期阶段；S 代表施工阶段；J 代表竣工阶段；XM 代表项目管理模板；AQ 代表安全管理模板；ZL 代表质量管理模板；JS 代表技术管理模板；ZJ 代表造价管理模板，详见附录 C。

限于编写人员水平，加之时间仓促，书中难免存在疏漏和不妥之处，敬请广大读者批评指正。

编　者

2018 年 9 月

目 录

第一部分

工 程 项 目 前 期

1 项目前期准备

1.1 施工项目部设置

施工项目部是由施工单位组织建立，履行项目建设过程管理职责的工程项目管理组织机构。施工项目部实行项目经理负责制，通过计划、组织、协调、监督手段推动工程建设按计划实施，执行有关法律法规及规章制度，对项目施工安全、质量、进度、造价、技术等实施现场管理，实现工程各项建设目标。

所有通信技改工程必须组建施工项目部，施工单位应在工程项目启动前按已签订的施工合同组建施工项目部，并以文件形式任命项目经理及其他主要管理人员并规定项目专属用章。

1.1.1 施工项目部职责

施工项目部主要职责如下：

（1）贯彻执行国家、行业、地方相关建设标准、规程和规范，落实国家各项管理制度，严格执行施工项目标准化建设各项要求。

（2）建立健全项目、安全、质量等管理网络，落实管理责任。

（3）编制项目管理策划文件，报监理项目部审查、项目建设单位审批后实施。

（4）报送施工进度、停电需求计划及重要业务调整计划，并进行动态管理，及时反馈物资供应情况。

（5）配合项目建设外部环境协调，重大问题及时报请项目建设单位协调。

（6）负责施工项目部人员及施工人员的安全、质量培训和教育，提供必需的安全防护用品和检测、计量设备。

（7）定期召开或参加工程例会、专题协调会，落实上级和项目安委会、项目建设单位、监理项目部的管理工作要求，协调解决施工过程中出现的问题。

（8）开展施工风险识别、评估工作，制订预控措施，并在施工中落实。

（9）建立现场施工机械安全管理机构，配备施工机械管理人员，落实施工机械安全管理责任，对进入现场的施工机械和工器具的安全状况进行准入检查，并监控施工过程中起重机械的安装、拆卸、重要吊装、关键工序作业，负责施工队（班组）安全工器具的定期试验、送检工作。

（10）参与编制和执行各类现场应急处置方案，配置现场应急资源，开展应急教育培训和应急演练，执行应急报告制度。

（11）负责组织现场安全文明施工；开展并参加各类安全检查，参加安全管理竞赛交流活动，对存在的问题闭环整改，对重复发生的问题制定防范措施。

（12）组织施工图预检，参加设计交底及施工图会检，严格按图施工。

（13）严格执行工程建设标准强制性条文，全面应用标准工艺，落实质量通病防治措施，通过数码照片等管理手段严格控制施工全过程的质量和工艺。

（14）规范开展施工质量自检工作，配合各级质量检查、质量监督、质量竞赛、质量验收等工作。

（15）报审工程资金使用计划，提交进度款申请，配合工程结算、审计及财务稽核工作。

（16）负责编制施工方案及重要业务调整施工方案、作业指导书或安全技术措施，组织全体施工人员进行交底，并按规定在交底书上签字确认。

（17）负责施工档案资料的收集、整理、归档、移交工作。

（18）工程发生质量事件、安全事故时，按规定程序及时上报，同时参与并配合项目质量事件、安全事故调查和处理工作。

（19）负责项目质保期内保修工作；参与工程达标投产和创优工作。

1.1.2 项目部组成人员

施工项目部配备施工项目负责人、项目经理、技术员、安全员、质检员、资料信息员、材料员、综合管理员等管理人员。施工项目部人员应保持相对稳定。施工单位不得随意撤换项目负责人，特殊原因需要撤换时，按有关合同规定征得建设管理单位同意后办理变更手续，并报监理项目部备案。项目负责人应具备项目综合管理能力和良好的协调能力，须通过组织的培训，考试合格后持证上岗。其他管理人员的配备，必须以管理到位履行职责为原则，可根据项目管理需要和管理人员情况，具体制定管理人员配备要求。项目部所有管理人员应满足相关岗位资质要求。

1.1.2.1 施工项目负责人

施工现场管理的第一责任人，全面负责施工项目部各项管理工作。

（1）主持施工项目部工作，在授权范围内代表施工单位全面履行施工承包合同；对施工生产和组织调度实施全过程管理，确保工程施工顺利进行。

（2）组织建立相关施工责任制和各专业管理体系，组织落实各项管理组织和资源配备，并监督有效运行负责项目部员工管理绩效的考核及奖惩。

（3）组织编制项目管理实施规划（施工组织设计），并负责监督和落实。

（4）组织制订施工进度、安全、质量及造价管理实施计划，实时掌握施工过程中安全、质量、进度、技术、造价、组织协调等总体情况。组织召开项目部工作例会，安排部署施工工作。

（5）对施工过程中的安全、质量、进度、技术、造价等管理要求执行情况进行检查、分析及组织纠偏。

（6）负责组织处理工程实施和检查中出现的重大问题，制定预防措施。特殊困难及时提请有关方协调解决。

（7）合理安排项目资金的使用；落实安全文明施工费申请、使用。

（8）负责组织落实安全文明施工、职业健康和环境保护有关要求；负责组织对重要工序、危险作业和特殊作业项目开工前的安全文明施工条件进行检查并签证确认；负责组织对分包商进场条件进行检查，对分包队伍实行全过程安全管理。

（9）负责组织工程班组级自检、项目部级复检和质量评定工作，配合专检、监理初检、随工验收、竣工预验收、启动验收和启动试运行工作，并及时组织对相关问题进行闭环整改。

（10）参与或配合工程安全事件和质量事件的调查处理工作。

（11）项目投产后，组织对项目管理工作进行总结；配合审计工作，安排项目部解散后的收尾工作。

1.1.2.2 项目经理

在施工项目负责人的领导下，负责项目施工技术管理等工作，负责落实项目建设单位、监理项目部对工程技术方面的有关要求。

（1）贯彻执行国家法律、法规、规程、规范和公司通用制度，组织编制施工安全管理及风险控制方案、施工强制性条文执行计划等管理策划文件，并负责监督落实。

（2）组织编制施工进度计划、技术培训计划并督促实施。

（3）组织对项目全员进行安全、质量、技术及环保等相关法律、法规及其他要求培训工作。

（4）组织施工图预检，参加项目建设单位组织的设计交底及施工图会检。对施工图纸和设计变更的执行有效性负责，对施工图纸中存在的问题，及时编制设计变更联系单并报设计单位。

（5）组织编写专项施工方案、专项安全技术措施，组织安全技术交底。负责对承担的施工方案进行技术经济分析与评价。

（6）定期组织检查或抽查工程安全、质量情况，组织解决工程施工安全、质量有关问题。

（7）负责施工新工艺、新技术的研究、试验、应用及总结。

（8）负责组织收集、整理施工过程资料，在工程投产后组织移交竣工资料。

（9）协助项目负责人做好其他施工管理工作。

1.1.2.3 技术员

贯彻执行有关技术管理规定，协助项目经理做好施工技术管理工作。

（1）熟悉有关设计文件，及时提出设计文件存在的问题。协助项目经理做好设计变更的现场执行及闭环管理。

（2）编制作业指导书等技术文件并组织进行交底，在施工过程中监督落实。

（3）在施工过程中随时对施工现场进行检查和提供技术指导，存在问题或隐患时，及时提出技术解决和防范措施。

（4）负责组织施工班组做好项目施工过程中的施工记录和签证。

（5）参与审查施工作业票。

1.1.2.4 安全员

协助项目经理负责施工过程中的安全文明施工和管理工作。

（1）贯彻执行工程安全管理有关法律、法规、规程、规范和公司通用制度，参与策划文件安全部分的编制并指导实施。

（2）负责施工人员的安全教育和上岗培训；汇总特种作业人员资质信息，报监理项目部审查。

（3）参与施工作业票审查，协助项目经理审核一般方案的安全技术措施，参加安全交底，检查施工过程中安全技术措施落实情况。

（4）负责编制安全防护用品和安全工器具的需求计划，建立项目安全管理台账。

（5）审查施工人员进出场工作，检查作业现场安全措施落实情况，制止不安全行为。

（6）检查作业场所的安全文明施工状况，督促问题整改；制止和处罚违章作业和违章指挥行为；做好安全工作总结。

（7）配合安全事件的调查处理。

（8）负责项目建设安全信息收集、整理与上报。

1.1.2.5　质检员

协助项目经理负责项目实施过程中的质量控制和管理工作。

（1）贯彻落实工程质量管理有关法律、法规、规程、规范和公司通用制度。

（2）对工程质量实施有效管控，监督检查工程的施工质量。

（3）定期检查工程施工质量情况，监督质量检查问题闭环整改情况，配合各级质量检查、质量监督、质量竞赛、质量验收等工作。

（4）组织进行隐蔽工程和关键工序检查，对不合格的项目责成返工，督促施工班组做好质量自检和施工记录的填写工作。

（5）按照工程质量管理及资料归档有关要求，收集、审查、整理施工记录表格、试验报告等资料。

（6）配合工程质量事件调查。

1.1.2.6　材料员

（1）严格遵守物资管理及验收制度，加强对设备、材料和危险品的保管，建立各种物资供应台账，做到账、卡、物相符。

（2）负责组织办理甲供设备材料的催运、装卸、保管、发放，自购材料的供应、运输、发放、补料等工作。

（3）负责组织对到达现场（仓库）的设备、材料进行型号、数量、质量的核对与检查。收集项目设备、材料及机具的质保等文件。

（4）负责工程项目完工后剩余材料的冲减退料工作。

（5）做好到场物资使用的跟踪管理。

1.2　监理项目部设置

监理项目部是工程监理单位为项目组织建立，负责履行建设工程监理合同的组织机构，公平、独立、诚信、科学地开展建设工程监理与相关服务活动，通过审查、见证、旁站、巡视、平行检验、验收等方式、方法，实现监理合同约定的各项目标。

所有通信技改工程必须组建监理项目部。监理单位应根据相关规定和监理合同约定的服务内容、服务期限、工程特点、规模、技术复杂程度等因素，在监理合同签订一个月内成立监理项目部，并将监理项目部成立及总监理工程师的任命书面通知建设单位。监理项目部配备满足开展监理工作的各类资源（包括办公、交通、通信、检测、个人安全防护用品等设备或工具，以及满足本工程需要的法律、法规、规程、规范、技术标准等依据性文件），并在工程建设期间，结合工程实际，合理调整资源配备，满足监理工作需要。

1.2.1 监理项目部职责

严格履行监理合同，对工程安全、质量、造价、进度进行控制，对合同、信息进行管理，对工程建设相关方的关系进行协调，并履行建设工程安全生产管理法定职责，努力促进工程各项目标的实现。

（1）建立健全监理项目部安全、质量组织机构，严格执行工程管理制度，落实岗位职责，确保监理项目部安全质量管理体系有效运作。

（2）对施工图进行预检，形成预检记录，汇总施工项目部的意见，参加设计交底及施工图会检，监督有关工作的落实。

（3）结合工程项目的实际情况，组织编制监理工作策划文件，报项目建设单位批准后实施。

（4）审查项目管理实施规划（施工组织设计）、施工方案（措施）等施工策划文件，提出监理意见，报项目建设单位审批。

（5）根据工程不同阶段和特点，对现场监理人员进行岗前教育培训和技术交底。

（6）审核开工报审表及相关资料，报项目建设单位批准后，签发工程开工令。

（7）审查施工项目部编制施工进度计划并督促实施；比较分析进度情况，采取措施督促施工项目部进行进度纠偏。

（8）定期检查施工现场，发现存在事故隐患的，应要求施工项目部整改；情况严重的，应要求施工项目部暂停施工，并及时报告项目建设单位。施工项目部拒不整改或不停止施工的，应即时向有关主管部门汇报。

（9）组织进场材料的检查验收；通过见证、旁站、巡视、平行检验等手段，对全过程施工质量实施有效控制。监督、检查工程管理制度、建设标准强制性条文、标准工艺、质量通病防治措施的执行和落实。通过数码照片等管理手段强化施工过程质量和工艺控制。

（10）按规定进行工程设计变更和现场签证管理。

（11）按程序处理索赔，参加竣工结算。

（12）定期组织召开监理例会，参加与本工程建设有关的协调会。

（13）负责工程信息与档案监理资料的收集、整理、上报、移交工作。

（14）配合各级检查、质量监督等工作，完成自身问题整改闭环，监督施工项目部完成问题整改闭环。

（15）组织开展监理初检工作，做好工程随工验收、竣工预验收、启动验收、试运期间的监理工作。

（16）项目投运后，及时对监理工作进行总结。

（17）负责质保期内监理服务工作。

1.2.2 人员配置、任职资格及条件

监理项目部配备的监理人员应身体健康，具备工程建设监理实务知识、相应专业知识、工程实践经验和协调沟通能力。监理项目部人员应保持相对稳定，需调整总监理工程师时，由监理单位书面报建设管理单位批准；需调整专业监理工程师时，总监理工程师应提前征得项目建设单位同意，并书面通知项目建设单位、施工项目部。

监理项目部宜配备足额合格的监理人员，包括总监理工程师、专业监理工程师、安全监理工程师、造价员、信息资料员以及监理员。

总监理工程师具备以下 2 个条件：

（1）具备国家注册监理工程师或电力行业专业监理工程师资格。

（2）具有 3 年及以上同类工程监理工作经验，经培训和考试合格。

专业监理工程师具备以下两个条件：

（1）具有电力行业监理工程师或省（市）级专业监理工程师岗位资格证书。

（2）具有 1 年以上同类工程监理工作经验。

安全监理工程师具备以下条件：

2 年内应参加过举办的安全培训，经考试合格，且具备下列条件之一：① 具有省（市）或地（市）级专业监理工程师岗位资格证书，且熟悉电力建设工程管理。② 从事电力建设工程安全管理工作或相关工作 3 年以上，且具有大专及以上学历。

监理员具备以下条件：

经过电力建设监理业务培训，具有同类工程建设相关专业知识，协助专业监理工程师从事现场具体监理工作的专业技术人员。

熟悉电力建设监理信息档案管理知识，具备熟练的电脑操作技能，经监理公司内部培训合格。

1.2.3 各人员职责

1.2.3.1 总监理工程师

总监理工程师是监理单位履行工程监理合同的全权代表，全面负责建设工程监理实施工作。具体职责如下：

（1）确定项目监理机构人员及其岗位职责。

（2）组织编制监理规划，审批监理实施细则。

（3）对全体监理人员进行监理规划、安全监理工作方案的交底和相关管理制度、标准、规程规范的培训。

（4）根据工程进展及监理工作情况调配监理人员，检查监理人员工作。

（5）组织召开监理例会。

（6）组织审查项目管理实施规划（施工组织设计）、（专项）施工方案。

（7）审查开、复工报审表，签发工程开工令、暂停令和复工令。

（8）组织检查施工单位现场质量、安全生产管理体系的建立及运行情况。

（9）参与竣工结算。

（10）组织审查和处理设计变更。

（11）组织随工验收，组织审查单位工程质量检验资料。

（12）审查施工单位的竣工申请，组织工程监理初检，组织编写工程质量评估报告，参与工程竣工预验收和启动验收。

（13）参与或配合工程质量安全事故的调查和处理。

（14）组织编写监理月报、监理工作总结，组织整理监理文件资料。

1.2.3.2　专业监理工程师

（1）参与编制监理规划，负责编制本专业监理实施细则。

（2）审查施工单位提交的涉及本专业的报审文件，并向总监理工程师报告。

（3）指导、检查监理员工作，定期向总监理工程师报告本专业监理工作实施情况。

（4）检查进场的工程材料、设备的质量。

（5）验收隐蔽工程。

（6）处置发现的质量问题。

（7）进行工程计量。

（8）参与设计变更的审查和处理。

（9）组织编写监理日志，参与编写监理月报。

（10）收集、汇总、参与整理本专业监理文件资料。

（11）参加监理初检，参与工程竣工预验收。

（12）配合安全监理工程师做好本专业的安全监理工作。

1.2.3.3　安全监理工程师

（1）在总监理工程师的领导下负责工程建设项目安全监理的日常工作。

（2）协助总监理工程师做好安全监理策划工作，编写监理规划中的安全监理内容和安全监理工作方案。

（3）审查施工单位的安全资质，审查项目经理、专职安全管理人员、特种作业人员的上岗资格，并在过程中检查其持证上岗情况。

（4）参加项目管理实施规划（施工组织设计）和专项安全技术方案的审查。

（5）审查施工项目部三级以上风险清册，督促做好施工安全风险预控。

（6）参与专项施工方案的安全技术交底，监督检查作业项目安全技术措施的落实。

（7）组织或参加安全例会和安全检查，督促并跟踪存在问题整改闭环，发现重大安全事故隐患及时制止并向总监理工程师报告。

（8）审查安全文明施工费使用计划，检查费用使用落实情况，审查安全费用的使用。

（9）协调交叉作业和工序交接中安全文明施工措施的落实。

（10）负责安全监理工作资料的收集和整理，形成安全管理台账。

（11）参加编写监理日志和监理月报。

1.2.3.4 监理员

（1）负责检查施工单位投入工程的人力、主要设备的使用及运行状况。

（2）对原材料、试品、试件进行见证取样。

（3）复核工程计量有关数据。

（4）检查工序施工结果。

（5）实施旁站监理工作，核查特种作业人员的上岗证。

（6）检查、监督工程现场的施工质量、安全状况及相关措施的落实情况，发现施工作业中的问题，及时指出并向监理工程师报告。

（7）做好相关监理记录。

1.2.3.5 信息资料员

（1）负责对工程各类文件资料进行收发登记，分类整理，建立资料台账，负责工程资料的储存保管工作。

（2）负责工程文件资料在监理项目部内的及时流转。

（3）负责对工程建设标准文本进行保管和借阅管理。

（4）协助总监理工程师对受控文件进行管理。

（5）负责工程监理资料的整理和归档工作。

2 项目管理

2.1 施工单位项目管理

2.1.1 项目策划管理

施工项目部编制项目管理实施规划（施工组织设计）报审表等前期策划文件，并报监理项目部审核、项目建设单位审批。

2.1.2 进度计划管理

工程开工前，依据项目建设单位下达的项目进度实施计划，编制施工进度计划报审表（见附录 C 中 TQXM5），并报监理项目部审核和项目建设单位审批，审核后进行计划交底，落实各级责任（施工进度计划以横道图形式表达）。落实标准化开工条件，上报开工报审表（见附录 C 中 TSXM3）。

2.1.3 项目人员管理

（1）据实际施工情况，制订施工项目部的人员配置计划。

（2）填写施工项目部主要管理人员资格报审表（见附录 C 中 TQXM3），上报监理项目部。

（3）收集汇总审核施工中特种作业人员（特殊工种）的资质，并报监理项目部审核。

2.2 监理单位项目管理

2.2.1 项目管理策划

（1）在监理合同签订一个月内成立监理项目部，并将监理项目部成立及总监理工程师任命（见附录 C 中 TQXM2）书面通知建设管理单位。配备满足工程需要的人员及各项设施。

（2）工程开工前，审查施工项目部项目管理实施规划，报项目建设单位审批。填写文件审查记录表（见附录 C 中 TQXM7）。

（3）依据项目管理实施规划（施工组织设计）、设计图纸等有关文件要求，编制监理规划（见附录 C 中 TQXM9），并填写监理策划文件报审表（见附录 C 中 TQXM8），报项目建设单位审批。根据工程实际，对策划文件进行修编及更新。

（4）组织监理项目部人员对上级文件、管理制度、工程策划文件等进行交底、培训，形成质量/安全活动记录（见附录 C 中 TSXM15）。

2.2.2 进度计划管理

（1）根据项目建设单位的项目进度实施计划，审核施工项目部编制的施工进度计划，合格后报项目建设单位审批，并监督执行。

（2）审查核实工程开工条件，审核工程开工报审表，报项目建设单位按有关程序审批后及时签署工程开工令（见附录 C 中 TSXM2）。

（3）审查单位工程开工报审表，核查单位工程开工条件，满足条件后签署单位工程开工报审表。

3 安全管理

3.1 施工单位安全管理

3.1.1 安全策划管理

（1）工程开工前，建立健全安全保证和安全监督机制，确保各级各类管理人员到岗到位，确保专职安全员及各施工队、班组、作业点、材料站（仓库）等处的兼职（或专职）安全员到岗到位。

（2）开工前，按照项目建设单位编制的工程项目安全管理总体策划，并结合工程项目实际情况，项目经理组织编制项目施工安全管理及风险控制，履行编审批程序，报监理项目部审查，项目建设单位批准后组织实施。

（3）开工前，填写项目施工主要施工机械/工器具/安全防护用品（用具）报审表和大中型施工机械进场/出场申报表，报监理项目部审查（见附录C中TQAQ2、TQAQ3）。

（4）参与组织的项目作业风险交底，组织施工项目部全体人员进行安全培训，经考试合格上岗；对新入场施工人员进行安全教育；组织全体施工人员进行安全交底；组织项目部施工人员按期进行身体健康检查；落实安全文明施工费，专款专用；对劳动保护用品及安全防护用品（用具）采购、保管、发放、使用进行监督管理；组织施工机械和工器具安全检验；在施工项目管理全过程中组织落实各项安全措施；开工前组织项目第一次安全大检查、第一次安全例会。安全例会应在检查之后举行，对前期策划准备阶段的安全工作进行总结分析，完善安全开工条件。

3.1.2 安全风险管理

（1）确保施工项目部管理人员、施工人员熟悉施工安全风险管理流程及相关工作。

（2）参加项目建设单位组织的现场初勘，确定本项目各工序。根据施工进度，对具有作业风险逐一进行复测。

（3）作业前应确保满足施工必备条件，否则不得施工，并根据动态因素，从人、机、环境、管理四个影响因素的实际情况计算确定作业风险，并根据风险采取相应措施。

（4）作业前，应根据作业内容填写相应的工作票（工作任务单），填写可能出现的危险点与注意事项，并做好安全措施。

（5）作业负责人要在实际作业前组织对作业人员进行全员安全交底，安全交底与工作票（工作任务单）交底同时进行，并在工作票（工作任务单）交底记录上全员签字。

3.2 监理单位安全管理

3.2.1 安全策划管理

（1）根据项目建设单位安全管理总体策划和经批准的监理规划及相关专项方案等，结合本工程特点，编制安全监理工作方案（见附录 C 中 TQAQ5），方案中应包含安全旁站等内容，经项目建设单位批准后执行，填写监理策划文件报审表（见附录 C 中 TQXM8）。

（2）监理项目部应建立以下安全管理台账：总监理工程师及安全监理人员资质资料；安全监理工作方案；安全监理会议记录；施工报审文件及审查记录；安全检查、签证记录及整改闭环资料；安全旁站记录；监理通知单及回复单，工程暂停令及工程复工令（见附录 C 中 TSXM10）。

（3）审查施工项目部编制的施工安全管理及风险控制方案、工程施工强制性条文执行计划、专项方案等施工策划文件。

（4）审查施工项目部项目经理、专职安全生产管理人员和特种作业人员的资格条件。

（5）审查施工项目部主要施工机械、工器具、安全防护用品（用具）的安全性能证明文件。

（6）每月至少组织召开一次安全工作例会（可结合监理例会召开），在形成的监理例会会议纪要（见附录 C 中 TSXM12）中针对安全检查存在问题进行通报和分析，提出改进意见。

3.2.2 风险和应急管理

（1）在安全监理工作方案中明确风险和应急管理工作要求，并提出安全生产管理的监理预控措施。

（2）参加项目建设单位组织的作业风险交底和风险点初勘工作。

（3）监督施工项目部开展施工安全管理及风险预控工作。对有风险的施工工序和工程关键部位、关键工序、危险作业项目进行安全旁站，填写安全旁站监理记录表（见附录 C 中 TSAQ3）。安全旁站的内容包括：① 土建：大件吊装，脚手架、升降架安装拆卸等。② 起重：两台及以上起重机联合抬吊，移动式起重机邻近带电体作业等。

（4）风险作业时，监理单位相关管理人员、项目总监理工程师、安全监理工程师应现场检查、监督；存在较大风险作业时，分管领导及相关人员到现场审查并旁站监督措施的落实。

3.2.3 安全检查管理

（1）进行日常的安全巡视检查。

（2）对大中型起重机械、整体提升脚手架或整体提升工作平台、模板自升式架设设施、脚手架，施工用电、水、气等力能设施，交通运输道路和危险品库房等进行安全检查签证，核查施工项目部填报的安全签证记录；结合工程开工条件审查，对工程项目开工、土建交付安装和安装交付调试进行安全检查签证，明确整套启动安全检查签证监理意见。

4 质量管理

4.1 施工单位质量管理

4.1.1 施工策划阶段质量管理

（1）建立健全项目质量管理体系，明确工程质量目标，落实质量管理各项职责分工。

（2）在项目管理实施规划中编制标准工艺施工策划章节，落实项目建设单位提出的标准工艺实施目标及要求，执行施工图工艺设计相关内容。

（3）根据质量通病防治任务书，编写质量通病防治措施报审表（见附录 C 中 TQZL1），并报审。

（4）编制施工质量验收及评定范围划分报审表（见附录 C 中 TQZL2），并报审。

4.1.2 施工准备阶段质量管理

（1）施工现场使用的计量器具、检测设备，建立计量器具台账（见附录 C 中 TQZL3），填写报审表（见附录 C 中 TQZL4）并报审。

（2）对施工过程中所拟用的试验（检测）单位进行资质报审并填写报审表（见附录 C 中 TQZL5）。

（3）施工项目部在进行主要材料、设备采购前，应将拟采购供货的生产厂家的资质证明文件报监理项目部审查，填写报审表（见附录 C 中 TQZL6），并按合同要求报项目建设单位批准。参与或负责到场设备、原材料的进货检验（开箱检验）、试验、见证取样、保管工作并报审（见附录 C 中 TSZL1～TSZL4），不符合要求时，向监理项目部报工程材料/设备缺陷通知单（见附录 C 中 TSZL5）；将不合格产品隔离、标识，单独存放或直接清退出场。待缺陷处理后，再进行报审（见附录 C 中 TSZL6）。

（4）对施工过程中所选用的特殊工种和特殊作业人员资格进行报审（见附录 C 中 TSZL7）。

4.2 监理单位质量管理

4.2.1 监理单位质量策划

（1）依据已批准的监理规划、施工方案等，编制监理实施细则（见附录 C 中 TQZL7），细则中可包含隐蔽工程验收等内容。

（2）编制质量旁站方案（见附录 C 中 TQZL8），报项目建设单位备案。

（3）依据质量通病防治任务书、质量通病防治措施等，编制质量通病防治控制措施（见附录 C 中 TQZL9），报项目建设单位备案。

4.2.2 施工准备阶段

（1）审查施工项目部报审的质量管理组织机构、专职质量管理人员和特种作业人员的资格证书。

（2）审查施工项目部报送的项目管理实施规划中的质量保证措施、标准工艺应用策划专篇内容的有效性和可行性，确保措施符合工程实际并具有可操作性，填写文件审查记录表（见附录C中TQXM7）。

（3）审核施工项目部报审的施工质量验收及评定范围划分表、质量通病防治措施、施工强制性条文执行计划，填写文件审查记录表（见附录C中TQXM7），报项目建设单位审批。

（4）审查施工项目部委托的第三方试验（检测）单位的资质等级及试验范围、计量认证等内容。

（5）审查施工项目部报审的主要测量、计量器具的规格、型号、数量、证明文件等内容。

（6）审查施工项目部报审的乙供材料供应商资质文件。

（7）对进场的乙供工程材料、设备按规定进行实物质量检查及见证取样，填写见证取样统计表（见附录C中TSZL18），并审查施工项目部报送的质量证明文件、数量清单、自检结果、复试报告等，符合要求后方可使用。

（8）组织项目建设单位、施工、供货商（厂家）对甲供主要设备材料进行到货验收和开箱检查，并共同签署设备材料开箱检查记录表（见附录C中TSZL19）。若发现缺陷，由施工项目部填报材料、设备缺陷通知单，待缺陷处理后，监理项目部会同各方确认。

（9）对已进场的材料、设备质量有怀疑时，在征得项目建设单位同意后，按约定检验的项目、数量、频率、费用，对其进行检验或委托试验。

5 技术管理

5.1 施工单位技术管理

施工前期技术管理包括以下内容。

（1）组织施工项目部施工图预检，形成图纸预检记录（见附录 C 中 TQJS1）提交监理项目部；参加项目建设单位组织的设计交底和施工图会检。

（2）组织编制一般施工方案（措施）报审表（见附录 C 中 TQJS2），配合调试单位编制联合调试方案和措施，报监理项目部审批。特殊（专项）施工技术方案（措施）报审表（包括重要业务调整、重要交叉作业施工方案、重大起吊运输方案、关键性和季节性施工措施等）还需报项目建设单位审批（见附录 C 中 TQJS3）。对脚手架、大型起重机械安拆作业等超过一定规模的危险性较大的分部分项工程的专项施工方案（含安全技术措施），施工企业还应按国家有关规定组织专家进行论证、审查。

（3）技术员根据需要编制施工项目部的培训计划，项目经理负责组织实施施工项目部员工上岗前的培训。技术员负责对劳务派遣人员进行必要的技术培训。

（4）执行技术交底制度，在开工前应组织有关技术管理部门依据项目管理实施规划、工程设计文件、施工合同和设备说明书等资料制订技术交底提纲，对项目部职能部门、工地技术负责人和主要施工负责人及有关人员进行交底。项目技术员应根据施工方案、工程设计文件、设备说明书和上级交底内容等资料拟定技术交底大纲，对本专业范围的生产负责人、技术管理人员、施工班组长及施工骨干人员进行技术交底，并做好交底记录（见附录 C 中 TSJS3）。

5.2 监理单位技术管理

技术标准监督执行包括以下内容。

（1）掌握最新技术标准及规定，建立监理项目部技术标准目录清单，并及时更新，进行现场配置。填写监理项目部技术标准目录清单（见附录 C 中 TQJS5）。

（2）根据工程进展，对所有监理人员适时组织有关技术标准、规程、规范及技术文件的学习与培训，填写质量/安全活动记录（见附录 C 中 TSXM15），使其熟练掌握技术标准。

（3）贯彻执行并督促其他参建单位执行国家、行业和公司颁发的相关技术标准、规程、规范及技术文件。

（4）参加由项目建设单位组织的图纸会检、设计交底会议，起草施工图会检纪要（见附录 C 中 TQJS8），并报项目建设单位签发，督促落实会议纪要的执行情况；由设计单位编写设计交底会议纪要，并报项目建设单位签发。

（5）参加由项目建设单位组织的设计联络会。

6 前期工作流程

6.1 前期准备工作

6.1.1 监理项目部成立

监理单位应根据相关规定和监理合同约定的服务内容、服务期限、工程特点、规模、技术复杂程度等因素，在监理合同签订一个月内成立监理项目部，并将监理项目部成立及总监理工程师的任命书面通知建设管理单位。监理项目部成立需要填写的启动文件包括以下 4 项。

（1）监理项目部成立文件。

（2）监理项目部人员资质。

（3）监理单位资质。

（4）监理项目部印章启用文件。

监理项目部启动文件需要经过项目建设单位及上级监理部门的审批并签字盖章。

6.1.2 施工项目部成立

施工单位应在工程项目启动前按已签订的施工合同组建施工项目部，并以文件形式任命项目经理及其他主要管理人员。施工项目部成立需要填写的启动文件包括以下 4 项。

（1）施工项目部成立文件。

（2）施工项目部人员资质。

（3）施工单位资格。

（4）施工单位资格报审表。

项目部启动文件需经过监理单位及项目建设单位审批并签字盖章。

6.1.3 通信技改项目设计交底

设计、施工、监理单位确定以后，应由项目建设单位牵头，由设计单位向各施工单位（施工单位与各设备专业施工单位）、监理单位进行交底，主要交待通信项目特点、设计意图与施工过程控制要求等。设计交底应包含以下内容。

（1）施工现场的自然条件、机房条件等；

（2）设计主导思想、建设要求与构思，使用的规范；

（3）通信运行方式设计、设备设计（设备选型）等；

（4）设备、光缆等施工工艺、技术的要求；

（5）施工范围、工程量、工作量和实验方法要求；

（6）施工图纸的解说；

（7）设计单位对监理单位和承包单位提出的施工图纸中的问题的答复；

（8）技术记录内容和要求。

设计交底对以上内容进行讨论和审定后，应形成会议纪要并各方签字确认，保存有会议影像资料。

6.2 施工单位前期工作流程

6.2.1 施工项目管理流程

6.2.1.1 施工单位策划管理流程

（1）根据项目建设单位下发的工程建设管理纲要和项目合同文件，施工项目部组织编制项目管理实施规划、施工强制性条文执行计划等前期策划文件。

（2）项目管理实施规划、施工强制性条文执行计划等策划文件经施工单位相关职能部门审核后，分别经企业技术负责人和单位分管领导批准后，报监理项目部。

（3）监理项目部审核策划文件。

（4）项目建设单位审批策划文件。

施工单位策划管理流程如图 1－1 所示。

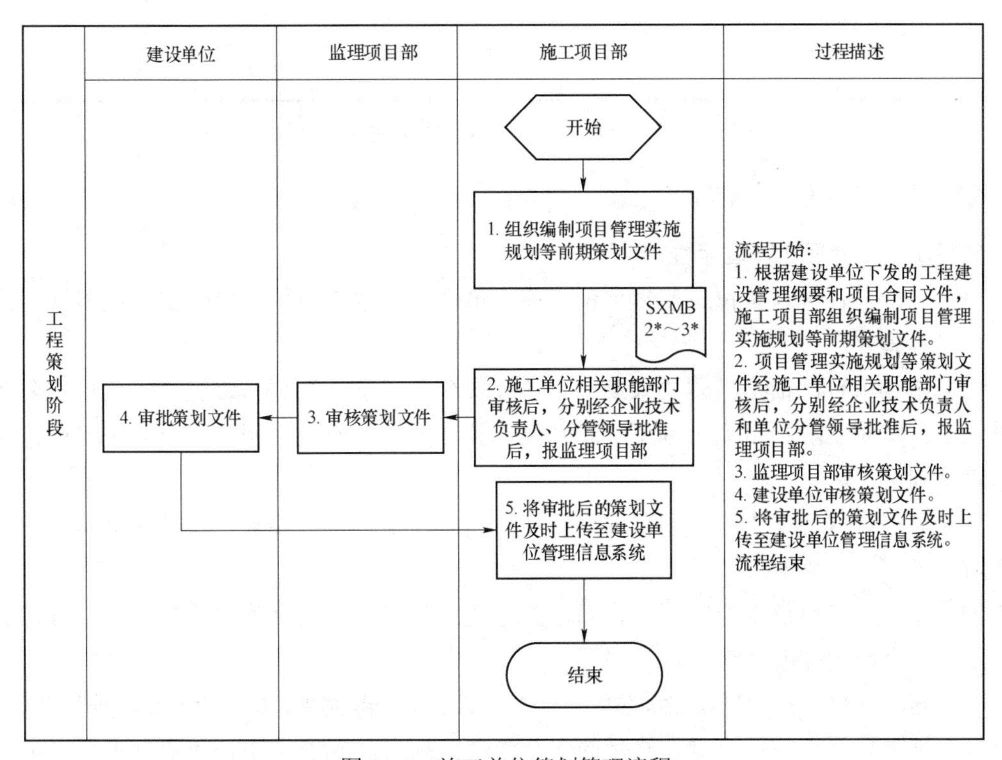

图 1－1　施工单位策划管理流程

6.2.1.2 施工进度计划管理流程

（1）工程开工前，项目经理依据项目建设单位下达的项目进度实施计划，组织编制施工进度计划。

（2）施工项目经理审核施工进度计划并经施工单位分管领导审批后，报监理项目部。

（3）监理项目部审核施工进度计划。

（4）项目建设单位审批施工进度计划。

施工进度计划管理流程如图 1－2 所示。

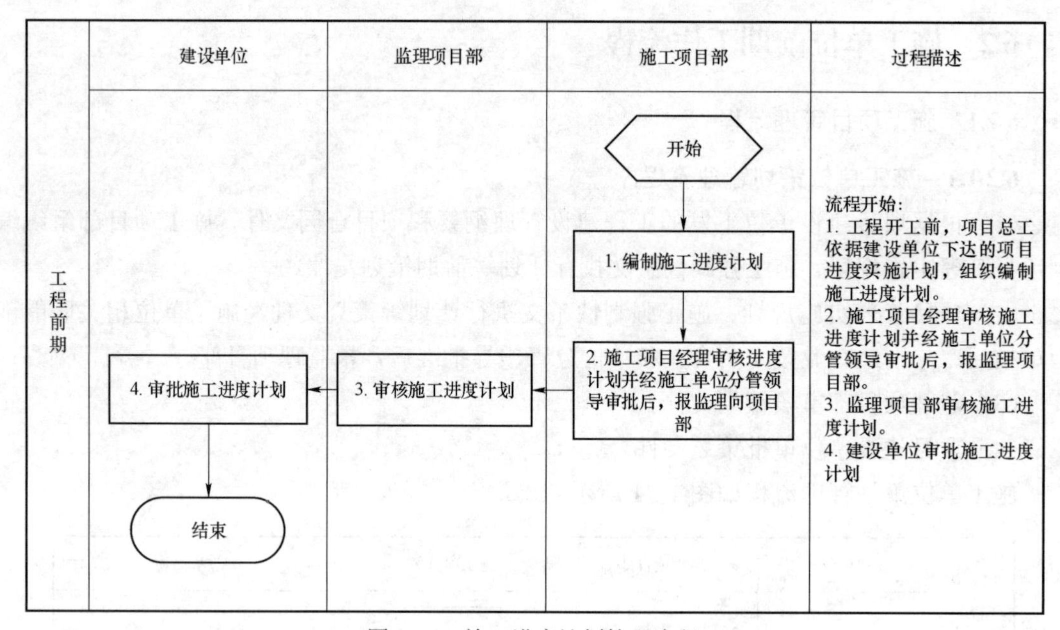
建设单位
监理项目部
施工项目部
过程描述
工程前期
开始
1. 编制施工进度计划
2. 施工项目经理审核进度计划并经施工单位分管领导审批后，报监理向项目部
3. 审核施工进度计划
4. 审批施工进度计划
结束
流程开始：
1. 工程开工前，项目总工依据建设单位下达的项目进度实施计划，组织编制施工进度计划。
2. 施工项目经理审核施工进度计划并经施工单位分管领导审批后，报监理项目部。
3. 监理项目部审核施工进度计划。
4. 建设单位审批施工进度计划

图 1－2　施工进度计划管理流程

6.2.2　施工安全管理流程

6.2.2.1　安全策划管理流程

（1）明确建设管理单位、监理单位、施工单位针对本工程项目安全文明施工管理提出的各项目具体要求。

（2）施工项目部根据具体要求及施工单位安全管理总体策划，编制工程项目安全管理总体策划，编制工程项目安全施工管理及风险控制方案及安全文明施工设施配置计划等安全管理策划文件。

（3）监理项目部审查施工项目安全管理策划文件是否符合要求，及时提出问题并监督整改。

（4）项目建设单位审查监理项目部审查通过的施工项目安全管理策划文件是否符合要求，及时提出问题并监督整改。

（5）施工项目部按项目建设单位、监理项目部意见修改完善，并重新报监理项目部审查。

（6）施工项目部按照审批合格后的安全管理策划文件开展工作，落实到工程安全管理的各个环节中。

（7）监理项目部和项目建设单位对施工项目部策划的实施进行检查监督。

（8）根据上级最新要求和执行情况，对安全管理策划文件进行动态调整并对安全管理策划文件在执行过程中存在的问题进行总结分析，不断提高安全策划水平。

施工单位安全策划管理流程如图 1-3 所示。

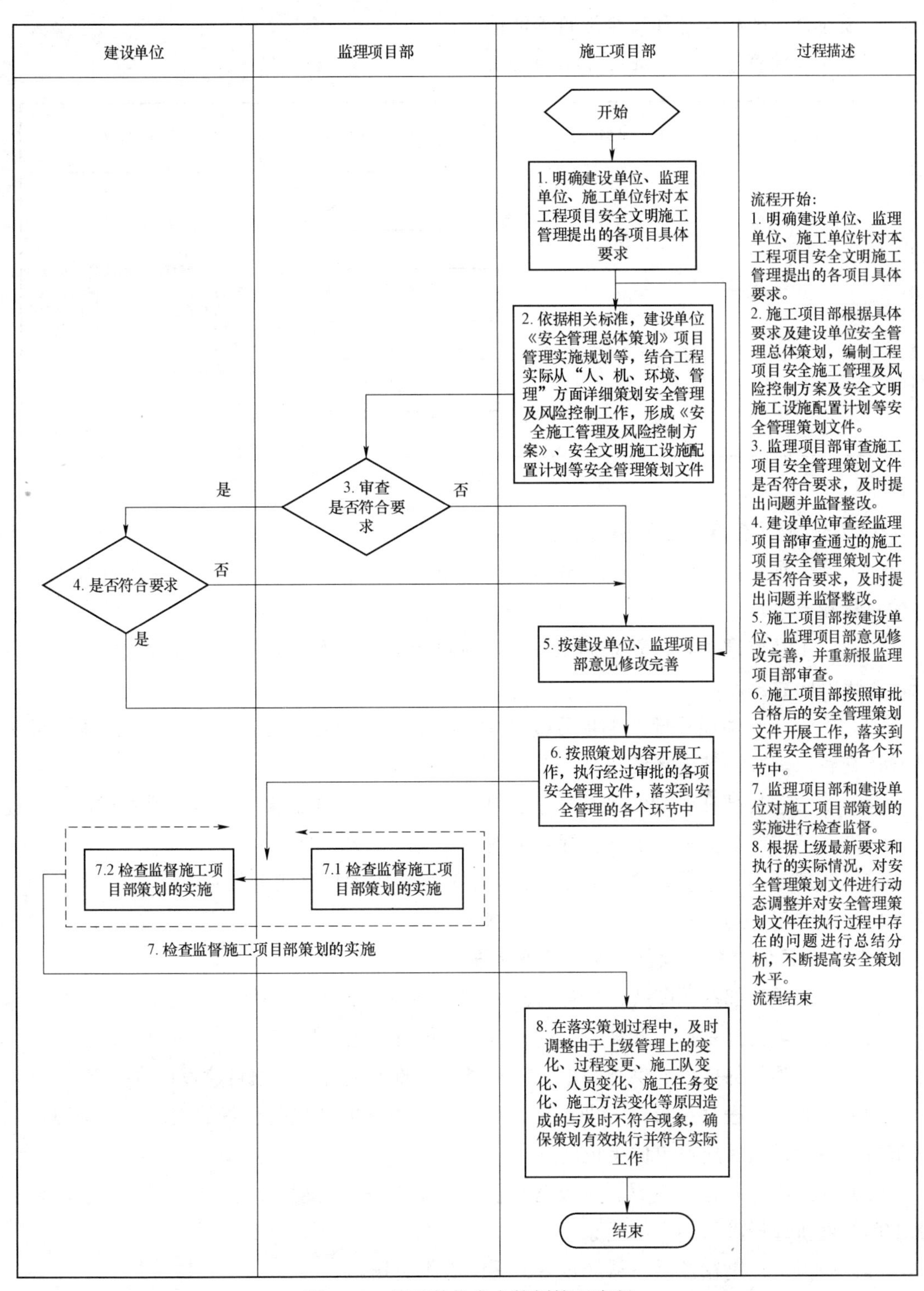

图 1-3　施工单位安全策划管理流程

6.2.2.2 施工安全检查管理流程

施工项目部根据项目工程实际情况，提前策划，编制检查计划和检查表，开展例行检查、专项检查、随机检查和安全巡查等活动。

施工安全检查管理流程如图 1－4 所示。

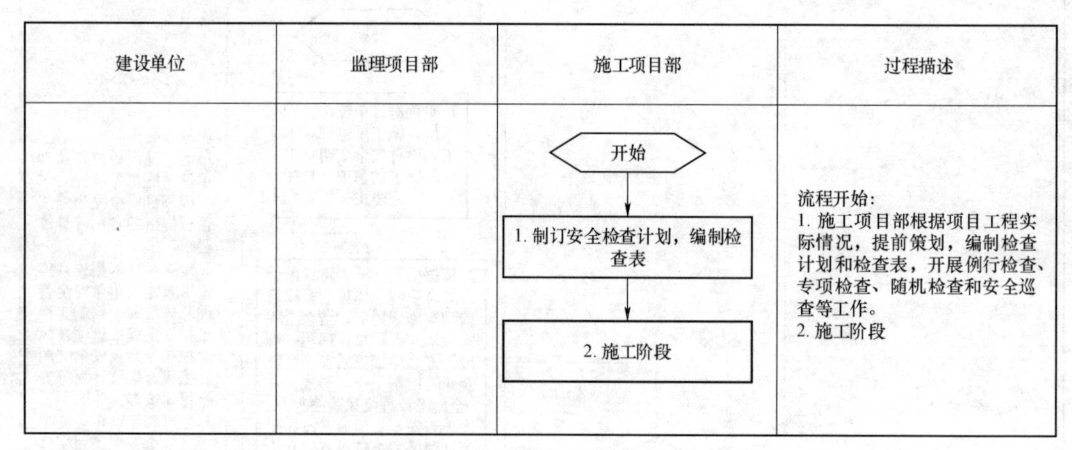
建设单位
监理项目部
施工项目部
过程描述
开始
1. 制订安全检查计划，编制检查表
2. 施工阶段
流程开始：
1. 施工项目部根据项目工程实际情况，提前策划，编制检查计划和检查表，开展例行检查、专项检查、随机检查和安全巡查等工作。
2. 施工阶段

图 1－4　施工安全检查管理流程

6.2.2.3 施工标准工艺应用管理流程

（1）施工项目部组织学习项目建设单位下发的建设管理刚要，明确本工程标准工艺实施的目标和要求。

（2）施工及监理项目部熟悉施工图纸，对将标准工艺作为施工图内部会检内容进行审查，提出书面意见。

（3）施工及监理项目部参加项目建设单位组织的设计交底及施工图会检，接受标准工艺设计交底，审查标准工艺设计。

（4）施工项目部在管理实施规划中编制标准工艺施工策划章节，落实项目建设单位提出的标准工艺实施目标及要求，执行施工图工艺设计相关内容。

（5）监理及项目建设单位审批项目管理实施规划中的标准工艺策划。

施工标准工艺实施管理流程如图 1－5 所示。

6.2.2.4 乙供材料（设备）质量管理流程

（1）施工项目部熟悉图纸、材料的技术参数和质量要求及相关规范，进行自购材料统计。

（2）施工项目部制订采购计划，选择拟采购供货的生产厂家。

（3）施工项目部拟采购供货的生产厂家资质向监理项目部及项目建设单位报审。

（4）总监理工程师主持，专业监理工程师审查报审的拟采购供货的生产厂家资质，监理审查合格后报项目建设单位审批。

（5）项目建设单位判定材料（设备）供货商是否满足工程要求，如不满足要求，要求施工单位重新选择供货的生产厂家。

（6）施工单位进行乙供材料（设备）采购组织进场。

乙供材料（设备）质量管理流程如图 1－6 所示。

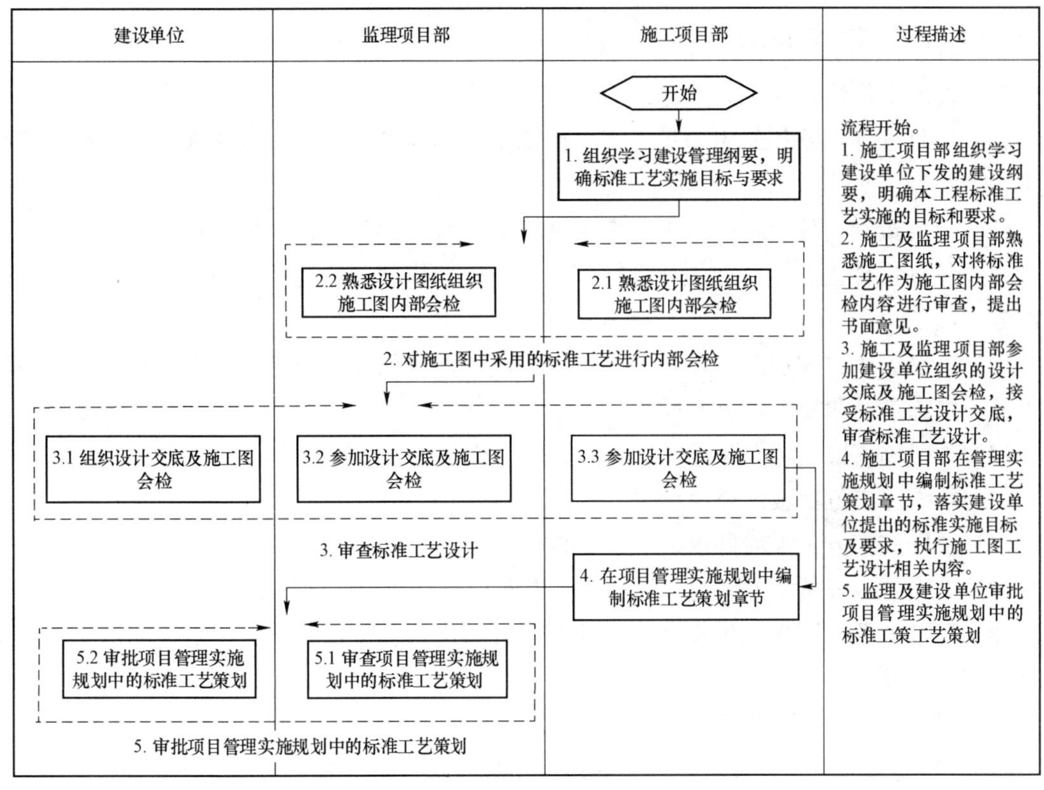

图 1-5　施工标准工艺实施管理流程

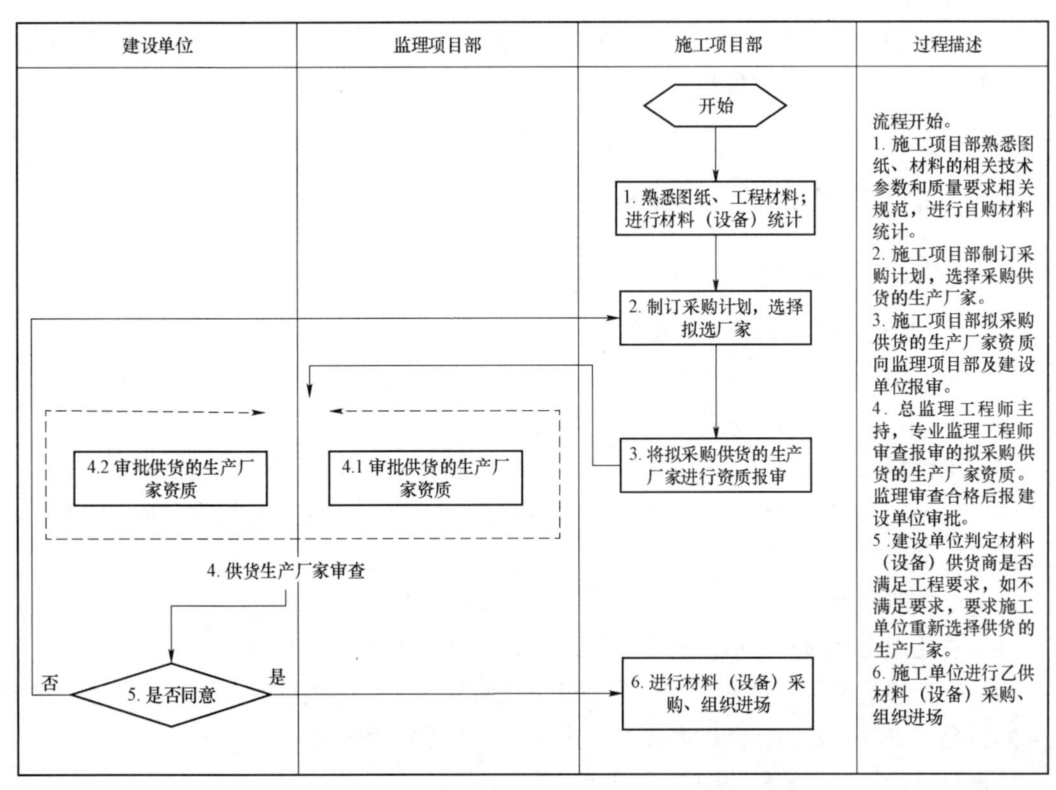

图 1-6　乙供材料（设备）质量管理流程

6.2.3 施工技术管理流程

施工技术文件编、审、批流程：

（1）项目管理实施策划由项目经理主持编制，其他策划文件、特殊施工方案有项目经理组织编制。

（2）项目策划文件、特殊施工方案由施工单位有关部门审核，单位技术负责人批准；其中安全策划文件由企业分管领导批准；超过一定规模的危险性较大分项工程施工方案须组织专家论证。

（3）一般施工方案由项目技术员编制，经施工项目部安全质量管理人员和项目经理程师审核，报施工企业技术负责人批准。

（4）一般施工方案经专业监理工程师审核，总监理工程师批准。

（5）特殊施工方案报监理项目部审核。

（6）特殊施工方案报项目建设单位批准。

（7）批准的一般施工方案由项目经理负责向项目全体人员进行交底并签字。

（8）批准的项目管理实施规划、特殊施工方案由企业技术负责人和相关部门人员向施工项目部交底并签字。

（9）施工项目部接受公司级交底后由项目经理负责向项目全体人员进行交底并签字。

（10）所有施工方案完成项目部交底后，由技术员向有关施工人员进行交底并签字。

（11）施工人员按照施工方案要求实施作业，由建立项目部和项目建设单位实施监督。

（12）如果在建立项目部和项目建设单位审批过程中发现方案不符合要求时，必须由编制方重新修改并再次履行审批程序。

施工技术文件编、审、批流程如图 1－7 所示。

6.3 监理单位前期工作流程

6.3.1 监理单位项目管理流程

6.3.1.1 监理单位策划管理流程

（1）施工项目部根据工程情况编制项目管理实施规划，上报监理项目部审查。

（2）审核施工项目部相关策划文件，填写文件审查记录表。

（3）审核项目管理规划是否符合要求。若符合要求，上报项目建设单位审批。

（4）根据项目建设单位策划文件和审批合格的施工策划文件，编制监理策划文件，报项目建设单位审批。

（5）审批监理规划。

（6）总监理工程师及时组织对项目部人员进行策划文件培训和交底。

（7）监理项目部按照批准的工作策划开展工程管理工作，根据有关标准、规程、规范及实际情况，进行必要的补充、修改，并执行原审批程序后实施。

监理单位策划管理流程如图 1－8 所示。

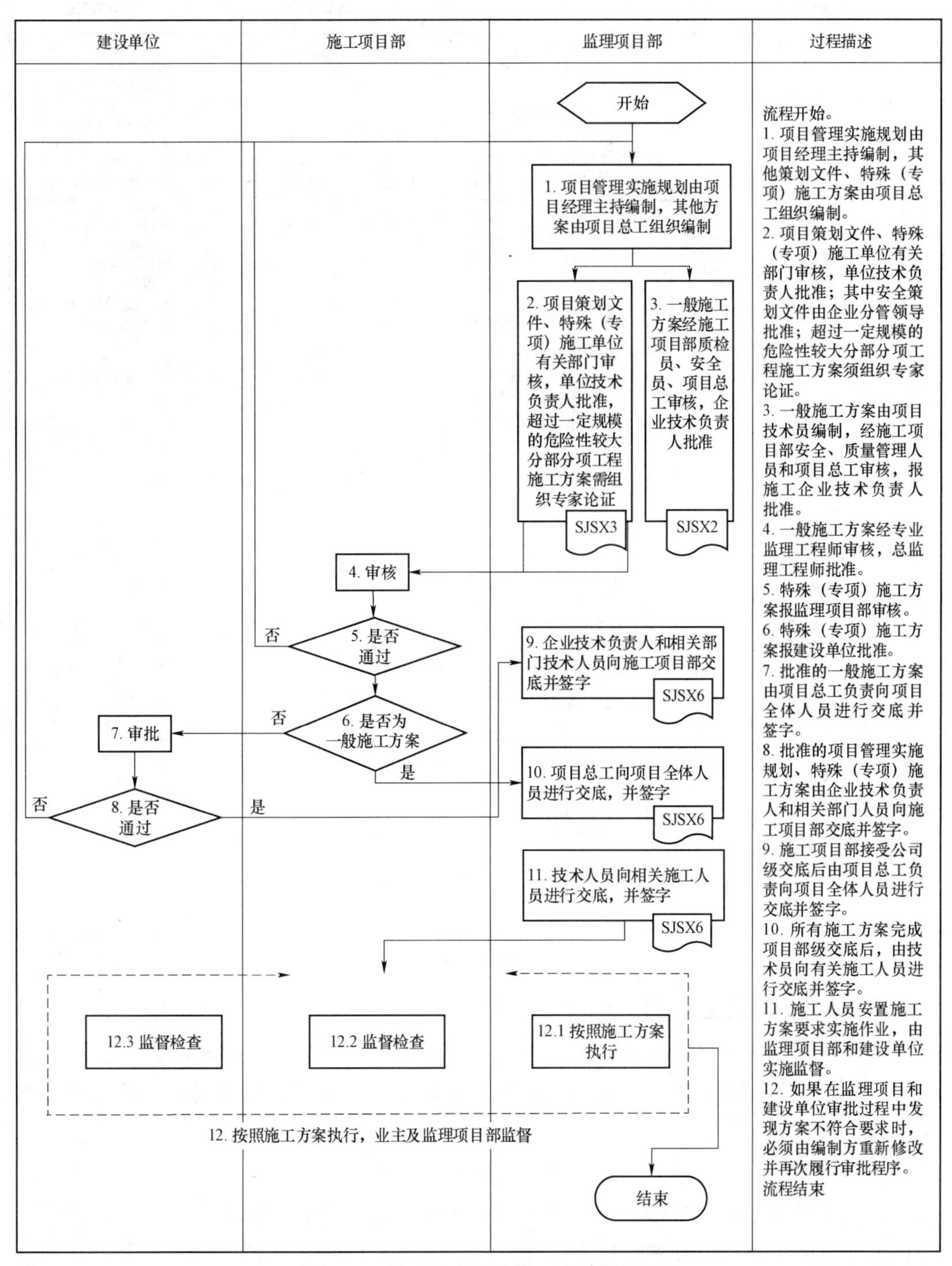
建设单位
施工项目部
监理项目部
过程描述
开始
1. 项目管理实施规划由项目经理主持编制，其他方案由项目总工组织编制
2. 项目策划文件、特殊（专项）施工单位有关部门审核，单位技术负责人批准，超过一定规模的危险性较大分部分项工程施工方案需组织专家论证
SJSX3
3. 一般施工方案经施工项目部质检员、安全员、项目总工审核，企业技术负责人批准
SJSX2
4. 审核
5. 是否通过
否
6. 是否为一般施工方案
否
是
7. 审批
8. 是否通过
否
是
9. 企业技术负责人和相关部门技术人员向施工项目部交底并签字
SJSX6
10. 项目总工向项目全体人员进行交底，并签字
SJSX6
11. 技术人员向相关施工人员进行交底，并签字
SJSX6
12.3 监督检查
12.2 监督检查
12.1 按照施工方案执行
12. 按照施工方案执行，业主及监理项目部监督
结束
流程开始。
1. 项目管理实施规划由项目经理主持编制，其他策划文件、特殊（专项）施工方案由项目总工组织编制。
2. 项目策划文件、特殊（专项）施工单位有关部门审核，单位技术负责人批准；其中安全策划文件由企业分管领导批准；超过一定规模的危险性较大分部分项工程施工方案须组织专家论证。
3. 一般施工方案由项目技术员编制，经施工项目部安全、质量管理人员和项目总工审核，报施工企业技术负责人批准。
4. 一般施工方案经专业监理工程师审核，总监理工程师批准。
5. 特殊（专项）施工方案报监理项目部审核。
6. 特殊（专项）施工方案报建设单位批准。
7. 批准的一般施工方案由项目总工负责向项目全体人员进行交底并签字。
8. 批准的项目管理实施规划、特殊（专项）施工方案由企业技术负责人和相关部门人员向施工项目部交底并签字。
9. 施工项目部接受公司级交底后由项目总工负责向项目全体人员进行交底并签字。
10. 所有施工方案完成项目部级交底后，由技术员向有关施工人员进行交底并签字。
11. 施工人员安置施工方案要求实施作业，由监理项目部和建设单位实施监督。
12. 如果在监理项目和建设单位审批过程中发现方案不符合要求时，必须由编制方重新修改并再次履行审批程序。
流程结束

图 1－7　施工技术文件编、审、批流程

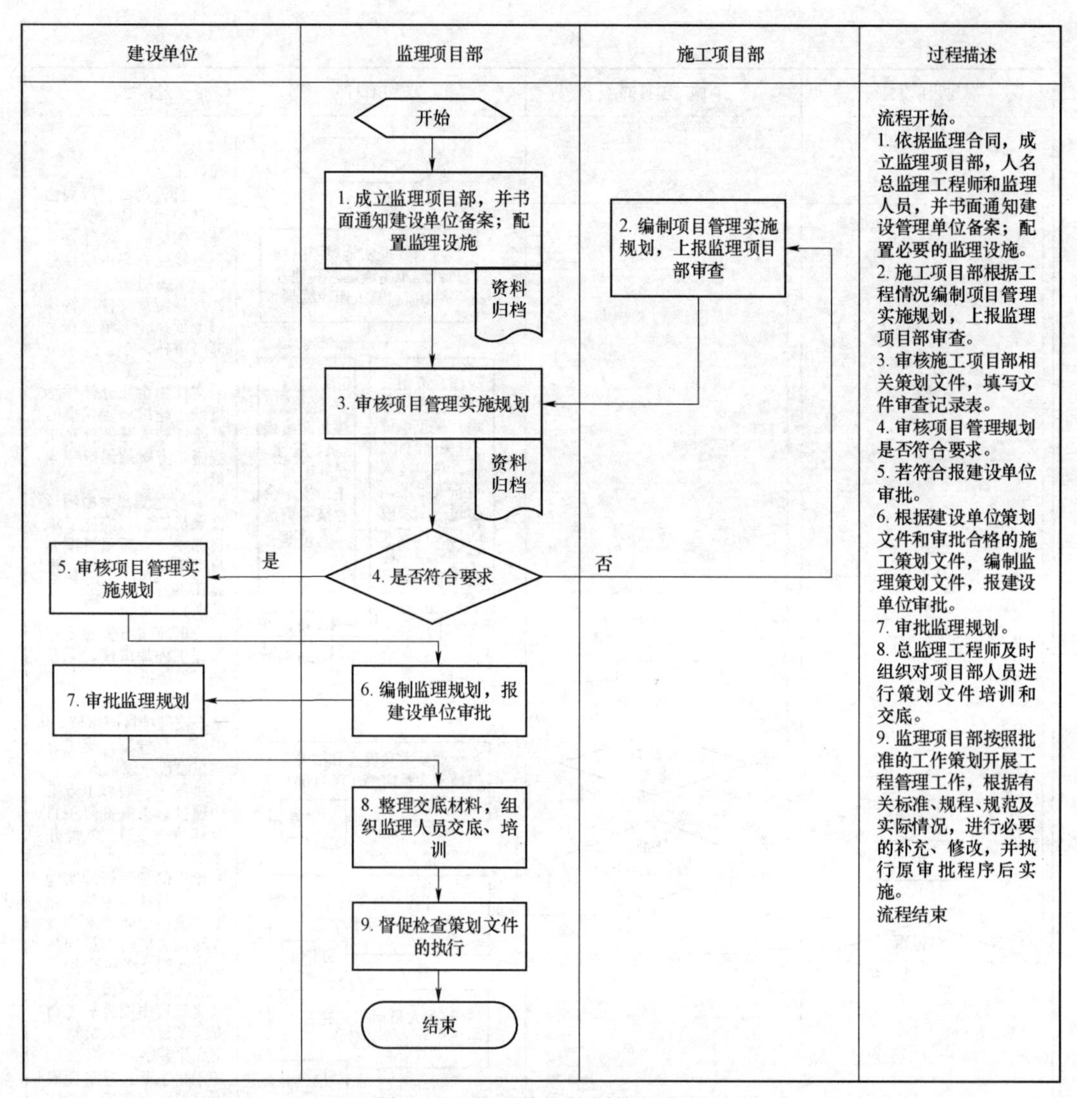
建设单位
监理项目部
施工项目部
过程描述
开始
1. 成立监理项目部，并书面通知建设单位备案；配置监理设施
资料归档
2. 编制项目管理实施规划，上报监理项目部审查
3. 审核项目管理实施规划
资料归档
是
4. 是否符合要求
否
5. 审核项目管理实施规划
6. 编制监理规划，报建设单位审批
7. 审批监理规划
8. 整理交底材料，组织监理人员交底、培训
9. 督促检查策划文件的执行
结束
流程开始。
1. 依据监理合同，成立监理项目部，人名总监理工程师和监理人员，并书面通知建设管理单位备案；配置必要的监理设施。
2. 施工项目部根据工程情况编制项目管理实施规划，上报监理项目部审查。
3. 审核施工项目部相关策划文件，填写文件审查记录表。
4. 审核项目管理规划是否符合要求。
5. 若符合报建设单位审批。
6. 根据建设单位策划文件和审批合格的施工策划文件，编制监理策划文件，报建设单位审批。
7. 审批监理规划。
8. 总监理工程师及时组织对项目部人员进行策划文件培训和交底。
9. 监理项目部按照批准的工作策划开展工程管理工作，根据有关标准、规程、规范及实际情况，进行必要的补充、修改，并执行原审批程序后实施。
流程结束

图 1－8　监理单位策划管理流程

6.3.1.2　监理单位工程进度计划管理流程

（1）根据项目建设单位提供的项目进度实施计划督促施工项目部编制施工进度计划。

（2）施工项目部根据项目建设单位提供的项目进度实施计划配备资源，编制施工进度计划报监理审查。

（3）监理项目部审核施工项目部报审的进度计划等。

（4）符合要求后报项目建设单位按有关程序审批施工进度计划。

（5）项目建设单位审批施工进度计划。

监理单位工程进度计划管理流程如图 1－9 所示。

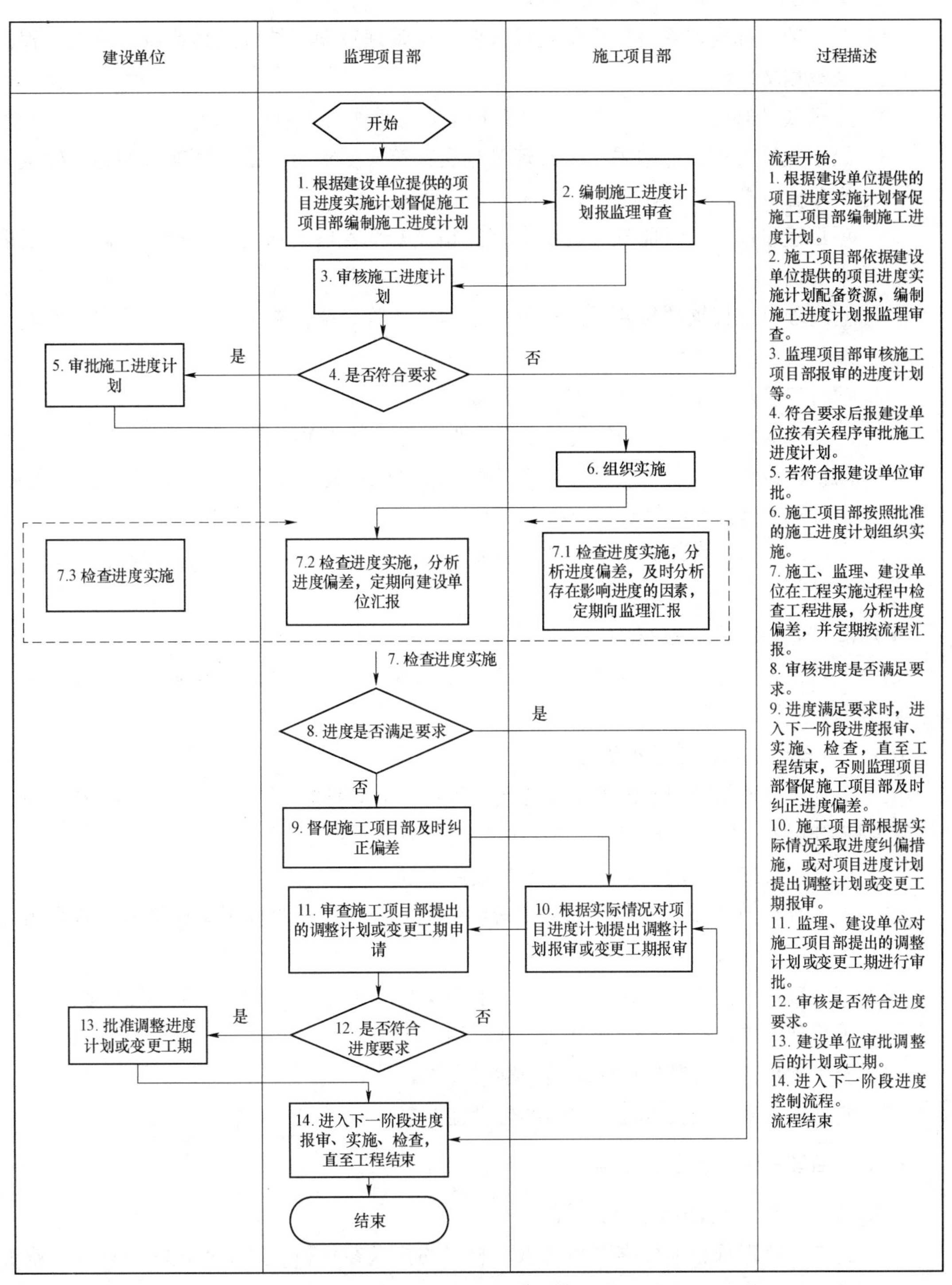

建设单位
监理项目部
施工项目部
过程描述
开始
1. 根据建设单位提供的项目进度实施计划督促施工项目部编制施工进度计划
2. 编制施工进度计划报监理审查
3. 审核施工进度计划
4. 是否符合要求
是
否
5. 审批施工进度计划
6. 组织实施
7.3 检查进度实施
7.2 检查进度实施，分析进度偏差，定期向建设单位汇报
7.1 检查进度实施，分析进度偏差，及时分析存在影响进度的因素，定期向监理汇报
7. 检查进度实施
8. 进度是否满足要求
是
否
9. 督促施工项目部及时纠正偏差
10. 根据实际情况对项目进度计划提出调整计划报审或变更工期报审
11. 审查施工项目部提出的调整计划或变更工期申请
12. 是否符合进度要求
是
否
13. 批准调整进度计划或变更工期
14. 进入下一阶段进度报审、实施、检查，直至工程结束
结束
流程开始。
1. 根据建设单位提供的项目进度实施计划督促施工项目部编制施工进度计划。
2. 施工项目部依据建设单位提供的项目进度实施计划配备资源，编制施工进度计划报监理审查。
3. 监理项目部审核施工项目部报审的进度计划等。
4. 符合要求后报建设单位按有关程序审批施工进度计划。
5. 若符合报建设单位审批。
6. 施工项目部按照批准的施工进度计划组织实施。
7. 施工、监理、建设单位在工程实施过程中检查工程进展，分析进度偏差，并定期按流程汇报。
8. 审核进度是否满足要求。
9. 进度满足要求时，进入下一阶段进度报审、实施、检查，直至工程结束，否则监理项目部督促施工项目部及时纠正进度偏差。
10. 施工项目部根据实际情况采取进度纠偏措施，或对项目进度计划提出调整计划或变更工期报审。
11. 监理、建设单位对施工项目部提出的调整计划或变更工期进行审批。
12. 审核是否符合进度要求。
13. 建设单位审批调整后的计划或工期。
14. 进入下一阶段进度控制流程。
流程结束

图 1-9　监理单位工程进度计划管理流程

6.3.2 监理单位安全管理流程

6.3.2.1 监理单位安全策划管理流程

（1）施工项目部根据项目建设单位提供的安全管理策划，结合工程特点，编制工程施工安全管理策划文件。

（2）监理项目部对施工项目部的安全管理策划文件进行审查。

（3）经审查施工项目部相关安全管理策划文件符合要求后，由监理项目部签字确认并报项目建设单位审批，不符合相关要求的，重新编制并报审。

（4）项目建设单位对经监理项目部审查的相关安全管理策划文件进行审批，符合要求时予以签字确认。

（5）监理项目部根据项目建设单位安全管理总体策划结合施工单位的相关安全管理策划文件，编制安全监理工作方案。

（6）项目建设单位审批安全监理工作方案。

（7）施工、监理项目按照经审批的安全管理文件开展相关工作。

（8）项目建设单位、监理项目部、施工项目部根据有关标准、规程、规范及实际情况，进行必要的补充、修改，并执行原审批程序后实施。

（9）工程结束后，在建立工作总结中对安全生产管理监理管理工作进行分析、总结。

监理单位安全策划管理流程如图 1－10 所示。

6.3.2.2 安全检查管理流程

监理项目部在安全监理工作方案中制定安全巡视、定期、签证及专项检查监理工作方法，策划和组织检查工作。

6.3.2.3 安全文明施工管理流程

（1）监理项目部编制安全监理工作方案，明确安全文明施工管理目标和安全控制措施、要点，规范开展安全隐患治理工作，督促隐患得到有效治理。

（2）施工项目部分阶段报审安全标准化设施计划。

（3）监理项目部审核施工项目部分阶段编制的安全标准化设施报审计划是否符合相关规定。

（4）监理项目部对施工项目部分阶段报审的安全标准化设施计划签署监理意见。

（5）项目建设单位批准安全标准化设施计划。

（6）施工项目部分阶段报审进场的标准化设施。

（7）监理项目部审查验收进场的标准化设施。

6.3.3 监理单位质量管理流程

6.3.3.1 材料、设备质量控制流程

（1）施工、监理项目部分别熟悉图纸、材料的技术参数和质量要求及相关规范，施工项目部应进行材料统计。

（2）施工项目部制定采购计划，选择拟选厂家。

（3）施工项目部对大宗材料组织招标采购，签订采购合同，选择的厂家向监理项目部

报审；对小宗材料洽谈签订采购合同，选择的厂家向监理项目部报审。

（4）总监理工程师主持，专业监理工程师审查包身的供货商资质。

（5）施工项目部选择的供货商资质经监理项目部审查合格后，同意进行材料采购审查未合格的退回，由施工单位重新拟订采购厂家。

材料、设备质量控制流程如图1－11所示。

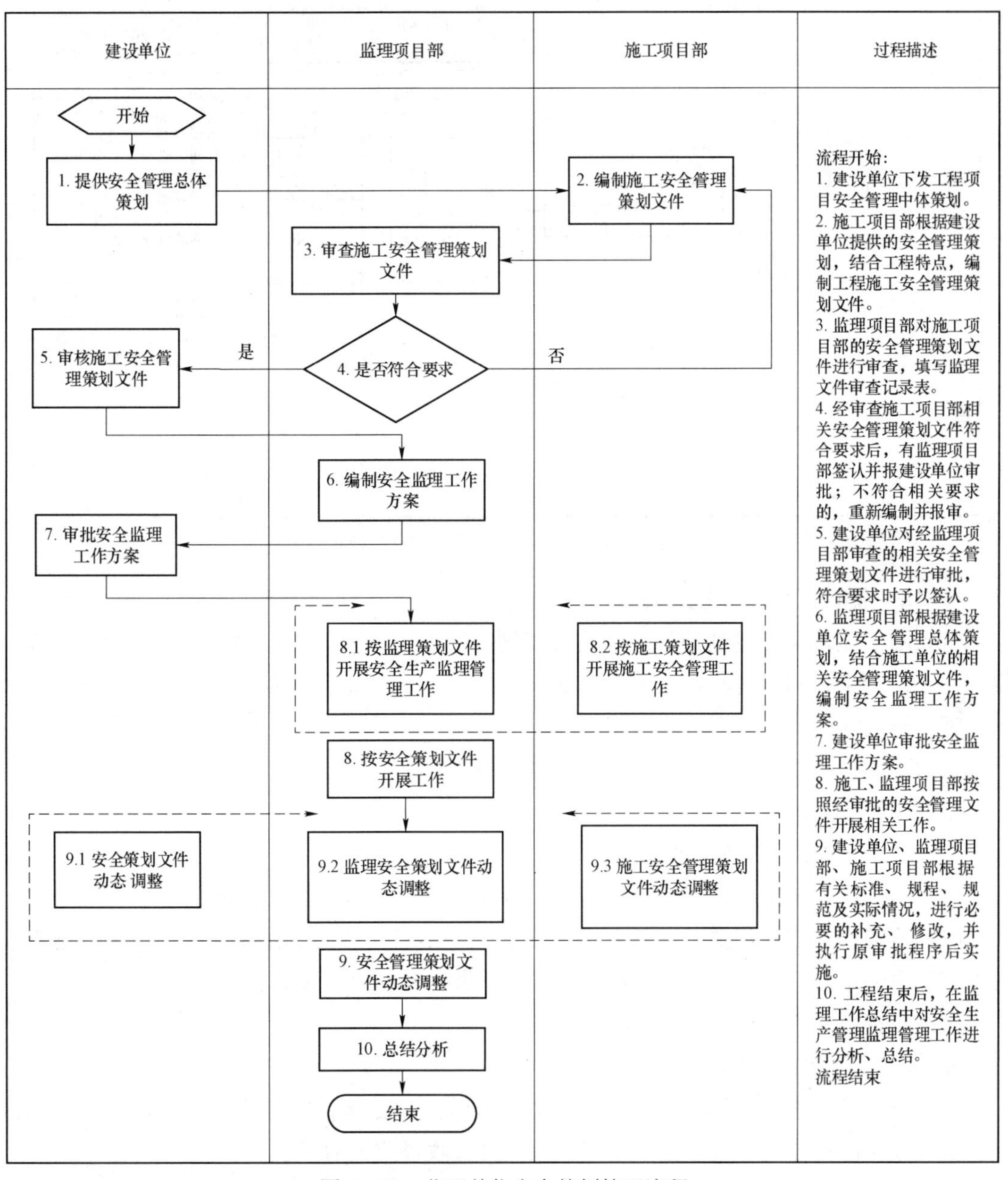

图1－10　监理单位安全策划管理流程

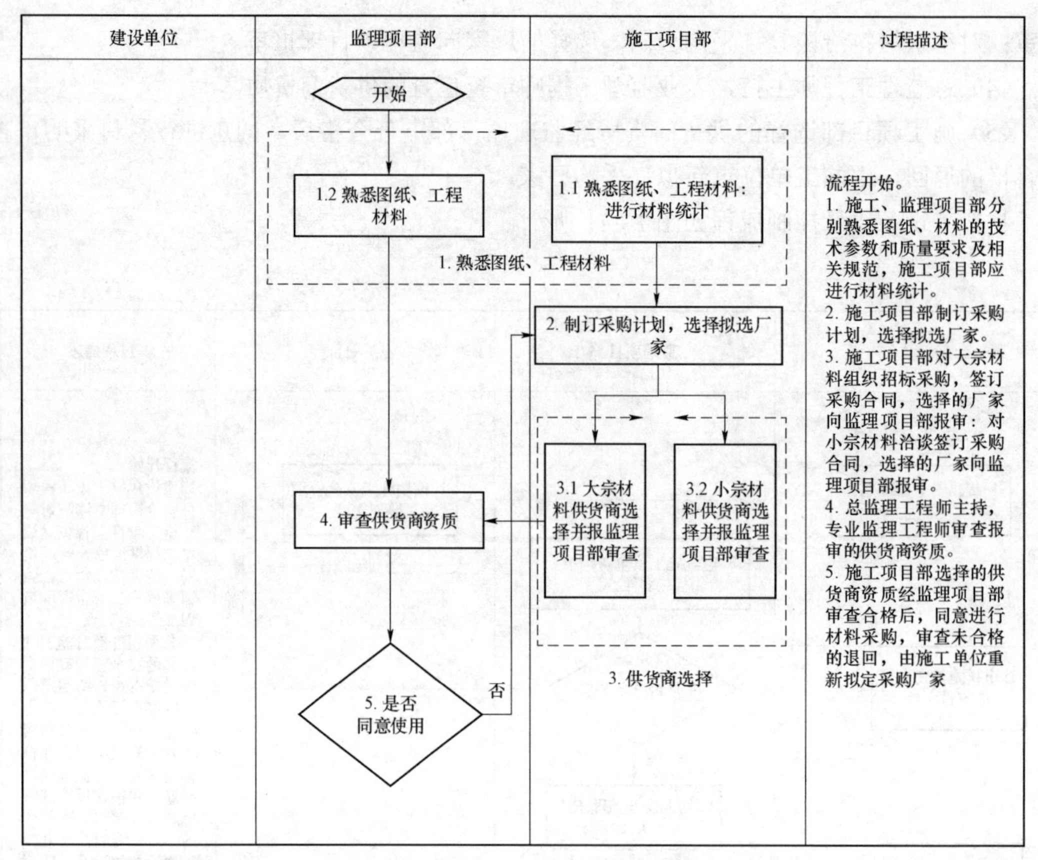

图 1－11　材料、设备质量控制流程

6.3.3.2　隐蔽工程质量控制流程

（1）施工项目部在编制项目管理实施规划或一般及特殊施工方案时，明确隐蔽工程验收部位及检验项目和质量标准，制订相关质量保证措施，报监理项目部审查；监理项目部在监理实施细则中制定监理控制措施。

（2）施工、监理项目部分别组织对相关人员进行质量和技术交底。

隐蔽工程质量控制流程如图 1－12 所示。

6.3.3.3　旁站监理工作流程

（1）编制旁站方案，设置质量旁站点，抄送项目建设单位、施工项目部。

（2）监理项目部组织监理人员对旁站计划、旁站点及旁站工作要求进行交底；施工项目部应熟悉旁站监理方案，了解旁站监理要求，做好旁站监理配合工作。

旁站监理工作流程如图 1－13 所示。

6.3.3.4　工程质量验评流程

（1）施工项目部熟悉图纸，编制施工质量验收及评定范围划分表，并向监理项目部报审；监理项目部在监理实施细则中明确工程质量验收评定的有关要求。

（2）监理项目部审核施工质量验收及评定范围划分表，同意后报项目建设单位审批。

（3）施工质量验收及评定范围划分表经审批不符合要求时，退回施工项目部修改。

工程质量验评流程如图 1－14 所示。

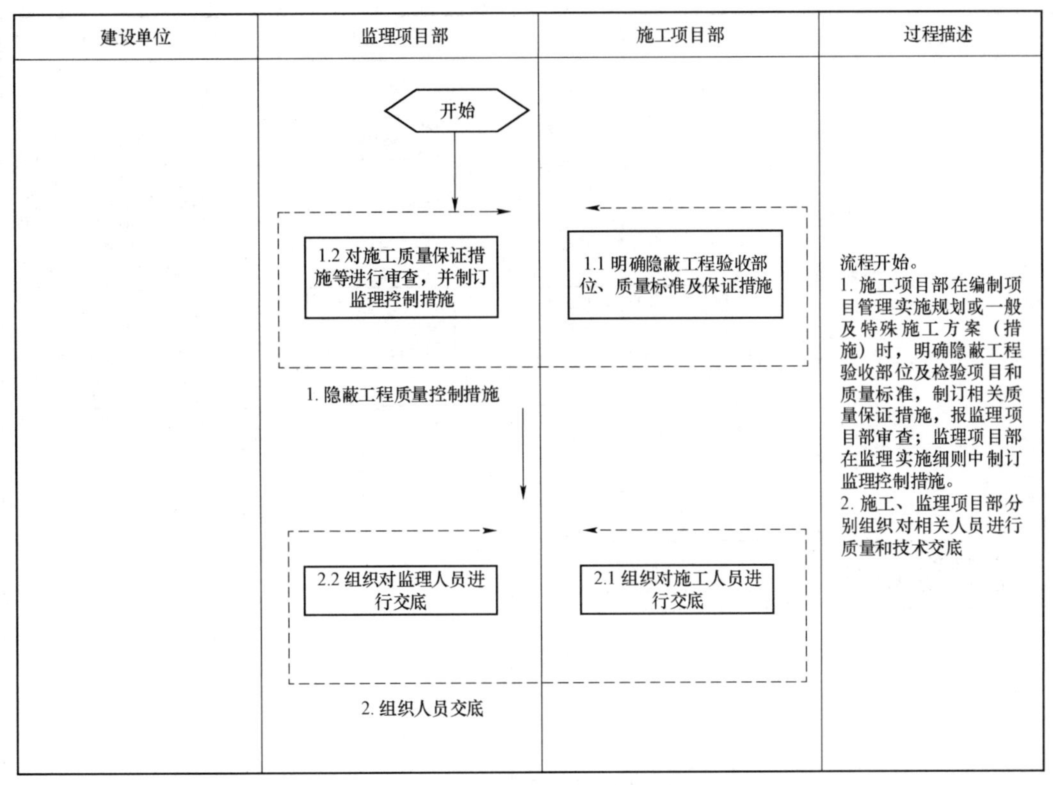

图 1－12　隐蔽工程质量控制流程

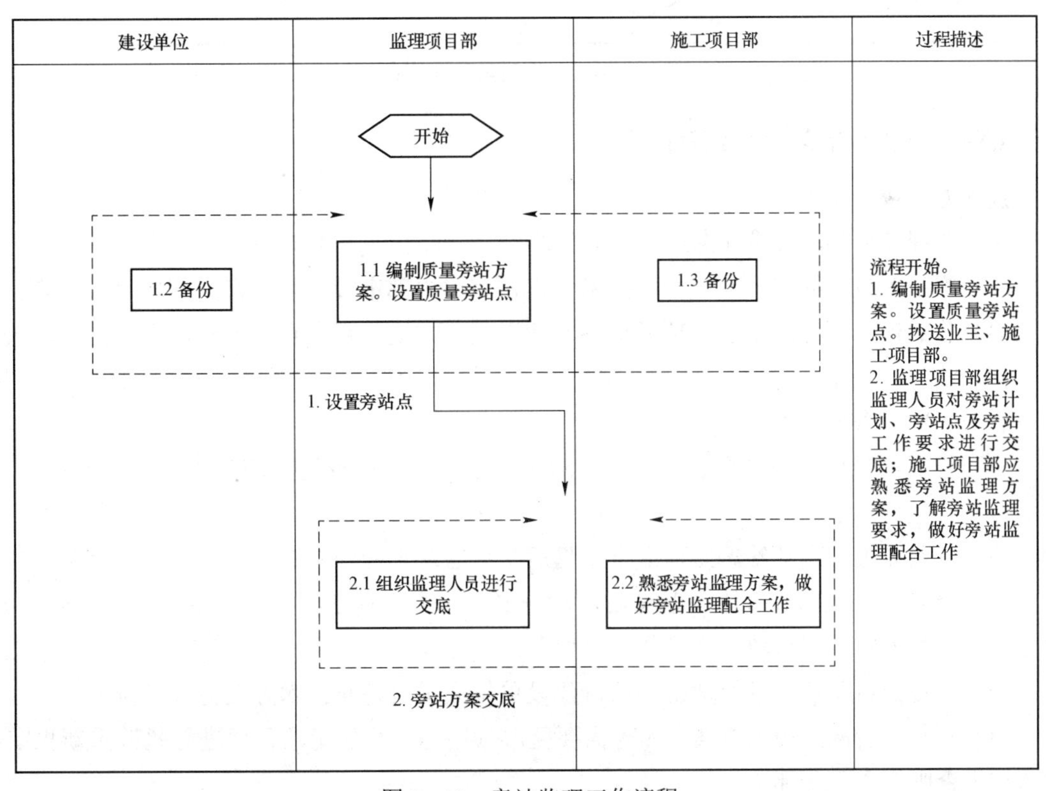

图 1－13　旁站监理工作流程

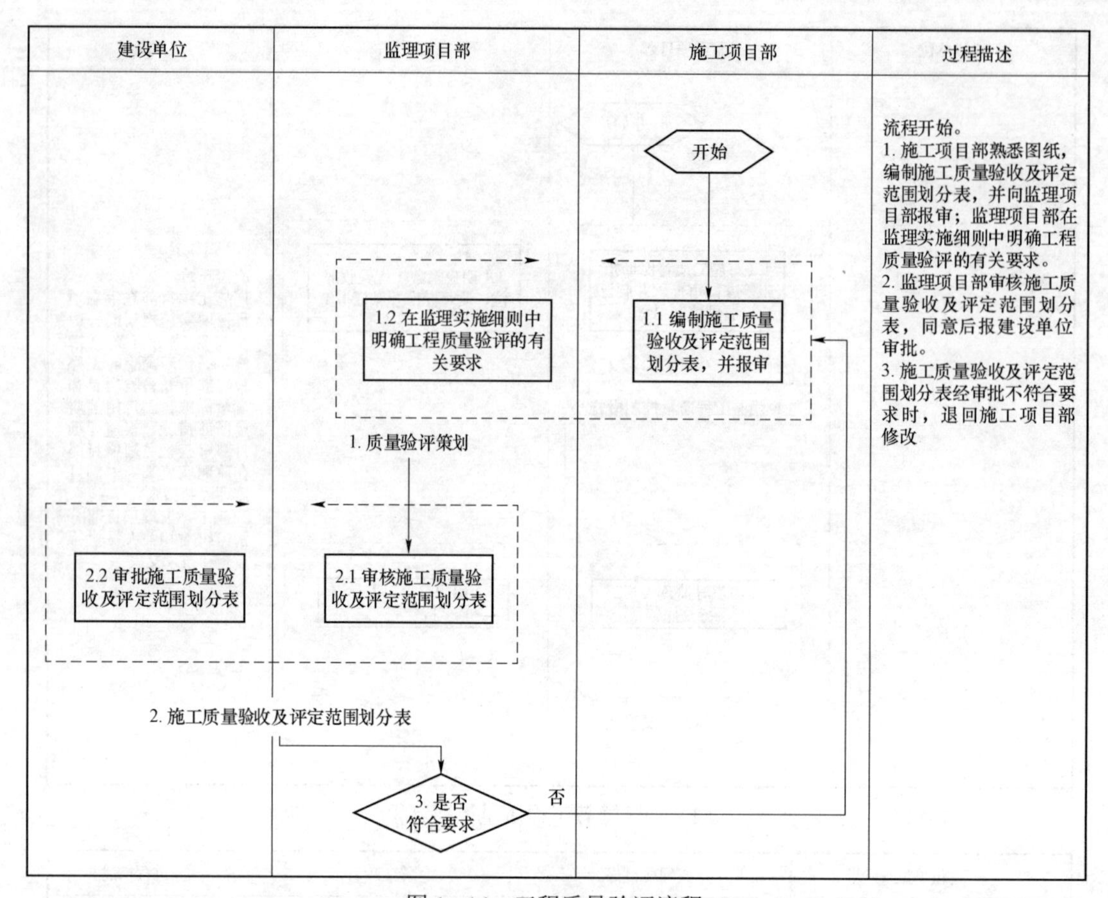

建设单位
监理项目部
施工项目部
过程描述
开始
1.2 在监理实施细则中明确工程质量验评的有关要求
1.1 编制施工质量验收及评定范围划分表，并报审
1. 质量验评策划
2.2 审批施工质量验收及评定范围划分表
2.1 审核施工质量验收及评定范围划分表
2. 施工质量验收及评定范围划分表
3. 是否符合要求
否
流程开始。
1. 施工项目部熟悉图纸，编制施工质量验收及评定范围划分表，并向监理项目部报审；监理项目部在监理实施细则中明确工程质量验评的有关要求。
2. 监理项目部审核施工质量验收及评定范围划分表，同意后报建设单位审批。
3. 施工质量验收及评定范围划分表经审批不符合要求时，退回施工项目部修改

图 1－14　工程质量验评流程

6.3.4　监理单位技术管理流程

技术方案审查流程：

（1）监理项目部收集设计图纸、规程规范、施工合同、建设管理纲要等依据性文件资料。

（2）施工项目部编制一般或特殊技术方案，完成内部审批流程后报监理项目部审查。

（3）总监理工程师组织监理项目部各专业人员对方案进行审查。审查内容主要是从人、机、料、法、环着手，方案是否有针对性、是否有可操作性，是否违反强制性条文等，并填写监理文件审查记录表。

（4）监理项目部判断是否通过审查，对未通过审查的则返还给施工项目部整改后重新报审。

（5）专业监理工程师签署监理审查意见后交总监理工程师审查。

（6）总监理工程师签署监理意见后，对一般技术方案返还给施工项目部组织实施。如果是特殊技术方案则交给项目建设单位审批。

（7）项目建设单位项目经理组织项目建设单位人员对特殊技术方案进行审查。

（8）判断是否同意技术方案，如有需要整改项则返还给施工项目部进行整改重新报审；如通过审查则进入下一环节。

（9）通过审查后签署审批意见并返还给监理项目部。

（10）监理项目部按归档要求留存审批完成的方案并将对于的方案返还给施工项目部。

（11）施工项目部接到审批完成的方案后组织实施。

技术方案审查流程如图 1－15 所示。

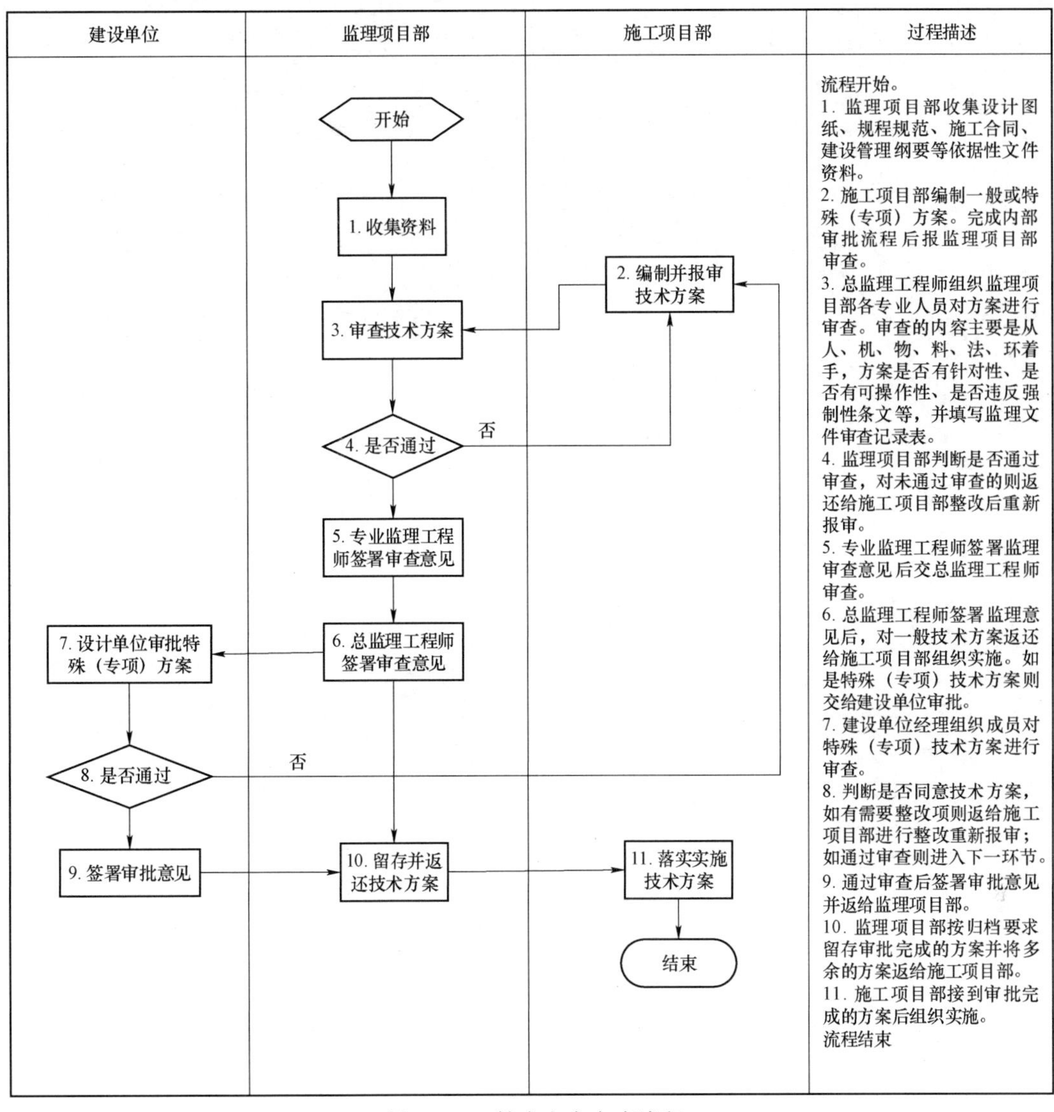

建设单位
监理项目部
施工项目部
过程描述
开始
1. 收集资料
2. 编制并报审技术方案
3. 审查技术方案
否
4. 是否通过
5. 专业监理工程师签署审查意见
6. 总监理工程师签署审查意见
7. 设计单位审批特殊（专项）方案
否
8. 是否通过
9. 签署审批意见
10. 留存并返还技术方案
11. 落实实施技术方案
结束
流程开始。
1. 监理项目部收集设计图纸、规程规范、施工合同、建设管理纲要等依据性文件资料。
2. 施工项目部编制一般或特殊（专项）方案。完成内部审批流程后报监理项目部审查。
3. 总监理工程师组织监理项目部各专业人员对方案进行审查。审查的内容主要是从人、机、物、料、法、环着手，方案是否有针对性、是否有可操作性、是否违反强制性条文等，并填写监理文件审查记录表。
4. 监理项目部判断是否通过审查，对未通过审查的则返还给施工项目部整改后重新报审。
5. 专业监理工程师签署监理审查意见后交总监理工程师审查。
6. 总监理工程师签署监理意见后，对一般技术方案返还给施工项目部组织实施。如是特殊（专项）技术方案则交给建设单位审批。
7. 建设单位经理组织成员对特殊（专项）技术方案进行审查。
8. 判断是否同意技术方案，如有需要整改项则返给施工项目部进行整改重新报审；如通过审查则进入下一环节。
9. 通过审查后签署审批意见并返给监理项目部。
10. 监理项目部按归档要求留存审批完成的方案并将多余的方案返给施工项目部。
11. 施工项目部接到审批完成的方案后组织实施。
流程结束

图 1－15　技术方案审查流程

第二部分

工 程 实 施 过 程

1 项目管理

1.1 施工单位项目管理

项目管理主要内容包括项目管理策划、进度计划管理、项目资源管理、施工协调管理、合同履约管理、信息与档案管理、总结评价等。

1.1.1 项目管理策划

工程施工阶段，执行经过审批的策划文件。

1.1.2 进度计划管理

（1）每月编制施工月报（见附录 C2 中 TSXM1），定期报送监理项目部审查。

（2）参加建设单位或监理组织的工程例会及工程进度协调会议，对进度计划进行过程动态管理，滚动修编进度计划，编制施工进度调整计划报审表（见附录 C2 中 TSXM2）并附调整后的施工进度计划，报监理项目部和建设单位审查确定。

（3）根据施工需要编制工程施工停电、业务中断、调整等需求计划，报送建设单位。

1.1.3 项目资源管理

（1）施工过程中，把控施工人员的到位情况，确保施工力量满足工程施工的需要。人员不足时，及时做出应对措施。

（2）对作业人员在操作技能，规程规范、等级技术标准，安全质量技术管理规定、企业文化，工作态度、降低成本的意识和方法，以及施工安全知识方面进行上岗培训工作。

1.1.4 施工协调管理

（1）配合工程开工协调工作，确保工程按时开工。

（2）组织或参加工程例会或专题协调会，协调解决影响施工的相关问题，满足工程进度要求，重大问题填写工作联系单（见附录 C 中 TSXM6）报至监理项目部和建设单位。

（3）当监理下达工程暂停令时，按要求做好相关工作，待停工因素全部消除后，提出工程复工申请表（见附录 C 中 TSXM5）。

（4）解决建设单位及监理项目部下达的需要施工项目部配合解决的影响工程施工的相关问题。

（5）参加启动试运行工作。

1.1.5 合同履约管理

（1）接受工程项目合同交底。

（2）执行工程合同条款，及时协调合同执行过程中的问题，向施工单位相关管理部门汇报合同履约情况及存在的问题。

（3）根据工程合同，办理进度款支付申请并按合同提供完成的实物工程量清单，报送监理项目部和建设单位。

（4）按照建设单位要求，完成设计变更的申报等相关手续。

（5）配合建设管理单位完成合同的规定的阶段性结算工作。

1.1.6 信息与档案管理

（1）负责施工过程中文件的收发、整理、保管、归档工作。

（2）借助信息化管理系统，及时、准确、完整地输入设备、光缆等信息资料。

1.1.7 总结评价

接受并配合建设单位的综合评价。

1.2 监理单位项目管理

项目管理范围是除安全、质量、造价和技术四项专业化管理之外的建设监理管理内容，包括监理工作策划、进度计划管理、合同履约管理、组织协调、信息与档案管理、总结评价。

1.2.1 监理工作策划

（1）根据工程实际，对策划文件进行修编及更新。

（2）工程施工阶段，监督检查策划文件的执行情况。

1.2.2 进度计划管理

（1）定期审查施工进度计划，提出审查意见。及时跟踪施工进度计划执行情况，发现偏差时，督促施工项目部采取措施进行进度改正。

（2）需要对原进度计划进行调整时，组织审查施工进度调整计划报审表，确认无误后督促实施。如需对工程竣工时间进行变更时，应组织审查变更工期的理由，同意后报建设单位。

1.2.3 合同履约管理

（1）认真履行监理合同的相关服务内容。

（2）及时收集、整理监理服务内容超过监理合同的原始资料，为处理监理费用索赔提供依据。依据监理合同的有关要求，提出监理费用的索赔申请，报建设单位。

（3）监督检查施工单位合同履约情况，依据施工合同条款的规定及时解决合同执行过程中的争议，由总监理工程师进行协调或提出处理合同争议的意见。

（4）施工合同解除时，监理项目部应按合同约定，与建设管理单位、施工单位按有关要求协商确定施工单位应得款项，按施工合同约定处理合同解除后的有关事宜。

（5）及时收集、整理有关工程费用的原始资料，为处理费用索赔提供证据。依据施工合同审核索赔申请，提出监理书面意见和建议，报送建设单位。

1.2.4 组织协调

（1）参加建设单位组织的会议、月度协调会、专题协调会等，提出监理意见和建议。

（2）定期主持召开监理例会暨安全质量例会（每月不少于一次），有必要时组织召开专题会议，并形成会议纪要（见附录 C 中 TSXM7）。

（3）及时处理、解决需要协调的有关事项。

1.2.5 信息与档案管理

（1）每月编制监理月报（见附录 C 中 TSXM18）报送建设单位，及时填写监理日志（见附录 C 中 TSXM17）。

（2）完善工程信息资料过程管理机制，实施文件的收发登记管理。

（3）根据档案标准化管理要求，收集、整理工程资料及隐蔽工程影像资料，督促施工单位及时完成档案文件的汇总、组卷、移交（含电子档案）。

1.2.6 总结评价

（1）工程投产后，组织编制监理工作总结。

（2）接受建设单位的综合评价。

2 安全管理

2.1 施工单位安全管理

施工项目部安全管理主要内容包括安全策划管理、安全风险管理、安全文明施工管理、安全管理评价、安全应急管理、安全检查管理等。

2.1.1 安全策划管理

（1）分阶段编制工程安全文明施工设施配置计划申报单（见附录 C 中 TQAQ4），报监理项目部审查，建设单位批准后执行。安全文明施工设施进场时，填写安全文明施工设施进场验收单，报监理项目部和建设单位审查验收（见附录 C 中 TSAQ2）。

（2）组织施工项目部新入场施工人员进行安全培训，经考试合格上岗；组织新入场施工人员进行安全交底；组织新入场施工人员按期进行身体健康检查；落实安全文明施工费，专款专用；对劳动保护用品及安全防护用品（用具）采购、保管、发放、使用进行监督管理；组织施工机械和工器具安全检验；在施工项目管理全过程中组织落实各项安全措施。

（3）确保各项安全制度在施工过程中的落实。落实项目安委会决议，配合完成项目安委会、建设单位及监理项目部等有关单位举行的各种安全会议和活动。落实各类安全文件，做好信息交流工作。

2.1.2 安全风险管理

（1）在作业过程中，施工负责人按照作业流程对安全施工作业中的作业风险逐项确认，并随时检查有无变化。

（2）施工项目部根据实际情况及时更新作业风险及危险点，确保各级人员对作业风险及危险点心中有数。

（3）有风险的施工作业，施工班组负责人、安全员现场监护，施工项目部专职安全员现场检查控制措施落实情况；较大风险的施工作业，本单位负责本专业的专职副总工程师或分公司经理现场检查，相关技术、施工、安质等职能部门派专人监督，施工项目经理、专职安全员现场监督；重大风险的施工作业，本单位分管领导及相关人员到现场，制订降低风险等级的措施并监督实施。

（4）如有较大风险作业实施期间，开展动态实时监控，风险监控工作包括作业实际开始时间、控制措施落实情况核查、作业进程、作业实际结束时间、风险作业控制结果。

（5）施工重要临时设施完成后，项目部应组织相关人员对重要临时设施进行检查，检查合格后，报监理项目部核查，填写重要设施安全检查签证记录（见附录 C 中 TSAQ2），核查合格后方可使用。

2.1.3 安全文明施工管理

（1）作为工程项目安全文明施工的责任主体，负责贯彻落实安全文明施工标准化要求，实行文明施工、绿色施工、环保施工。

（2）严格遵守国家工程建设节地、节能、节水、节材和保护环境法律法规，绿色施工，尽力减少施工对环境的影响。

（3）落实工程施工安全管理及风险控制方案中的安全文明施工管理目标及保障措施，负责工程项目安全标准化管理工作的具体实施，保证安全文明施工目标的实现。

（4）按规定使用安全文明施工费，分阶段编制安全文明施工标准化设施报审计划，明确安全设施、安全防护用品和文明施工设施的种类、数量、使用区域，报监理项目部审核、建设单位批准。

（5）按要求做到安全制度执行标准化、安全设施标准化、个人防护用品标准化、现场布置标准化、作业行为规范化和环境影响最小化。

（6）负责组织安全文明施工，制订避免水土流失措施、施工垃圾堆放与处理措施、“三废”（废物、废水、废气）处理措施、降噪措施等，使之符合国家、地方政府有关职业卫生和环境保护的规定。

（7）尽可能少占耕（林）地等自然资源，严格控制路面开挖，严禁随意弃土，施工后尽可能恢复植被。采取措施控制施工中的噪声与振动，降低噪声污染。

（8）施工现场应尽力保持地表原貌，减少水土流失，避免造成深坑或新的冲沟，防止发生环境影响事件。做到“工完、料尽、场地清”，现场设置废料垃圾分类回收。对易产生扬尘污染的物料实施遮盖、封闭等措施，减少灰尘对大气的污染。

（9）按照审批后的安全文明施工设施配置计划申报单选配使用安全施工设施、安全防护用品和文明施工设施，进行设施和用品的采购、制作或提交施工企业统一配送。

（10）安全标准化设施进场前，应经过性能检查、试验。施工项目部应将进场的标准化设施报监理项目部和建设单位审查验收。

（11）应结合实际情况，按标准化要求为工程现场配置相应的安全设施，为施工人员配备合格的个人防护用品，并做好日常检查、保养等管理工作。

（12）在每月项目部安全检查过程中，组织检查工程施工安全管理及风险控制方案在现场的实施情况。

（13）在工程施工过程中应及时收集、整理施工过程安全与环境方面资料。

（14）建立环境及水土保持管理体系、专责人员工作职责、工作内容及措施，组织对施工人员进行环境及水土保持法律法规和控制措施的培训、交底，并检查相关记录。

（15）全面落实环境保护和水土保持控制措施。填写环境保护和水土保持施工记录文件。

（16）发生环境污染事件后，立即采取措施，可靠处理；当发现施工中存在环境污染事故隐患时，应暂停施工；在环境污染事故发生后，应立即向监理项目部和项目法人报告；同时，按照事故处理方案立即采取措施，防止事故扩大。

2.1.4 安全管理评价

（1）贯彻《电力通信现场标准化作业规范》（Q/GDW 721—2012）中的安全文明施工及作业规范。

（2）参与由建设管理单位或建设单位开展的安全标准化管理评价，对存在的问题进行整改，形成闭环管理。

（3）配合公司组织工程项目安全文明施工标准化评价抽查，对存在的问题进行整改，形成闭环管理。

2.1.5 安全应急管理

（1）在项目应急工作组的统一领导下，组建现场应急救援队伍，配备应急救援物资和工器具。

（2）根据现场需要和项目应急工作组安排，参与编制各类现场应急处置方案；参加项目应急工作组组织的应急救援知识培训和现场应急演练，填写现场应急处置方案演练记录（见附录C中TSAQ2）。

（3）在项目应急工作组接到应急信息后，立即响应参加救援工作。

2.1.6 安全检查管理

（1）安全检查分为例行检查、专项检查、随机检查、安全巡查四种方式，安全检查以查制度、查管理、查隐患为主要内容，同时应将环境保护、职业健康、生活卫生和文明施工纳入检查范围。

（2）项目经理每月至少组织一次安全大检查。

（3）配合建设单位等相关单位开展的各类专项安全检查，对检查中发现的安全隐患和安全文明施工、环境管理问题按期整改，闭环管理。对因故不能立即整改的问题，应采取临时措施，并制订整改措施计划报上级批准，分阶段实施。

（4）根据管理需要和现场施工实际情况适时开展随机检查和专项检查，及时发现并解决安全管理中存在的问题。

（5）各类检查事先编制检查提纲或检查表，明确检查重点，对安全检查中发现的安全隐患、安全文明施工和现场安全通病，下达安全检查整改通知单（见附录C中TSAQ2），施工队（班组）负责整改，整改后填写安全检查整改报告及复检单（见附录C中TSAQ2）监督检查并确认隐患闭环整改情况，通报检查及整改结果。

（6）制订工程安全隐患排查治理工作计划，规范开展安全隐患治理工作，保证隐患得到有效治理；定期检查现场安全状况，对存在问题进行闭环整改，并对相关人员、部门予以通报、处罚。

（7）各类检查中留存影像资料，包括安全管理亮点照片、安全隐患照片、违章照片、整改后照片等。

（8）在每月召开的安全工作例会上，针对项目施工过程中和安全检查中发现的安全隐患和问题进行安全管理专题分析和总结，掌握现场安全施工动态，制订针对性措施，保证现场安全受控。

（9）发生通信工程安全事件后，现场人员应立即向现场负责人报告，由现场负责人向本单位负责人即时报告，同时要向建设管理单位、监理单位报告。按规程规定配合安全事故调查分析与处理，按照“四不放过”（事故原因未查清不放过；事故责任人未受到处理不放过；事故责任人和周围群众没有受到教育不放过；事故制订切实可行的整改措施没有落实不放过）要求处理。

2.2 监理单位安全管理

管理的主要内容包括安全策划管理、安全风险和应急管理、安全检查管理、安全文明施工管理和环境及水土保持管理等。

2.2.1 安全策划管理

（1）根据建设单位安全管理总体策划和经批准的监理规划及相关专项方案等，结合本工程特点，编制安全监理工作方案。内容可在在监理规划安全部分中体现，不单独编制。

（2）监理项目部应建立以下安全管理台账：安全法律、法规、标准、制度等有效文件清单；总监理工程师及安全监理人员资质资料；安全监理工作方案；安全管理文件收发、学习记录；安全监理会议记录；施工报审文件及审查记录；安全检查、签证记录及整改闭环资料；安全旁站记录；监理通知单及回复单，工程暂停令及工程复工令（见附录 C 中 TSXM10）。

（3）审查施工项目部编制的施工安全管理及风险控制方案、工程施工强制性条文执行计划、专项方案等施工策划文件，填写文件审查记录表（见附录 C 中 TQXM7）。

（4）审查施工项目部项目经理、专职安全生产管理人员和特种作业人员的资格条件。

（5）审查施工项目部主要施工机械、工器具、安全防护用品（用具）的安全性能证明文件。

（6）每月至少组织召开一次安全工作例会（可结合监理例会召开），在形成的监理例会会议纪要（见附录 C 中 TSXM7）中针对安全检查存在问题进行通报和分析，提出改进意见。

2.2.2 安全风险和应急管理

（1）在安全监理工作方案中明确风险和应急管理工作要求，并提出安全生产管理的监理预控措施。

（2）审查施工项目部编制的施工安全固有风险识别、评估、预控清册，作业风险现场复测单和施工安全风险识别、评估和预控清册，填写文件审查记录表（见附录 C 中 TQXM7）。督促施工项目部根据现场情况对风险作业进行动态调整并审查。

（3）监督施工项目部开展施工安全管理及风险预控工作。对存在风险的施工工序和工程关键部位、关键工序、危险作业项目进行安全旁站。

（4）较大风险作业时，监理单位相关管理人员、项目总监理工程师、安全监理工程师应现场检查、监督；重大风险作业时，分管领导及相关人员到现场审查并旁站监督措施的落实。

（5）参与组建项目现场应急工作组、应急处置方案编制、审查和相关应急培训及演练。

2.2.3 安全检查管理

（1）进行日常的安全巡视检查，组织定期（月度）或专项（防灾避险、季节、施工机具、临时用电、安全通病、脚手架搭设及拆除等）安全检查。

（2）对大中型起重机械、整体提升脚手架或整体提升工作平台、脚手架，施工用电、水、气等力能设施，交通运输道路和危险品库房等进行安全检查签证，核查施工项目部填报的安全签证记录；结合工程开工条件审查，对工程项目开工和安装交付调试进行安全检查签证。

（3）重点检查各类专项方案（措施）的执行落实情况、安全生产管理人员及特殊工种、特种作业人员履职及持证情况。

（4）针对各类检查、签证发现的安全问题，视情况严重程度填写监理检查记录表（见附录C中TSXM16）或监理通知单（见附录C中TSXM11），督促施工单位落实整改，并对整改结果进行复查；达到停工条件的，应签发工程暂停令（见附录C中TSXM13），并及时报告建设单位；施工项目部拒不整改或者不停止施工的，及时向有关主管部门报告，填写监理报告（见附录C中TSXM14）。需签发工程暂停令的情况：

1）无安全保证措施施工或安全措施不落实。

2）作业人员未经安全教育及技术交底施工，特殊工种无证上岗。

3）安全文明施工管理混乱，危及施工安全。

4）未经安全资质审查的施工单位进入现场施工。

5）发生七级以上安全事故（事件）。

（5）停工部位（工序）满足复工条件的，及时审核施工项目部报送的工程复工报审表，经建设单位审批后签发工程复工令（见附录C中TSXM10）。

（6）参与或配合项目安全事故（事件）调查处理工作。

2.2.4 安全文明施工管理

（1）在安全监理工作方案中明确安全文明施工管理目标和安全控制措施、要点。

（2）分阶段审核施工项目部编制的安全文明施工设施配置计划申报单，并及时对进场的安全文明施工设施进行审查。

（3）施工过程中，结合月度检查对施工单位安全标准化设施的使用情况和施工人员作业行为进行抽查，存在问题及时督促落实整改，并提出改进措施。

（4）在旁站或巡视过程中，对现场落实安全文明施工标准化管理要求进行检查，并填写监理检查记录表（见附录C中TSXM16）。

（5）参与建设单位组织的阶段性安全文明施工标准化管理评价。

2.2.5 环境及水土保持管理

（1）审查施工项目部环境及水土保持管理体系、专责人员工作职责、工作内容及措施，督促施工项目部组织对施工人员进行环境及水土保持法律法规和控制措施的培训、交底，并检查相关记录。

（2）根据工程情况，在安全工作例会中描述环境及水土保持监理工作内容。

（3）采取审查、巡查、抽查、签证等监理手段，检查督促施工单位全面落实环境保护和水土保持控制措施。检查环境保护和水土保持施工记录文件。

（4）发生环境污染事件后，要求施工项目部立即采取措施，可靠处理；当发现施工中存在环境污染事故隐患时，先口头指令暂停施工，在报建设单位同意后，及时签发工程暂停令（见附录C中TSXM13）；在环境污染事故发生后，事故责任单位应立即向监理项目部和项目法人报告。监理项目部应督促事故责任单位立即采取措施，防止事故扩大，并参加有关部门组织的环境污染事故调查，提出监理处理建议，并监督事故处理方案的实施。

（5）建设过程中，配合做好水土保持监测工作，参与、配合环境及水土保持验收工作。

3 质量管理

3.1 施工单位质量管理

施工项目部质量管理工作是对具体工程项目的施工质量管理，按项目施工阶段可分为施工阶段质量管理、施工验收阶段质量管理及项目总结评价阶段质量管理。

3.1.1 施工阶段质量管理

（1）全面实施通信施工标准工艺。及时参加标准工艺实施分析会，制订并落实改进工作的措施。

（2）参加监理项目部组织的后续到场甲供材料和设备的交接验收及开箱检查，做好材料和设备的保管、运输及使用，加强现场使用前的外观检查，发现设备材料质量不符合要求时，向监理项目部报工程材料、设备缺陷通知单（见附录 C 中 TSZL5），提请监理项目部及建设单位协调解决。

（3）后续自购原材料经监理项目部取样、送检，分批次进行报验（见附录 C 中 TSZL2），对原材料进行跟踪管理。

（4）对后续新进人员、设备按规定报审。

（5）根据工程进展，做好施工工序的质量控制，严格工序验收，上道工序未经验收合格不得进入下道工序，确保施工质量满足质量标准和验收规范的要求，如实填写施工记录。

（6）施工项目部每月至少召开一次质量工作例会，班组（施工队）每周召开一次质量例会，同时积极参加由建设单位组织的质量分析会，配合质量专项检查活动。

（7）严格执行《电力通信标准化作业指导书》。

（8）严格执行《电力通信现场标准化作业规范》（Q/GDW 721—2012）、《电力系统通信站安装工艺规范》《电力系统通信光缆安装工艺规范》等。

（9）全面应用标准工艺，落实质量通病防治措施。按照标准工艺应用策划，采用随机和定期的检查方式进行质量检查，对过程标准工艺的应用情况及质量通病预防措施的执行情况进行检查。对质量缺陷进行闭环整改，并确认整改结果。填写过程质量检查表和工程质量问题处理单（见附录 C 中 TSZL9、TSZL10）。

（10）对监理项目部提出施工存在的质量缺陷，认真整改，及时填写监理通知回复单（见附录 C 中 TSXM9）。

（11）配合各级质量检查、质量监督、质量验收等工作，对存在的质量问题认真整改。

（12）在接到工程暂停令后，针对监理项目部指出的问题，采取整改措施，整改完毕，就整改结果逐项进行自查，并应写出自查报告，报监理项目部申请工程复工。

（13）按照通信管理信息系统要求组织做好施工阶段工程项目质量数据维护、录入工作，按照档案管理要求及时将工程质量管理的相关文件、资料整理归档。

（14）及时采集、整理影像资料，利用影像资料等手段加强施工质量过程控制。

（15）发生质量事件后，实行即时报告制度。工程质量事件发生后，现场有关人员应立即向现场负责人报告；现场负责人接到报告后，应立即向本单位负责人报告；各有关单位接到质量事件报告后，应根据事件等级和相应程序上报事件情况。按照质量事件等级及时上报工程安全/质量事件报告表（见附录C中TSZL11），配合做好质量事件调查、方案整改及处理工作。及时填报工程安全/质量事件处理方案报审表和工程安全/质量事件处理结果报验表（见附录C中TSZL12和TSZL13）。

3.1.2 施工验收阶段质量管理

（1）参与建设管理单位（或委托建设单位）组织的工程随工验收。属于不同施工单位施工的，在工程完成后，由建设管理单位（或委托建设单位）组织设计、监理、工程施工单位共同验收确认，并签署验收交接签证书。属于同一施工单位施工的，按照随工验收管理。

（2）按照工程验评范围划分，执行自检制度，做好隐蔽验收签证记录、检验记录、工程验评记录及工程质量问题台账（见附录C中TSZL14），内容真实，数据准确并应与工程进度保持同步。

（3）按照交接试验规程及有关要求，做好设备调试和光缆测试工作，报告内容真实，数据准确，并按规定报审（见附录C中TSZL15）。

（4）做好特殊试验的配合工作。

（5）项目部复检整改完成后，出具公司级专检申请表（见附录C中TSZL16）申请公司级专检。

（6）自检通过后，出具专检报告，及时向监理项目部申请监理初检（见附录C中TSZL17），对存在的问题进行闭环整改。积极配合工程各阶段验收工作，完成整改项目的闭环管理。

（7）配合建设管理单位的标准工艺验收和应用评价工作。

（8）接受各阶段质量监督检查，编写工程阶段施工质量情况汇报，完成整改项目的闭环管理，配合启动试运行工作。

（9）按要求向建设管理单位提交竣工资料，向生产运行单位移交备品备件、专用工具。

3.1.3 项目总结评价阶段质量管理

编写工程总结质量部分，总结工程质量及标准工艺应用管理中的好的经验和存在的问题，分析、查找存在问题的原因，提出工作改进措施。

3.2 监理单位质量管理

质量管理按项目建设流程可分为施工过程、工程验收（含随工验收）和总结评价三个阶段管理内容。

3.2.1 施工过程阶段

（1）对进场的乙供工程材料、设备按规定进行实物质量检查及见证取样，填写见证取样统计表（见附录C中TSZL18，并审查施工项目部报送的质量证明文件、数量清单、自检结果、复试报告等，符合要求后方可使用。

（2）组织建设单位、施工、供货商（厂家）对甲供主要设备材料进行到货验收和开箱检查，并共同签署设备材料开箱检查记录表（见附录C中TSZL19）。若发现缺陷，由施工项目部填报材料、构配件、设备缺陷通知单，待缺陷处理后，监理项目部会同各方确认。

（3）按规定对试品、试件进行取样，填写见证取样统计表（见附录C中TSZL18），并对检（试）验报告进行审核，符合要求后予以签认。

（4）对已进场的材料、设备质量有怀疑时，在征得建设单位同意后，按约定检验的项目、数量、频率、费用，对其进行检验或委托试验。

（5）对测量成果及保护措施进行检查核实。

（6）对关键部位、关键工序进行旁站监理，填写质量旁站监理记录表（见附录C中TSZL20）。

1）土建：机房装修，通信管道施工、屋面防水、保温层施工。

2）安装：通信设备调试，管道光缆铺设，OPGW光缆架设、蓄电池充放电试验，接地网测试等。

3）其他：新技术试验试点等。

（7）做好检验工作，工序检查量不应小于受检工程量质检项目的10%，且应均匀覆盖关键工序。对不符合相关质量标准的，应签发监理通知单（见附录C中TSXM11），及时督促施工单位限期整改。

（8）审核施工项目部报审的试品、试件试验报告。

（9）每月至少组织召开一次质量工作例会（可结合监理例会召开），在形成的监理例会会议纪要（见附录C中TSXM12）中分析工程质量状况，提出改进质量工作的意见。

（10）接受质量监督检查，组织落实相关整改意见。

（11）督促施工项目部质量通病防治措施的实施。

（12）参加通信标准工艺验收，填写监理检查记录表（见附录C中TSXM16）；对通信标准工艺的应用效果进行控制和验收；参加建设单位组织的通信标准工艺应用分析会，并主持会议，形成会议纪要（见附录C中TSXM12），提交建设单位确认并签发，及时纠偏，跟踪整改；对标准工艺应用效果评分表进行审核。

（13）根据施工进展，对现场进行日常巡视检查，填写监理检查记录表（见附录C中TSXM16），发现问题及时纠正。巡视检查主要内容：

1）检查是否按工程设计文件、工程建设标准和批准的项目管理实施规划、施工方案（措施）施工；

2）检查已进场使用的材料、设备是否合格；

3）检查现场质量管理人员是否到位，特种作业人员是否持证上岗；

4）检查用于工程的主要测量、计量器具的状态，确保检验有效、状态完好、满足要求。

（14）发现施工存在质量问题的，或施工单位采用不适当的施工工艺，或施工不当，造成工程质量不合格的，应及时签发监理通知单（见附录C中TSXM11），并督促落实整改。

（15）对需要返工处理或加固补强的质量缺陷，要求施工项目部报送经设计等相关单位认可的处理方案，并应对质量缺陷的处理过程进行跟踪检查，同时应对处理结果进行验收。

（16）发生质量事件后，现场监理人员应立即向总监理工程师报告；总监理工程师接到报告后，应立即向本单位负责人和建设单位报告。参加有关部门组织的质量事件调查，提出监理处理建议，并监督事件处理方案的实施。

（17）发现存在符合停工条件的重大质量隐患或行为时，征得建设单位同意后，签发工程暂停令（见附录C中TSXM13），要求施工项目部进行停工整改。需要签发工程暂停令（质量）的情况如下：

1）发现重大施工质量隐患；

2）无施工方案及交底、无质量保证措施施工；

3）作业人员未经技术交底施工，特殊工种无证上岗；

4）施工现场质量管理人员不到位或未按作业指导书施工；

5）施工人员擅自变更设计图纸进行施工；

6）使用没有合格证明的材料或擅自替换、变更工程材料；

7）未经资质审查的单位进场施工；

8）隐蔽工程未经验收擅自隐蔽；

9）其他严重不符合施工规范的施工行为。

（18）及时采集、整理影像资料，强化施工质量过程控制。

（19）配合建设单位及上级单位开展交叉互查等各类检查，按要求组织自查，督促责任单位落实整改要求。

3.2.2 工程验收阶段（含随工验收和竣工验收准备阶段）

（1）现场组织检验质量验收工作。

（2）对施工项目部报验的隐蔽工程进行验收，对验收合格的应给予签认；对验收不合格的应要求施工项目部在指定的时间内整改并重新报验。

（3）对已同意覆盖的工程隐蔽部位质量有疑问的，或发现施工单位私自覆盖工程隐蔽部位的，应要求施工项目部进行重新检验。

（4）根据施工项目部提出的工程初检申请，对施工项目部自检验收结果进行审查，编制监理初检方案（见附录C中TSZL21），明确监理初检的内容、组织机构及时间安排，组织监理初检工作。对初检中发现的施工质量问题，指令施工项目部消缺整改，设计、设备质量问题和缺陷由建设管理单位协调责任单位消缺整改。

（5）监理初检合格后，出具监理初检报告（见附录C中TSZL22），向建设管理单位提出工程质量随工验收申请（见附录C中TSZL23）或工程竣工预验收申请（见附录C中TSZL24），报请建设管理单位组织随工验收或竣工预验收。

（6）收到工程质量报验申请单后，组织进行工程质量验评工作。

（7）收到工程质量报验申请单后，由总监理工程师主持，专业监理工程师、施工项目部的项目负责人和技术、质量负责人参加验收，进行工程质量验评工作。

（8）收到工程质量报审表后，监理项目部复核工程质量验收条件，具备后报请建设单位组织验收。工程质量验收由建设单位组织，施工、设计、监理等单位项目负责人参加。监理项目部及建设单位应填写审查意见，同时进行工程质量验评工作（对部分通信设备需设备带电后评定）。

（9）在监理初检的同时进行整体工程质量验评汇总工作。

（10）参与建设管理单位组织的工程交接验收。

（11）土建交付安装随工验收完成后，督促施工项目部办理土建交付安装随工验收交接表，并签字确认。

（12）参加随工验收和竣工预验收，对验收中发现的问题，属施工项目部的由其制订整改措施并实施，整改完毕后监理项目部组织复查；属监理项目部的由其自行整改，完毕后报建设单位审查。

（13）参加由启委会组织的启动验收，对验收中提出的问题和缺陷，督促责任单位进行整改后复检；参加工程启动会议。

（14）整理、移交监理档案资料、影像资料。

3.2.3 总结评价阶段

（1）依据委托监理合同的约定，对工程质量保修期内出现的质量问题进行检查、分析，参与责任认定，对修复的工程质量进行验收，合格后予以签认。

（2）配合建设管理单位及上级有关部门组织的各项检查。

（3）承担工程保修阶段的服务工作时，按照要求进行质量回访。

4 造价管理

4.1 施工单位造价管理

施工项目部造价管理范围包括成本控制管理、进度款管理、施工结算管理、索赔管理、工程量管理、设计变更及现场签证管理和财务决算及审计配合等。

4.1.1 成本控制管理

根据审定的施工图设计文件、设计工程量管理文件、设计变更单及现场签证单，编制施工预算，控制、指导施工各项费用支出，对价款使用进行控制、分析、反馈。

4.1.2 进度款管理

（1）依据工程项目形象进度编制工程进度款报审表（见附录 C 中 TSZJ1），报工程监理项目部审核后，报送至建设单位审批。

（2）在设备、材料到货验收单签署施工项目部意见。

4.1.3 施工结算管理

（1）依据工程建设合同及四方确认的竣工工程量文件编制工程施工结算书，上报至本单位对口管理部门，由其对口管理部门统一报送至监理项目部、建设单位和建设管理单位审批。

（2）完成本项目部管理范围内工程各参建单位的结算。

（3）配合建设单位完成合同的阶段性结算工作。

4.1.4 索赔管理

（1）按合同约定的时间内（如无规定则按索赔事件发生的 14 日内）提出索赔申请，并附依据充分、证明材料完整的费用索赔材料（见附录 C 中 TSZJ7）。

（2）依据工程建设合同办理索赔费用结算。

4.1.5 工程量管理

（1）工程实施阶段，按照施工进度要求，根据施工设计图纸、工程设计变更及现场签证单，核对施工工程量，配合建设单位编制施工工程量文件。

（2）竣工结算阶段，与建设单位、监理项目部及设计单位共同核对竣工工程量，配合建设单位完成竣工工程量文件。

4.1.6 设计变更及现场签证管理

（1）由施工项目部提出的设计变更，负责出具设计变更联系单（见附录 C 中 TSZJ2）并报送设计单位。

（2）配合完成设计变更审批单确认手续（见附录 C 中 TSZJ3、TSZJ4）。

（3）负责及时提出工程实施过程中发生的现场签证，出具现场签证审批单，负责履行现场签证审批单确认手续（见附录 C 中 TSZJ5、TSZJ6）。

（4）负责按照经批准的设计变更与现场签证组织实施。

4.1.7 财务决算及审计配合

配合本单位财务、审计部门完成工程财务决算、审计以及财务稽核工作。

4.2 监理单位造价管理

造价管理的主要内容包括工程量管理、工程款支付审查、设计变更与现场签证、工程结算等。

4.2.1 工程量管理

（1）参与建设单位组织的设计工程量审核。

（2）工程实施阶段根据施工设计图纸、工程设计变更和经各方确认的现场签证单，配合建设单位单位核对工程量，提供相关工程量文件。

（3）竣工结算阶段配合建设单位单位审核竣工工程量，编制完成竣工工程量文件。

4.2.2 工程款支付审查

（1）审查施工项目部编制的工程资金使用计划，并报建设单位按相关流程审批。

（2）依据施工合同审核预付款，并报建设单位按相关流程审批。

（3）审核进度款报审资料（包含当期的设计变更费用、工程量签证费用和索赔费用），签认后报建设单位按相关流程审批。

（4）对工程款支付情况进行汇总登记，填写工程付款申请汇总表（见附录 C 中 TSZJ8）。

4.2.3 设计变更与现场签证

（1）根据变更方案审查设计变更、现场签证的费用，报建设单位审核。审查应满足以下要求：

1）一般设计变更（签证）提出后 7 天内，经相关单位审核，由建设管理单位完成审批。监理项目部及时签署审核意见。

2）重大设计变更（签证）提出后 14 天内，按相关规定完成审批。监理项目部及时签署审核意见。

（2）参与变更与现场签证验收，审查相关费用。

4.2.4 工程结算

（1）按监理合同约定提出监理费支付申请，配合完成监理费用的竣工结算。

（2）依据已审批的设计变更、现场签证、索赔申请等相关结算资料，提出监理意见并报送建设单位。

（3）协助建设单位完成工程竣工结算资料和竣工结算报告。

5 技术管理

5.1 施工单位技术管理

技术管理主要内容包括施工技术管理、施工新技术研究与应用等。

5.1.1 施工技术管理

（1）根据本工程特点，建立技术标准执行清单，并进行现场配置。掌握最新技术标准和相关规定，并及时进行更新。

（2）项目经理配合调试单位编制联合调试方案和措施，审批后报监理项目部审批。对脚手架等超过一定规模的危险性较大的工程的专项施工方案（含安全技术措施），施工企业还应按国家有关规定组织专家进行论证、审查。

（3）资料信息管理员负责施工图和设计变更的接收、登记及发放（见附录C中TSJS1、TSJS2）。设计变更发放范围与施工图发放范围一致。

（4）参加重要设备监造及智能设备出厂联调，跟踪消缺情况，参加主要设备出厂验收。

（5）项目技术员应根据施工方案、工程设计文件、设备说明书和上级交底内容等资料拟定技术交底大纲，对本专业范围的生产负责人、技术管理人员、施工班组长及施工骨干人员进行技术交底。

（6）需进行设计变更时，项目经理填写设计变更联系单（见附录C中TSZJ2）交设计单位出具设计变更审批单，设计变更单执行完毕后，填写设计变更执行报验单（见附录C中TSJS4）报监理项目部。

（7）当存在技术标准差异等技术争议问题，技术员填写工作联系单报监理项目部、建设单位确定解决意见并在施工中执行。

（8）项目经理组织检查项目管理实施规划、技术方案的执行情况，纠正或制止违规现象；解决现场技术问题。施工人员及时进行施工记录和工程签证。

（9）项目经理及技术员对工程安全和质量，从技术方面提供保证措施；参加工程的安全、质量事故（事件）分析。

（10）收集施工技术标准执行中存在的问题、各标准间差异，提出修订建议，形成技术标准问题及标准间差异汇总表（见附录C中TSJS5）并及时上报。

（11）项目经理参与工程过程检查、随工验收、竣工预验收和启动验收，对相关技术把关。

（12）负责施工技术资料的整理、审核工作。

（13）项目经理组织编制施工技术管理小结汇入工程总结。

5.1.2 施工新技术研究与应用

（1）执行公司在通信新技术推广应用方面的有关要求。

（2）结合工程具体情况，选取适用的施工新技术，合理配置相关施工装备。按时上报新技术成果应用情况，配合监理单位完成检查工作。

（3）结合工程实际情况，项目经理组织开展科技进步等科技创新工作。

5.2 监理单位技术管理

技术管理主要内容包括技术标准监督执行、设计监督管理、施工技术监督管理、通信新技术研究与应用、设计监理管理等。

5.2.1 技术标准监督执行

（1）掌握最新技术标准及规定，建立监理项目部技术标准目录清单，并及时更新，进行现场配置。

（2）根据工程进展，对所有监理人员适时组织有关技术标准、规程、规范及技术文件的学习与培训，填写质量/安全活动记录（见附录 C 中 TSXM15），使其熟练掌握技术标准。

（3）贯彻执行并督促其他参建单位执行国家、行业和公司颁发的相关技术标准、规程、规范及技术文件。

（4）收集通信技术标准执行中存在的问题、各标准间差异条款，提出修订意见，填写技术标准问题及标准间差异汇总表（见附录 C 中 TSJS5）。

5.2.2 设计监督

（1）参加由建设单位组织的设计联络会。

（2）审核确认工程设计变更及现场签证的技术内容并督促落实，组织现场验收，签署设计变更执行报验单。

（3）审核签认竣工图。

5.2.3 施工技术监督管理

（1）参加建设单位组织的重大施工现场技术方案讨论会，提出监理意见和建议；参加建设单位组织的技术争议问题会议，提出监理意见和建议。

（2）参与专项施工方案的安全技术交底。

（3）监督检查施工项目部对技术标准、项目管理实施规划及各种施工方案的执行情况。

5.2.4 通信新技术研究与应用

（1）配合监督研究项目实施情况，必要时参与研究项目验收。

（2）配合监督通信新技术应用成果在工程中的具体实施。

6 工程实施阶段管理流程

6.1 施工管理流程

6.1.1 项目管理策划流程

（1）策划文件执行、监督、整改。

（2）工程施工阶段，认真执行经过审批的策划文件，在工程例会上向建设单位及监理汇报策划文件的执行情况，针对项目建设单位、监理项目、施工单位以及项目部自身在执行中发现的问题、负责落实整改、并接受建设单位、监理项目部的检查监督。

（3）项目建设单位、监理项目部全过程监督检查策划文件执行情况，提出执行中发现的问题并检查整改情况。

（4）认真填写施工日志。

项目管理策划流程如图 2－1 所示。

6.1.2 进度计划管理流程

（1）项目建设单位审查是否涉及停电施工。

（2）如果需要停电施工，由施工项目部上报停电需求计划及停电方案。

（3）项目建设单位组织监理、施工项目部对停电需求计划预审并上报后，收到批准下发的停电计划。

（4）施工项目部和监理项目部严格执行停电计划。

（5）施工项目部落实执行施工进度管理。

（6）施工项目部对进度实施计划执行情况进行检查，分析产生偏差的原因，及时纠偏，提出纠偏措施报监理、项目建设单位确定，对进度计划进行过程动态管理。

（7）监理项目部在周工程例会上，审核工程实际进度也计划进度偏差，提出意见，报项目建设单位。

（8）项目建设单位审核确认纠偏措施。

（9）根据确认纠偏措施滚动修编进度计划。

（10）施工项目部编制施工进度调整计划报审表，并附调整后的施工进度计划。

（11）施工项目经理审批施工进度调整计划报审表并经施工单位审批后报监理项目部。

（12）监理项目部审核施工进度调整计划报审表。

（13）项目建设单位负责人审批施工进度调整计划报审表并报建设管理单位审批。

（14）施工项目部组织编制月度进度计划，施工项目部各专责填报各专业月度工作总结及计划，项目经理结合月度存在的问题及相应对策，组织编制施工月报。

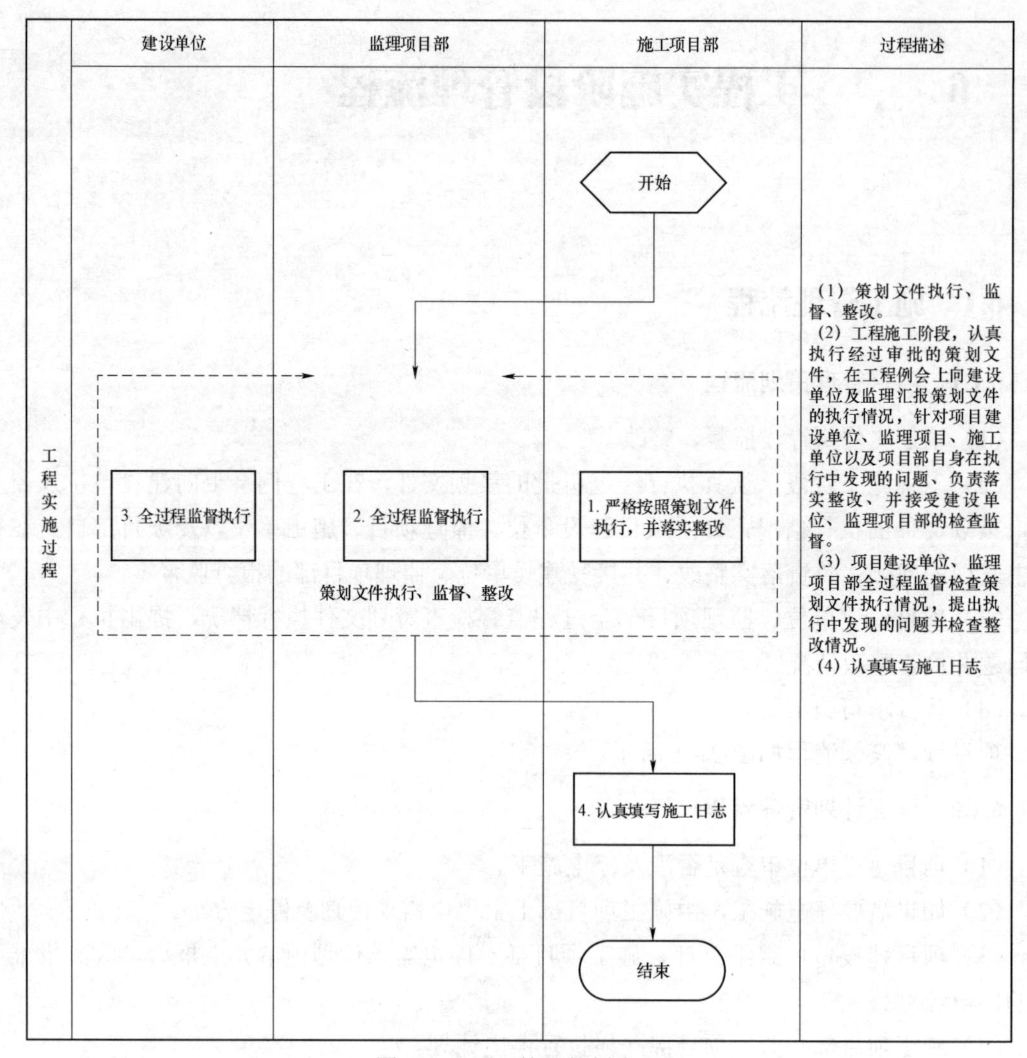

图 2－1　项目管理策划流程

（15）监理项目部审查施工月报并编制上传监理月报。

（16）项目建设单位审核监理月报并编制上传建设单位月报。

（17）施工项目经理按照施工月报要求落实执行。

进度计划管理流程如图 2－2 所示。

6.1.3　施工合同执行管理流程

（1）施工项目部核对确认问题是否超过合同范围。

（2）当存在问题超出合同范围，施工项目经理经施工单位审批后，向项目建设单位上报合同履行中产生的问题。

（3）项目建设单位审核后提交建设管理单位，提出相应的处理意见，需要补签合同的督促施工单位对施工项目部进行交底。

（4）当施工项目部履行合同发现问题未超出合同范围，造价员根据工程进度情况按合同条款报送进度款支付申请。

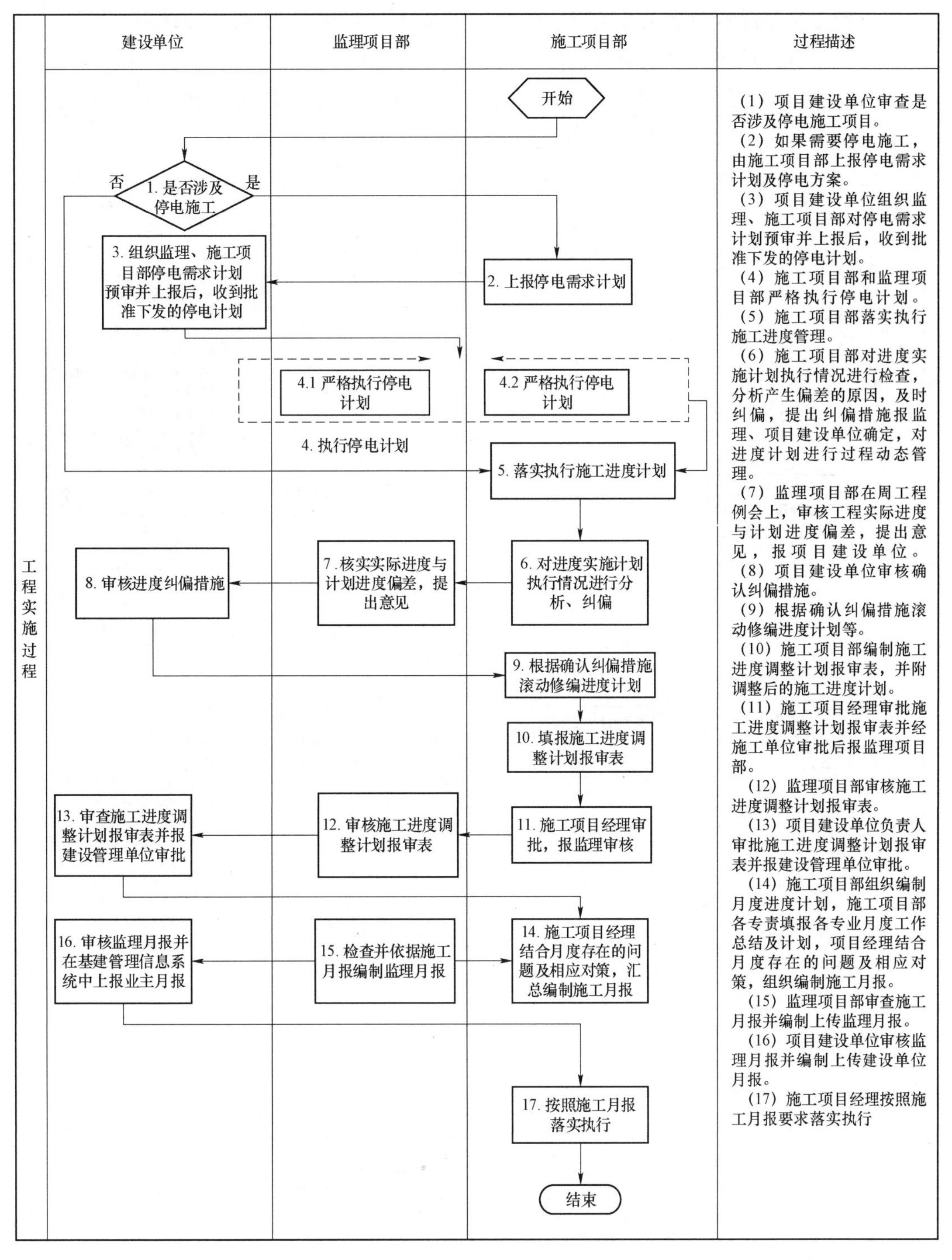
工程实施过程
建设单位
监理项目部
施工项目部
过程描述
开始
否
1. 是否涉及停电施工
是
3. 组织监理、施工项目部停电需求计划预审并上报后，收到批准下发的停电计划
2. 上报停电需求计划
4.1 严格执行停电计划
4.2 严格执行停电计划
4. 执行停电计划
5. 落实执行施工进度计划
8. 审核进度纠偏措施
7. 核实实际进度与计划进度偏差，提出意见
6. 对进度实施计划执行情况进行分析、纠偏
9. 根据确认纠偏措施滚动修编进度计划
10. 填报施工进度调整计划报审表
13. 审查施工进度调整计划报审表并报建设管理单位审批
12. 审核施工进度调整计划报审表
11. 施工项目经理审批，报监理审核
16. 审核监理月报并在基建管理信息系统中上报业主月报
15. 检查并依据施工月报编制监理月报
14. 施工项目经理结合月度存在的问题及相应对策，汇总编制施工月报
17. 按照施工月报落实执行
结束
（1）项目建设单位审查是否涉及停电施工项目。
（2）如果需要停电施工，由施工项目部上报停电需求计划及停电方案。
（3）项目建设单位组织监理、施工项目部对停电需求计划预审并上报后，收到批准下发的停电计划。
（4）施工项目部和监理项目部严格执行停电计划。
（5）施工项目部落实执行施工进度管理。
（6）施工项目部对进度实施计划执行情况进行检查，分析产生偏差的原因，及时纠偏，提出纠偏措施报监理、项目建设单位确定，对进度计划进行过程动态管理。
（7）监理项目部在周工程例会上，审核工程实际进度与计划进度偏差，提出意见，报项目建设单位。
（8）项目建设单位审核确认纠偏措施。
（9）根据确认纠偏措施滚动修编进度计划等。
（10）施工项目部编制施工进度调整计划报审表，并附调整后的施工进度计划。
（11）施工项目经理审批施工进度调整计划报审表并经施工单位审批后报监理项目部。
（12）监理项目部审核施工进度调整计划报审表。
（13）项目建设单位负责人审批施工进度调整计划报审表并报建设管理单位审批。
（14）施工项目部组织编制月度进度计划，施工项目部各专责填报各专业月度工作总结及计划，项目经理结合月度存在的问题及相应对策，组织编制施工月报。
（15）监理项目部审查施工月报并编制上传监理月报。
（16）项目建设单位审核监理月报并编制上传建设单位月报。
（17）施工项目经理按照施工月报要求落实执行

图 2-2　进度计划管理流程

（5）施工项目经理审核进度款支付申请，并报送监理审核。

（6）监理项目部审核进度款支付申请。

（7）项目建设单位审核进度款支付申请，办理月度用款计划。

（8）施工项目经理负责至施工单位财务管理部门开具进度款发票及收据。

（9）项目建设单位办理进度款支付。

（10）施工项目经理组织协调项目部成员配合施工单位有关部门与项目建设单位办理结算。

施工合同执行管理流程如图 2－3 所示。

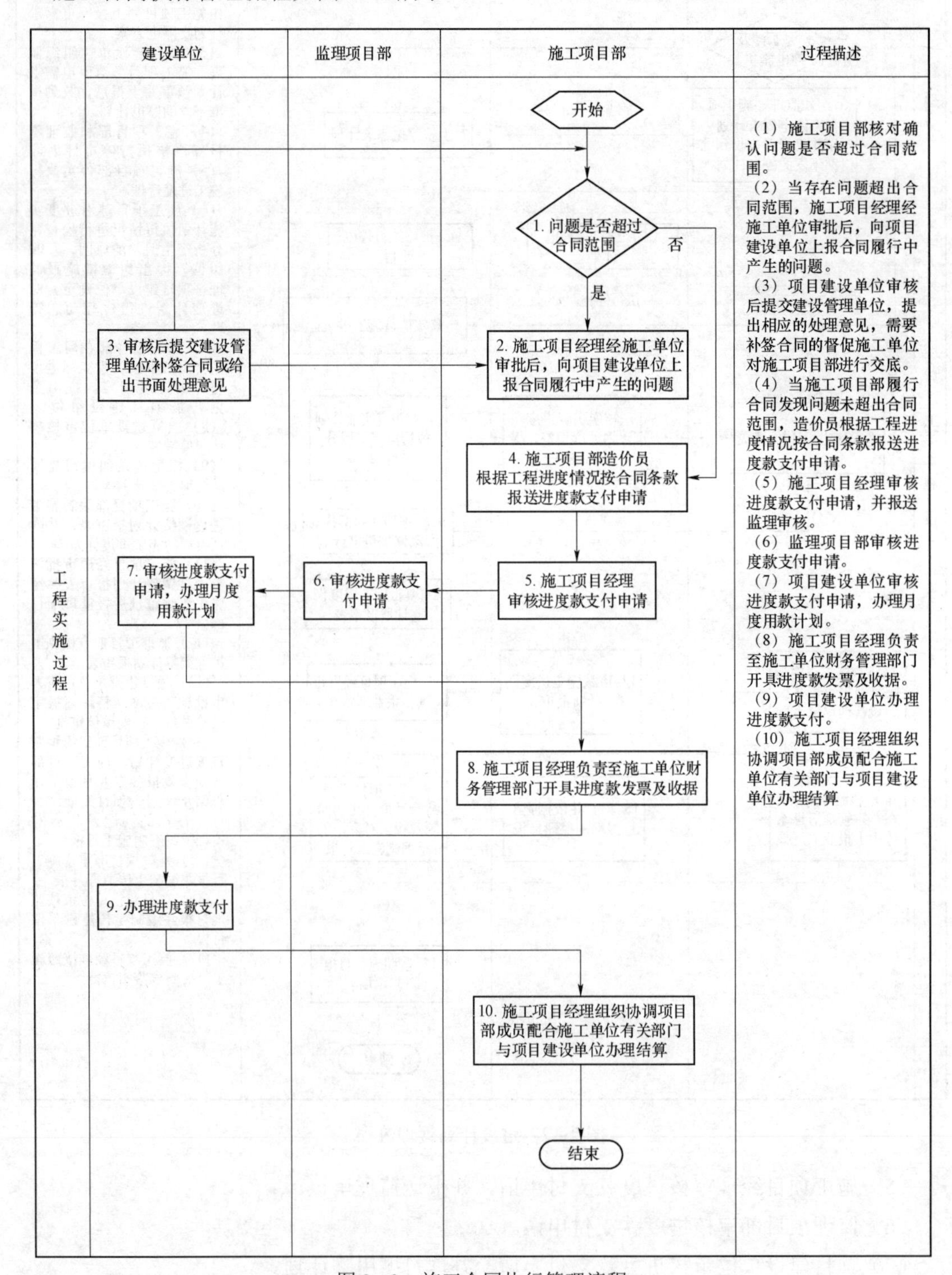

图 2－3　施工合同执行管理流程

6.1.4 安全策划管理流程

（1）施工项目部按照审批合格后的安全管理策划文件开展工作，落实到工程安全管理的各个环节中。

（2）监理项目部和项目建设单位对施工项目部策划的实施进行检查和监督。

（3）根据上级最新的要求和执行实际情况，对安全管理策划文件进行动态调整并对安全管理策划文件在执行过程中存在的问题进行总结分析，不断提高安全策划水平。

安全策划管理流程如图 2－4 所示。

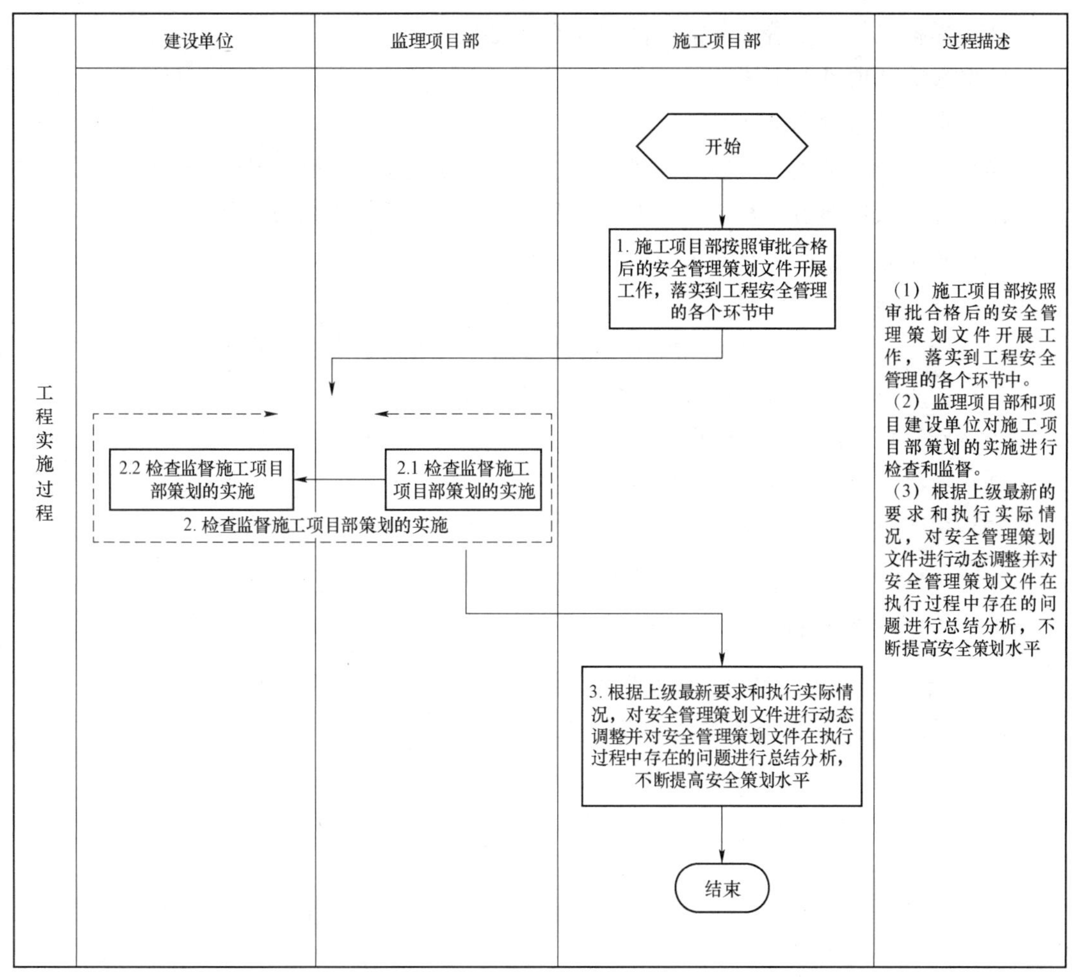

图 2－4　安全策划管理流程

6.1.5 安全风险管理流程

（1）工程开工前，参加建设单位项目交底，进行现场风险点初勘。

（2）确定本项目各工序固有风险，编制本项目施工安全固有风险识别、评估、预控总清册。

（3）将固有风险总清册报监理项目部审核。

（4）根据风险大小，填写安全施工作业票 A、独立机房任务单或操作票，由施工项目部组织实施。

（5）若存在重大风险，施工项目部建立重大施工安全固有风险识别、评估和预控清册。

（6）将重大施工安全固有风险识别、评估和预控清册报监理项目部审核。

（7）将重大施工安全固有风险识别、评估和预控清册报项目建设单位批准。

（8）工程作业前，对重大风险进行实地复测，填写施工作业风险现场复测单。

（9）施工项目部优先采取措施降低风险等级。

（10）如是一般风险，填写输变电工程安全施工作业票 A，由施工项目部组织实施。

（11）提报风险管控措施，报项目建设单位批准。

（12）报监理项目部审核。

（13）报项目建设单位批准。

（14）施工项目部确定作业动态风险，重大施工安全动态安全风险识别、评估和预控台账。

（15）施工项目部填写安全施工工作票 B、独立机房任务单或操作票。

（16）安全施工作业票 B 报监理项目部审核。

（17）安全施工作业票 B 报项目建设单位批准。

（18）施工项目部作业负责人要在实际作业前组织对作业人员进行全员安全风险交底。

（19）施工负责人按照作业流程对作业风险逐项确认。

（20）施工项目部组织实施作业。

（21）各级人员到岗到位监督检查。

（22）接受上级检查考核。

安全风险管理流程如图 2－5 所示。

6.1.6 安全检查管理流程

（1）施工项目部根据项目工程实际情况，提前策划，编制检查计划和检查表，开展例行检查专项检查、随机检查和安全巡查等活动。

（2）施工项目部组织对施工队进行安全检查。

（3）针对项目部内部各类安全检查中发现的问题，下发安全检查整改通知单，要求责任人进行整改，重大问题提交项目安委会研究解决。

（4）施工项目部留存相关影像及资料，总结安全管理过程中的亮点，并予以完善推广，解决存在的各类安全问题。

（5）施工项目部配合项目建设单位、监理项目部公司本部等管理单位组织的各项安全检查，按检查反馈单落实整改措施。

（6）对因故不能整改的问题，施工项目部应立即采取临时措施，并制订整改措施计划报项目建设单位批准，分阶段实施。

（7）施工项目部对项目建设单位、监理项目部、公司等管理单位组织在安全检查中发现的问题按检查反馈单落实整改措施。

（8）施工项目部整改完成需上报监理项目部和项目建设单位，对各项问题的整改进行闭环管理。

（9）施工项目部对检查工作进行总结，提高安全管理水平。

安全检查管理流程如图 2－6 所示。

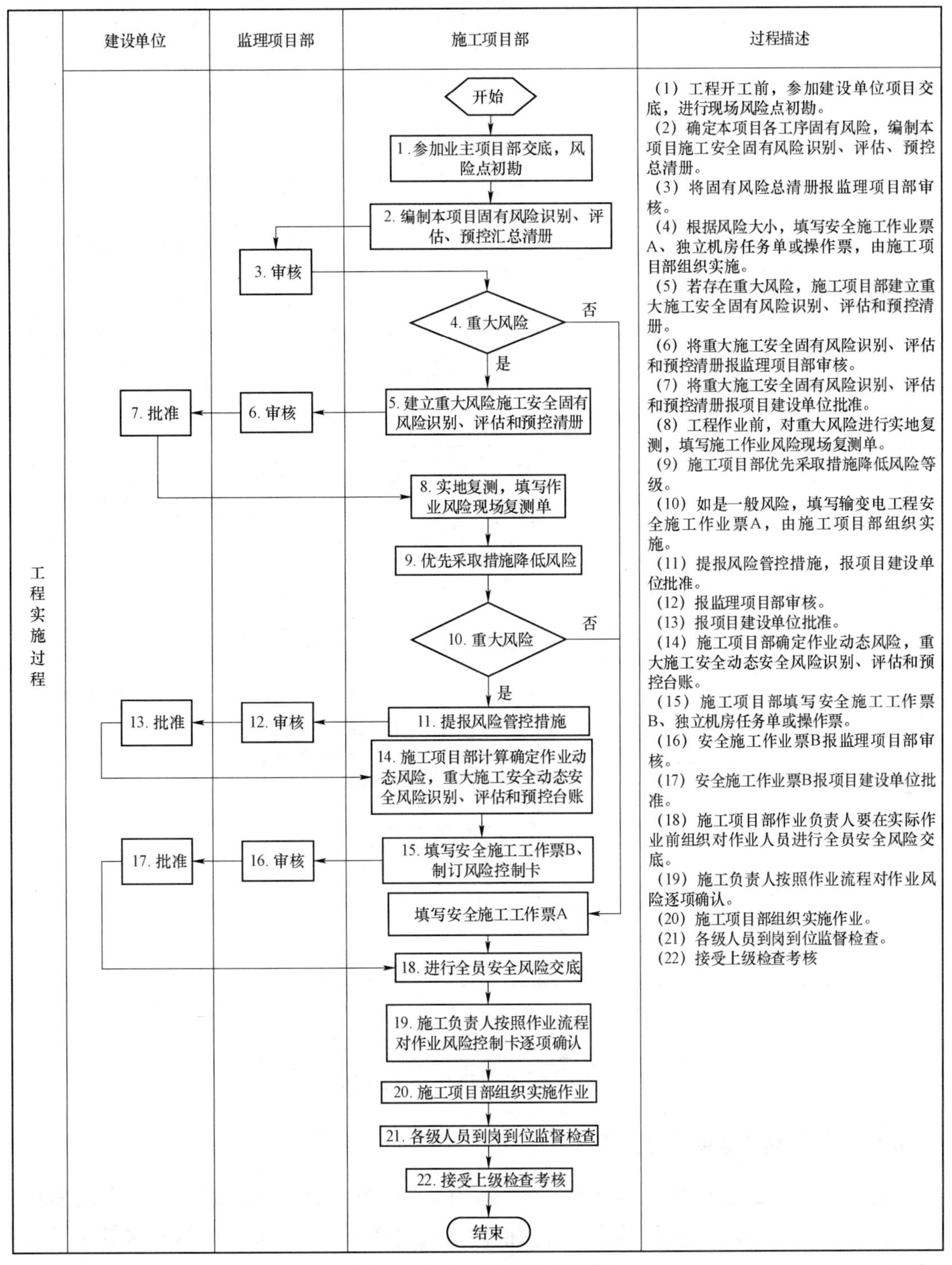

图 2－5　安全风险管理流程

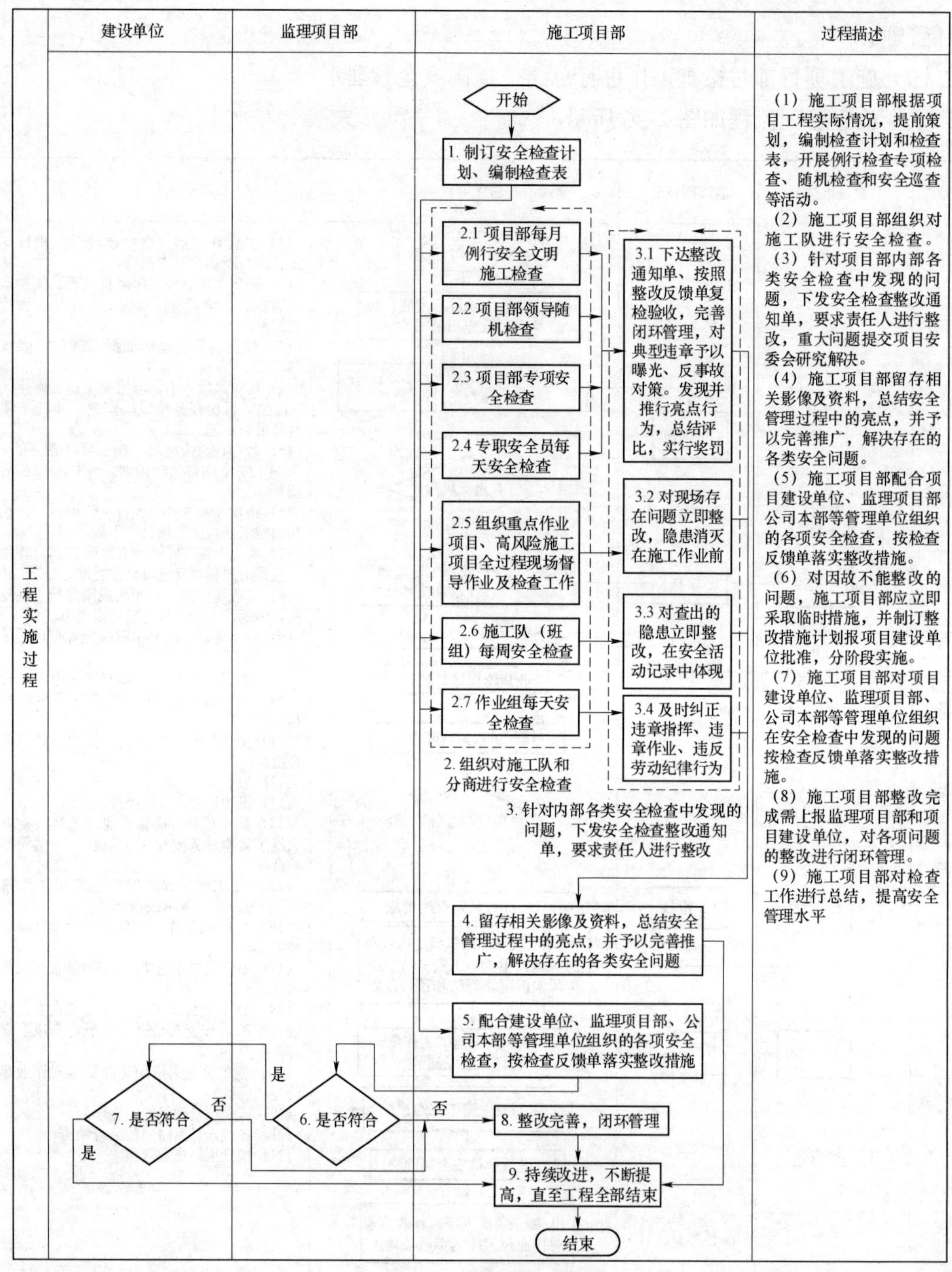
建设单位
监理项目部
施工项目部
过程描述
工程实施过程
开始
1. 制订安全检查计划、编制检查表
2.1 项目部每月例行安全文明施工检查
2.2 项目部领导随机检查
2.3 项目部专项安全检查
2.4 专职安全员每天安全检查
2.5 组织重点作业项目、高风险施工项目全过程现场督导作业及检查工作
2.6 施工队（班组）每周安全检查
2.7 作业组每天安全检查
2. 组织对施工队和分商进行安全检查
3.1 下达整改通知单、按照整改反馈单复检验收，完善闭环管理，对典型违章予以曝光、反事故对策。发现并推行亮点行为，总结评比，实行奖罚
3.2 对现场存在问题立即整改，隐患消灭在施工作业前
3.3 对查出的隐患立即整改，在安全活动记录中体现
3.4 及时纠正违章指挥、违章作业、违反劳动纪律行为
3. 针对内部各类安全检查中发现的问题，下发安全检查整改通知单，要求责任人进行整改
4. 留存相关影像及资料，总结安全管理过程中的亮点，并予以完善推广，解决存在的各类安全问题
5. 配合建设单位、监理项目部、公司本部等管理单位组织的各项安全检查，按检查反馈单落实整改措施
7. 是否符合
6. 是否符合
是
否
是
否
8. 整改完善，闭环管理
9. 持续改进，不断提高，直至工程全部结束
结束
（1）施工项目部根据项目工程实际情况，提前策划，编制检查计划和检查表，开展例行检查专项检查、随机检查和安全巡查等活动。
（2）施工项目部组织对施工队进行安全检查。
（3）针对项目部内部各类安全检查中发现的问题，下发安全检查整改通知单，要求责任人进行整改，重大问题提交项目安委会研究解决。
（4）施工项目部留存相关影像及资料，总结安全管理过程中的亮点，并予以完善推广，解决存在的各类安全问题。
（5）施工项目部配合项目建设单位、监理项目部公司本部等管理单位组织的各项安全检查，按检查反馈单落实整改措施。
（6）对因故不能整改的问题，施工项目部应立即采取临时措施，并制订整改措施计划报项目建设单位批准，分阶段实施。
（7）施工项目部对项目建设单位、监理项目部、公司本部等管理单位组织在安全检查中发现的问题按检查反馈单落实整改措施。
（8）施工项目部整改完成需上报监理项目部和项目建设单位，对各项问题的整改进行闭环管理。
（9）施工项目部对检查工作进行总结，提高安全管理水平

图 2-6　安全检查管理流程

6.1.7　工程质量通病防治流程

（1）施工项目部依据项目建设单位下达工程质量通病防治任务书编制质量通病防治措施。

（2）监理项目部审查施工项目部提交的通病防治措施，提出要求并编制质量通病防治控制措施。

（3）项目建设单位审批施工质量通病防治措施。

（4）各参建单位落实质量通病防治措施。

（5）项目建设单位在各类检查中加强对质量通病防治工作的检查。

（6）工程完工后施工单位编写工程质量通病防治工作总结，监理编写工程质量通病防治工作评估报告。

工程质量通病防治流程如图 2－7 所示。

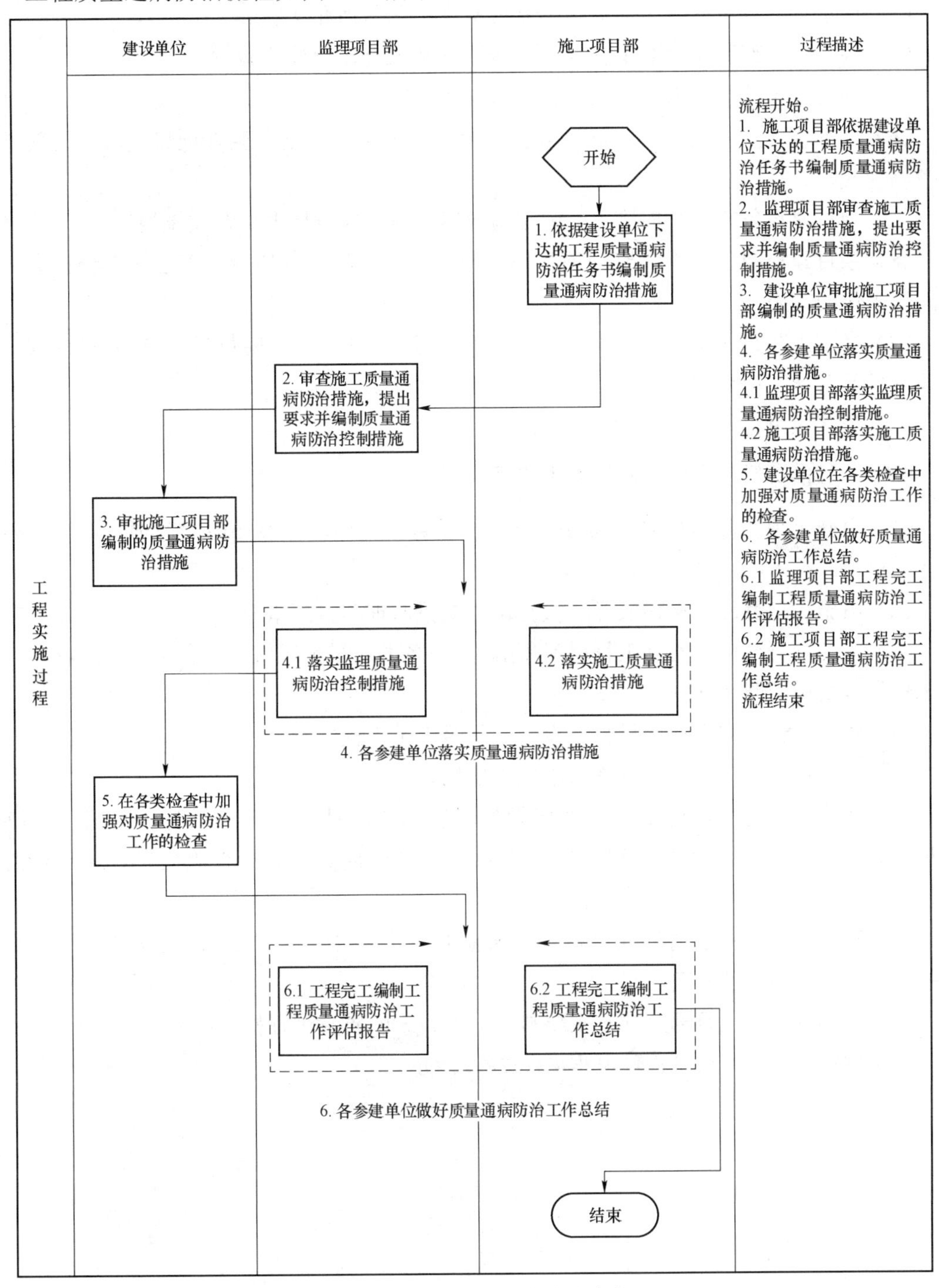

图 2－7　工程质量通病防治流程

6.1.8 标准工艺应用管理流程

（1）施工项目部在施工方案及作业指导书等施工文件中，明确标准工艺实施流程和操作要点。

（2）监理项目部审批施工方案及作业指导书，特殊施工方案还需报项目建设单位审批。

（3）施工项目部根据施工作业内容开展标准工艺培训和交底。

（4）施工项目部制作标准工艺样板，报监理及项目建设单位验收。

（5）项目建设单位组织，施工项目部参加对标准工艺检查。

（6）标准工艺实施及控制：施工项目部组织标准工艺实施，监理项目部对实施效果进行控制和验收。

（7）项目建设单位在工程检查、随工验收等环节，检查标准工艺实施情况。

（8）项目建设单位组织、监理项目部主持、施工项目部参加标准工艺实施分析会，制订改进工作的措施。

（9）标准工艺纠偏及跟踪整改，施工项目部落实改进措施，对标准工艺及时进行纠偏。监理项目部对施工项目部纠偏整改情况进行跟踪并确认。

标准工艺应用管理流程如图 2－8 所示。

6.1.9 乙供材料（设备）质量管理流程

（1）由施工项目部通知监理项目部材料（设备）进场，并参加由监理项目部组织的见证取样送检。

（2）由施工项目部将材料取样送检复试结果报监理项目部审查。

（3）监理项目部审查乙供工程材料/构配件/设备的质量证明文件、数量清单、自检结果、复试报告等质量证明文件。

（4）监理项目部判定乙购材料（设备）是否满足工程要求。

（5）不合格材料由施工项目部撤出施工现场。

（6）在施工过程中，施工项目部应做好材料、构配件、设备的保管，跟踪材料使用并记录台账，检查材料质量状况；监理项目部通过巡视等手段检查施工过程中材料的质量状况。

（7）对检查不合格的材料（设备）要求施工项目部撤出施工现场，合格的继续做好材料的保管、使用跟踪及检查。

（8）施工及监理项目部继续对主要材料（设备）的质量进行检查。

乙供材料（设备）质量管理流程如图 2－9 所示。

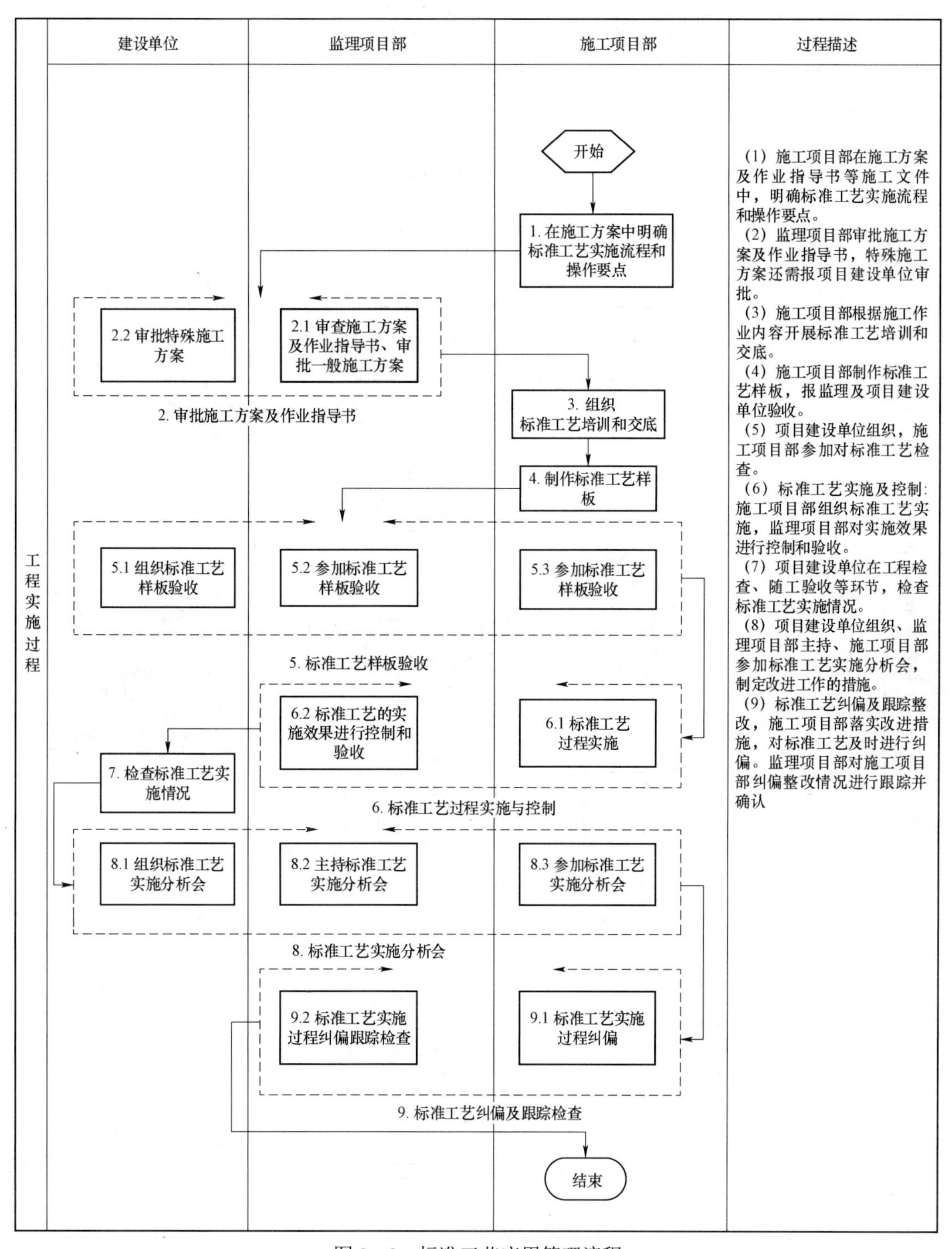
建设单位
监理项目部
施工项目部
过程描述
工程实施过程
开始
1. 在施工方案中明确标准工艺实施流程和操作要点
2.2 审批特殊施工方案
2.1 审查施工方案及作业指导书、审批一般施工方案
2. 审批施工方案及作业指导书
3. 组织标准工艺培训和交底
4. 制作标准工艺样板
5.1 组织标准工艺样板验收
5.2 参加标准工艺样板验收
5.3 参加标准工艺样板验收
5. 标准工艺样板验收
6.2 标准工艺的实施效果进行控制和验收
6.1 标准工艺过程实施
7. 检查标准工艺实施情况
6. 标准工艺过程实施与控制
8.1 组织标准工艺实施分析会
8.2 主持标准工艺实施分析会
8.3 参加标准工艺实施分析会
8. 标准工艺实施分析会
9.2 标准工艺实施过程纠偏跟踪检查
9.1 标准工艺实施过程纠偏
9. 标准工艺纠偏及跟踪检查
结束
（1）施工项目部在施工方案及作业指导书等施工文件中，明确标准工艺实施流程和操作要点。
（2）监理项目部审批施工方案及作业指导书，特殊施工方案还需报项目建设单位审批。
（3）施工项目部根据施工作业内容开展标准工艺培训和交底。
（4）施工项目部制作标准工艺样板，报监理及项目建设单位验收。
（5）项目建设单位组织，施工项目部参加对标准工艺检查。
（6）标准工艺实施及控制：施工项目部组织标准工艺实施，监理项目部对实施效果进行控制和验收。
（7）项目建设单位在工程检查、随工验收等环节，检查标准工艺实施情况。
（8）项目建设单位组织、监理项目部主持、施工项目部参加标准工艺实施分析会，制定改进工作的措施。
（9）标准工艺纠偏及跟踪整改，施工项目部落实改进措施，对标准工艺及时进行纠偏。监理项目部对施工项目部纠偏整改情况进行跟踪并确认

图 2-8　标准工艺应用管理流程

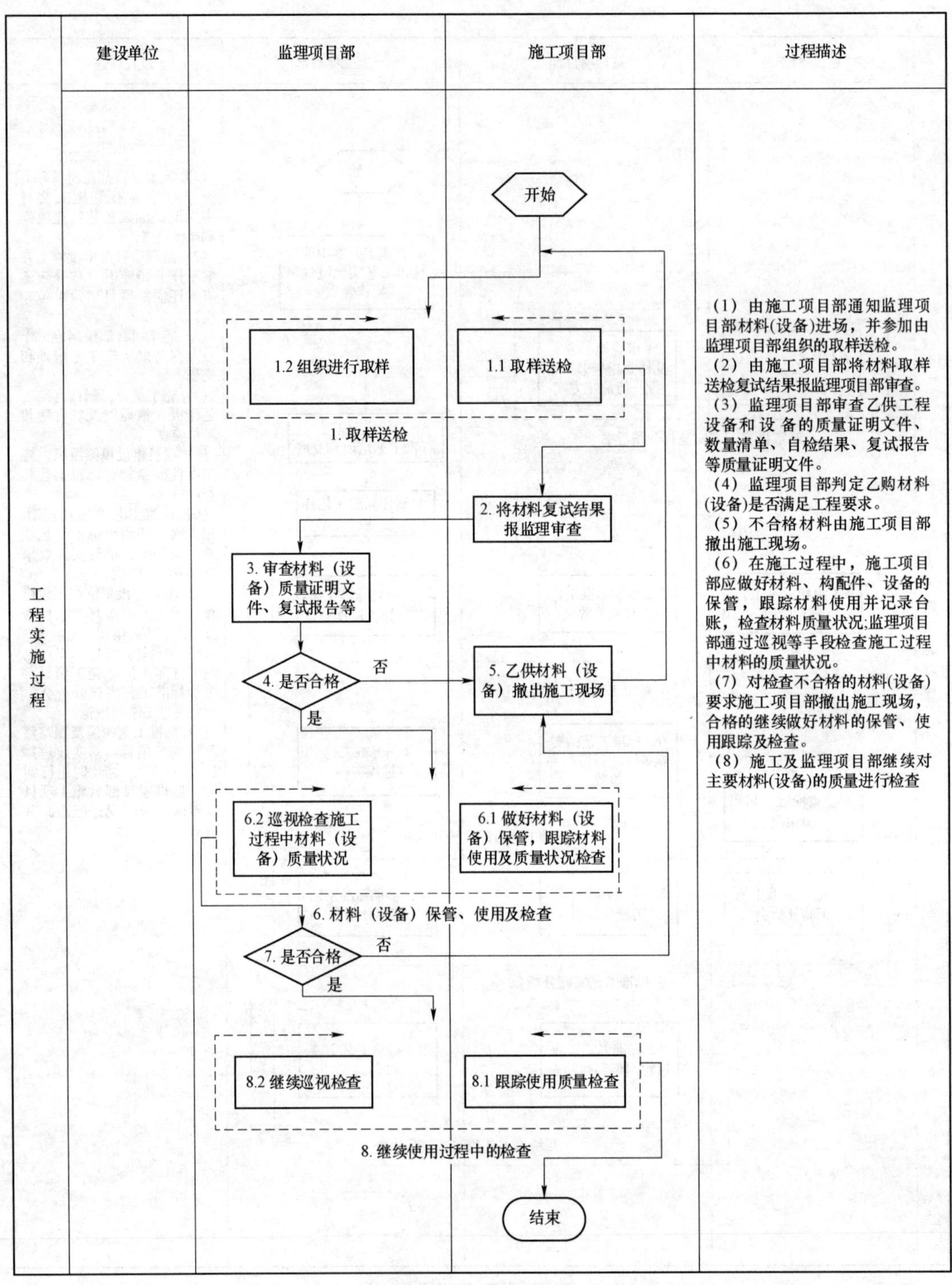
建设单位
监理项目部
施工项目部
过程描述
工程实施过程
开始
1.2 组织进行取样
1.1 取样送检
1. 取样送检
2. 将材料复试结果报监理审查
3. 审查材料（设备）质量证明文件、复试报告等
4. 是否合格
否
是
5. 乙供材料（设备）撤出施工现场
6.2 巡视检查施工过程中材料（设备）质量状况
6.1 做好材料（设备）保管，跟踪材料使用及质量状况检查
6. 材料（设备）保管、使用及检查
7. 是否合格
否
是
8.2 继续巡视检查
8.1 跟踪使用质量检查
8. 继续使用过程中的检查
结束
（1）由施工项目部通知监理项目部材料(设备)进场，并参加由监理项目部组织的取样送检。
（2）由施工项目部将材料取样送检复试结果报监理项目部审查。
（3）监理项目部审查乙供工程设备和设备的质量证明文件、数量清单、自检结果、复试报告等质量证明文件。
（4）监理项目部判定乙购材料(设备)是否满足工程要求。
（5）不合格材料由施工项目部撤出施工现场。
（6）在施工过程中，施工项目部应做好材料、构配件、设备的保管，跟踪材料使用并记录台账，检查材料质量状况;监理项目部通过巡视等手段检查施工过程中材料的质量状况。
（7）对检查不合格的材料(设备)要求施工项目部撤出施工现场，合格的继续做好材料的保管、使用跟踪及检查。
（8）施工及监理项目部继续对主要材料(设备)的质量进行检查

图 2-9　乙供材料（设备）质量管理流程

6.1.10 自检流程

（1）施工队完成施工任务，及时组织自检及消缺工作。

（2）施工队完成自检及消缺工作，自检合格后向施工项目部申请项目部复检。

（3）施工项目部组织开展项目复检工作，认真填写复检记录。

（4）由施工项目部判定施工质量是否符合现行规程规范及设计要求。

（5）如存在施工缺陷由施工队组织消缺工作，消缺结束后向项目部申请复查，项目部予以复查闭环。

（6）工程经项目部复查合格后向公司申请进行公司级专检。

（7）施工单位组成公司专检组组织开展公司级专检工作。

（8）公司专检组判定施工质量是否符合规程规范及设计要求。

（9）如存在施工缺陷由施工项目部组织消缺工作，消缺结束后向专检组申请复查，验证消缺质量。

（10）项目经公司级专检及消缺闭环，出具公司级专检报告向监理单位申请监理初检。

自检流程如图 2－10 所示。

6.1.11 成本控制管理流程

（1）配合本单位对口管理部门编制工程投（议）标报价书及其他商务文件，提供编制工程投（议）标报价书及其他商务文件所需相应资料。

（2）根据本单位签订的工程建设合同及工程进度计划，编制年（或季）度资金使用计划。

（3）根据审定的施工图设计文件、设计工程量管理文件、设计变更单及现场签证单编制施工预算。

（4）运用预算控制、指导项目部各项费用支出，对价款使用进行控制、分析、反馈。

成本控制管理流程如图 2－11 所示。

6.1.12 进度款管理流程

（1）施工项目部提出进度款支付申请（见附录 C 中 TSZJ1）。

（2）监理项目部 3 日内完成支付申请审核并提交项目建设单位。

（3）项目建设单位 3 日内完成支付申请审核。

（4）建设管理单位分管领导审批支付申请。

（5）建设管理单位按审批意见付款。

（6）施工项目部办理收款手续。

进度款管理流程如图 2－12 所示。

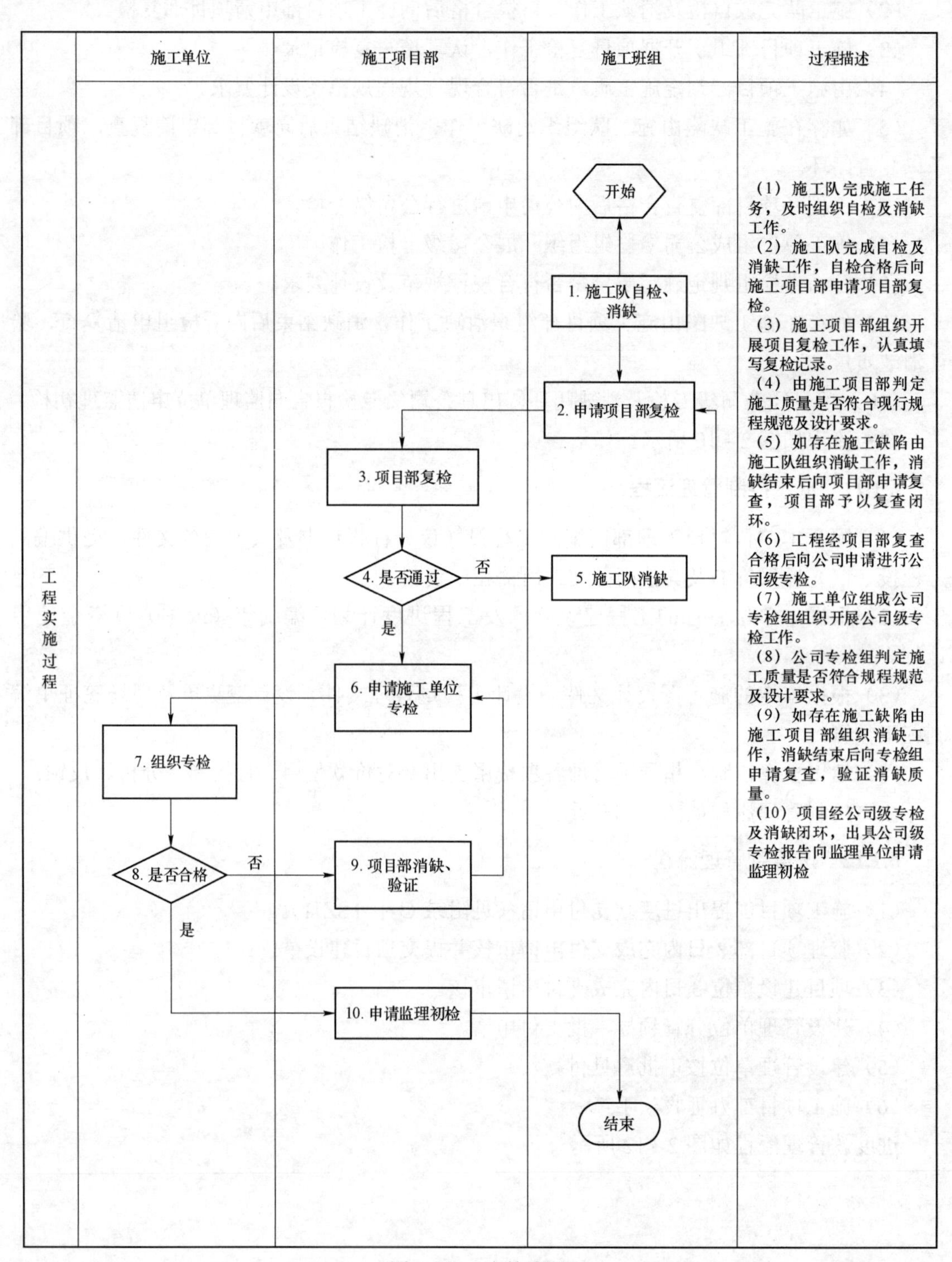
施工单位
施工项目部
施工班组
过程描述
工程实施过程
开始
1. 施工队自检、消缺
2. 申请项目部复检
3. 项目部复检
4. 是否通过
否
5. 施工队消缺
是
6. 申请施工单位专检
7. 组织专检
8. 是否合格
否
9. 项目部消缺、验证
是
10. 申请监理初检
结束
(1) 施工队完成施工任务，及时组织自检及消缺工作。
(2) 施工队完成自检及消缺工作，自检合格后向施工项目部申请项目部复检。
(3) 施工项目部组织开展项目复检工作，认真填写复检记录。
(4) 由施工项目部判定施工质量是否符合现行规程规范及设计要求。
(5) 如存在施工缺陷由施工队组织消缺工作，消缺结束后向项目部申请复查，项目部予以复查闭环。
(6) 工程经项目部复查合格后向公司申请进行公司级专检。
(7) 施工单位组成公司专检组组织开展公司级专检工作。
(8) 公司专检组判定施工质量是否符合规程规范及设计要求。
(9) 如存在施工缺陷由施工项目部组织消缺工作，消缺结束后向专检组申请复查，验证消缺质量。
(10) 项目经公司级专检及消缺闭环，出具公司级专检报告向监理单位申请监理初检

图 2－10　自检流程

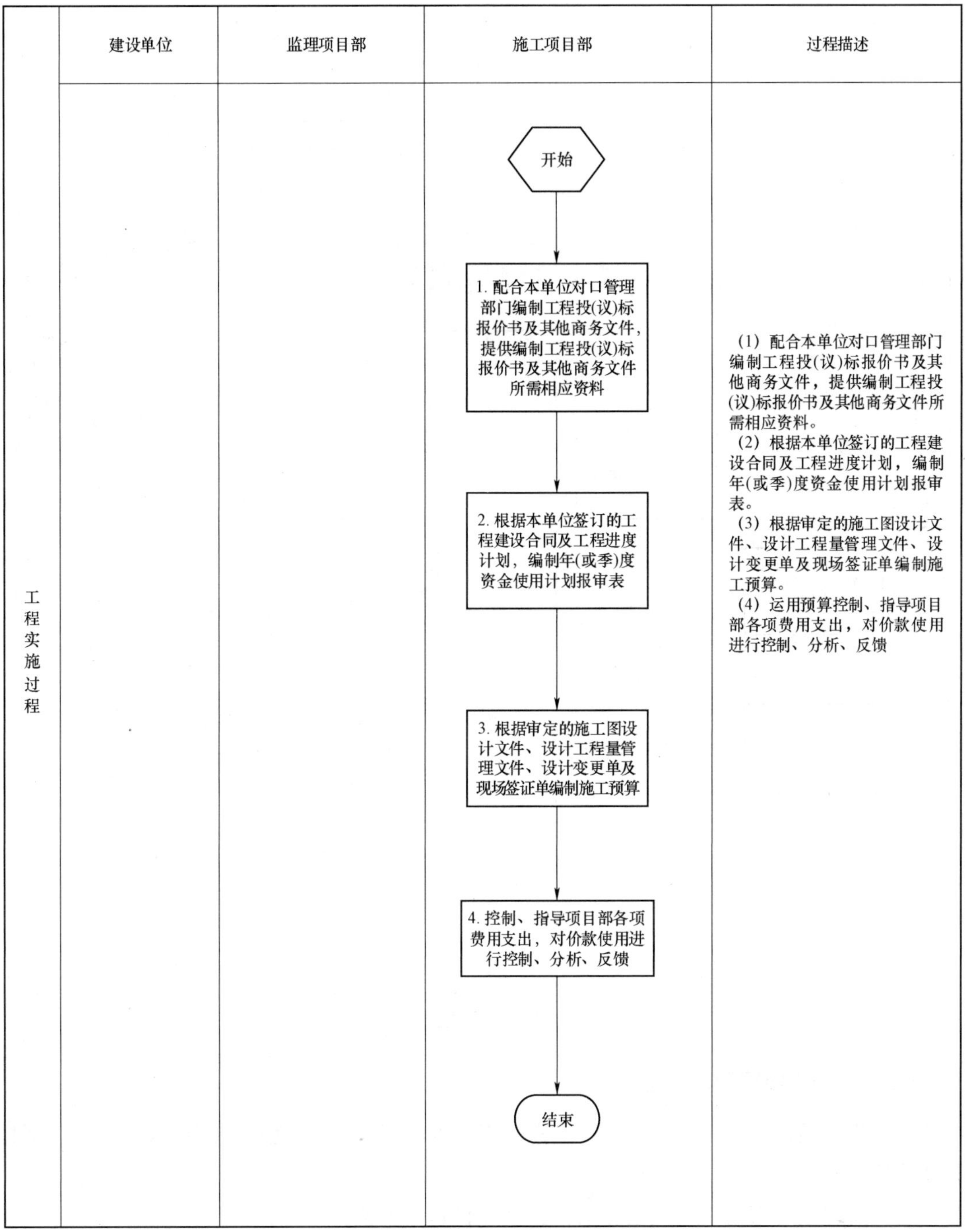

工程实施过程	建设单位	监理项目部	施工项目部	过程描述
			开始 ↓ 1. 配合本单位对口管理部门编制工程投(议)标报价书及其他商务文件，提供编制工程投(议)标报价书及其他商务文件所需相应资料 ↓ 2. 根据本单位签订的工程建设合同及工程进度计划，编制年(或季)度资金使用计划报审表 ↓ 3. 根据审定的施工图设计文件、设计工程量管理文件、设计变更单及现场签证单编制施工预算 ↓ 4. 控制、指导项目部各项费用支出，对价款使用进行控制、分析、反馈 ↓ 结束	（1）配合本单位对口管理部门编制工程投(议)标报价书及其他商务文件，提供编制工程投(议)标报价书及其他商务文件所需相应资料。 （2）根据本单位签订的工程建设合同及工程进度计划，编制年(或季)度资金使用计划报审表。 （3）根据审定的施工图设计文件、设计工程量管理文件、设计变更单及现场签证单编制施工预算。 （4）运用预算控制、指导项目部各项费用支出，对价款使用进行控制、分析、反馈

图 2－11　成本控制管理流程

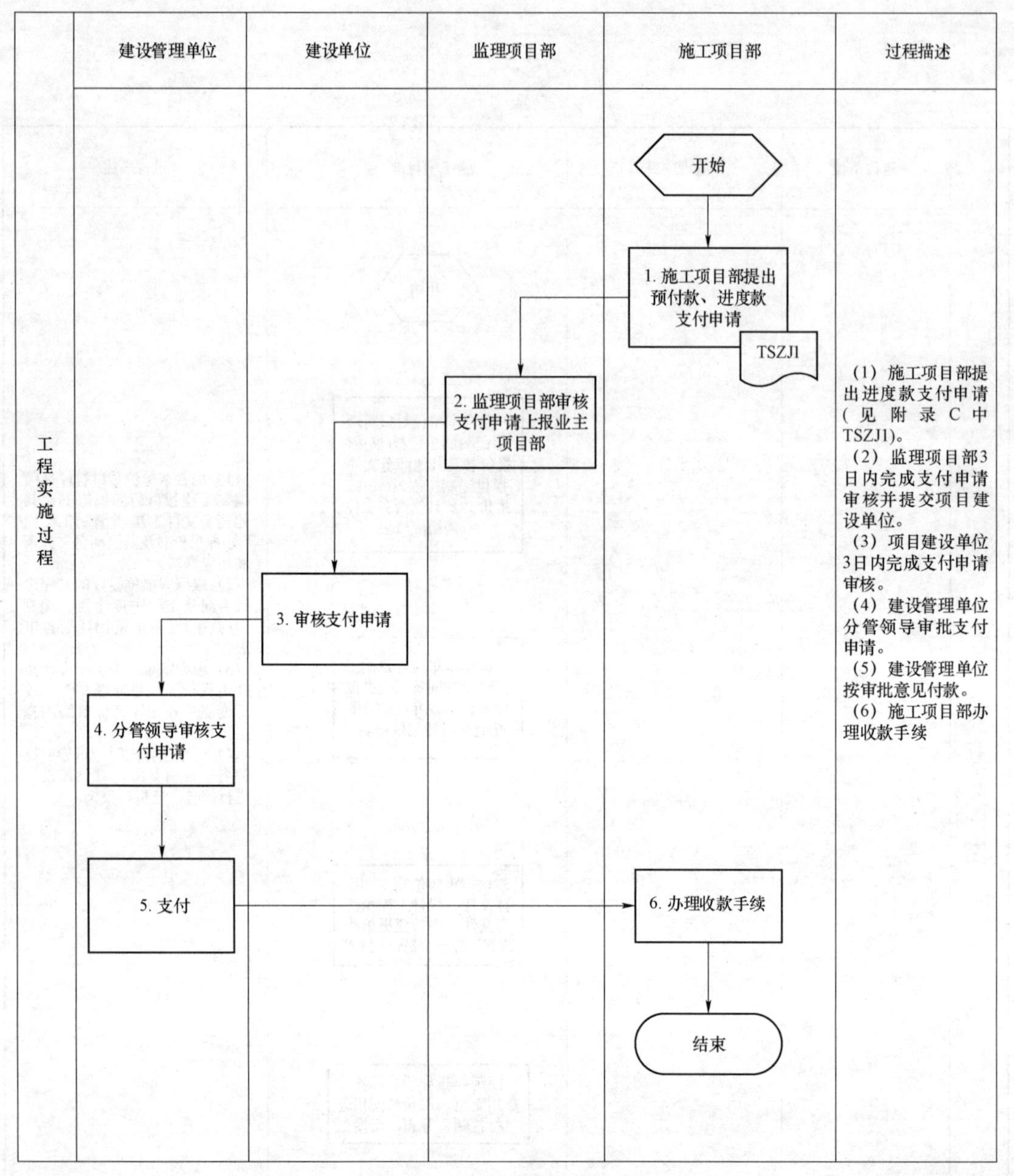
建设管理单位
建设单位
监理项目部
施工项目部
过程描述
工程实施过程
开始
1. 施工项目部提出预付款、进度款支付申请
TSZJ1
2. 监理项目部审核支付申请上报业主项目部
3. 审核支付申请
4. 分管领导审核支付申请
5. 支付
6. 办理收款手续
结束
（1）施工项目部提出进度款支付申请（见附录C中TSZJ1）。
（2）监理项目部3日内完成支付申请审核并提交项目建设单位。
（3）项目建设单位3日内完成支付申请审核。
（4）建设管理单位分管领导审批支付申请。
（5）建设管理单位按审批意见付款。
（6）施工项目部办理收款手续

图 2－12　进度款管理流程

6.1.13　施工结算管理流程

（1）施工项目部在规定时间内（工程竣工验收后 15 天内）完成竣工结算书编制并上报监理项目部初审。

（2）监理项目部初审施工结算书并上报项目建设单位。

（3）项目建设单位审核、编制施工结算书并上报建设管理单位。

（4）建设管理单位在规定时间内形成竣工结算文件后，由分管领导签署意见。

（5）总公司在规定时间内（工程竣工验收后 60 天内）审批竣工结算文件。

（6）施工项目部按照公司审批意见形成最终工程结算文件办理工程结算手续。

施工结算管理流程如图 2－13 所示。

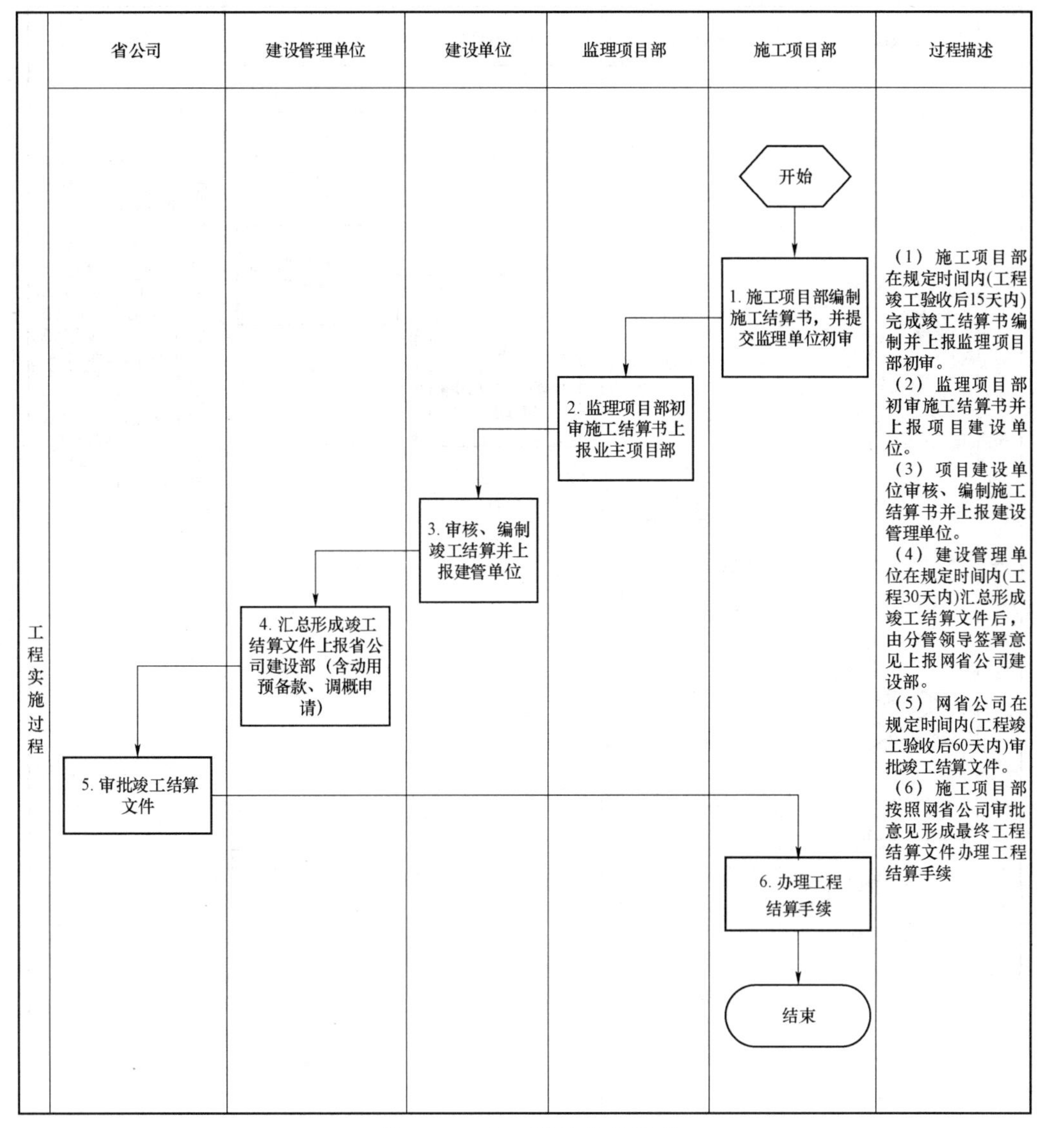

图 2－13　施工结算管理流程

6.1.14　索赔管理流程

（1）施工项目部在索赔事件发生的 14 日内或合同约定的时间内提出索赔申请表，附费用索赔材料。

（2）监理项目部签署索赔（费用）审查意见。

（3）项目建设单位组织审核，必要时组织各方共同协商，提出审核意见，提报建设管理单位。

（4）建设管理单位判断索赔是否成立。

（5）索赔成立，建设管理单位批准索赔申请。

（6）施工项目部按批准的索赔申请进行费用结算。

索赔管理流程如图 2－14 所示。

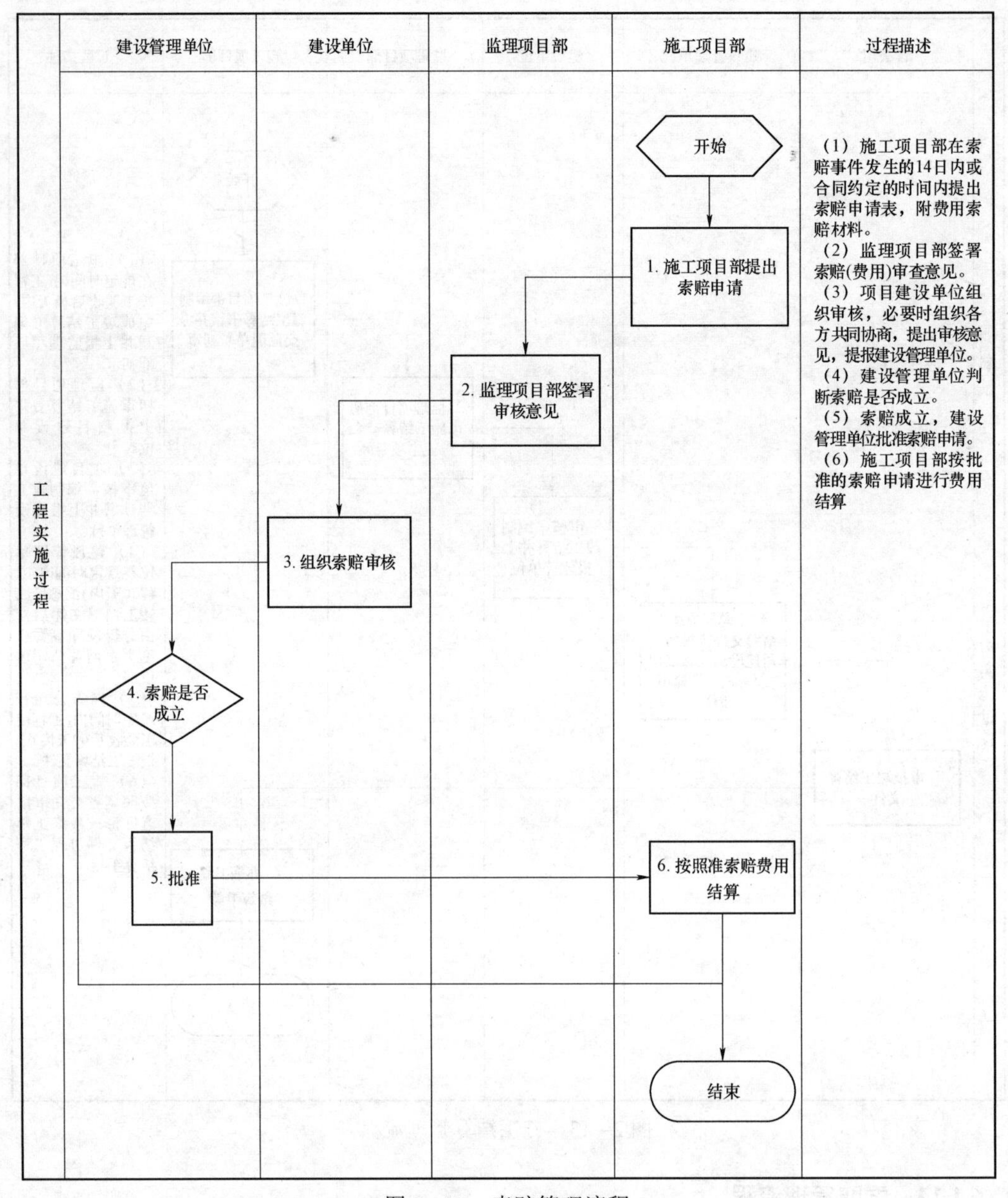

图 2－14　索赔管理流程

6.1.15　现场签证管理流程

（1）施工项目部编制工程现场签证审批单，附费用计算书（见附录 C 中 TSZJ5）。

（2）监理项目部判断现场签证是否造成设计文件变化。

（3）若未造成设计文件变化，监理项目部审核现场签证及费用。

（4）项目建设单位审核工程现场签证审批单及费用，提出审核意见并上报建设管理单位审批。

（5）建设管理单位判断是否重大现场签证。若是，则按规定权限分级审批，若不是则由建设管理单位审批。

（6）建设管理单位按权限审批一般现场签证。

（7）总公司审批重大现场签证。

（8）施工项目部按批准的现场签证组织实施。

现场签证管理流程如图 2－15 所示。

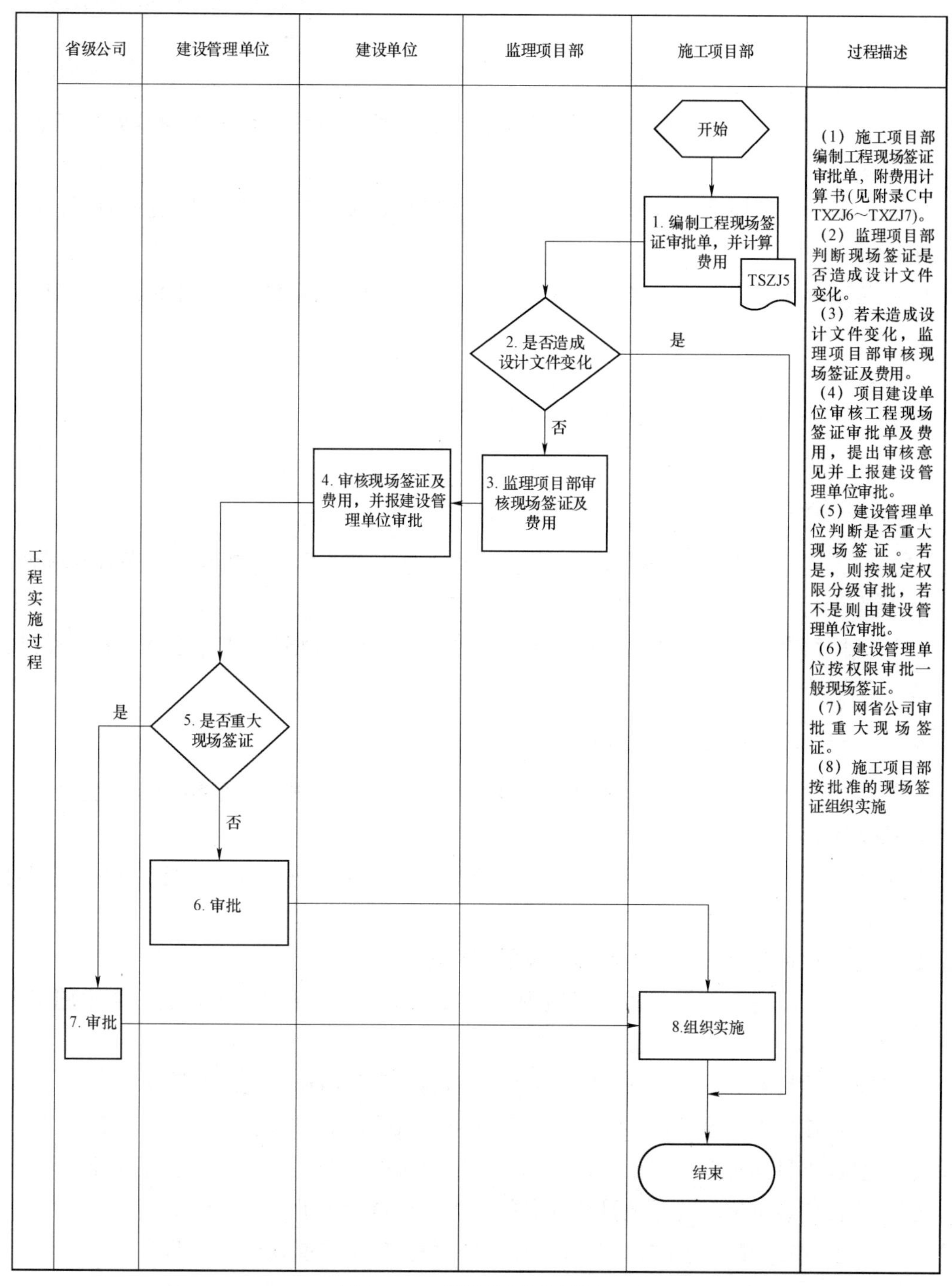

图 2－15　现场签证管理流程

6.2 监理管理流程

6.2.1 工程进度计划管理流程

（1）施工项目部按照批准的施工进度计划组织实施。

（2）施工、监理、项目建设单位在工程实施过程中检查工程进展分析进度偏差，并定期按流程汇报。

（3）审核进度是否满足要求。

（4）进度满足要求时，进入下阶段进度报审、实施、检查，直至工程结束，否则监理项目部督促施工项目部及时纠正进度偏差。

（5）施工项目部根据实际情况采取进度纠偏措施，或对项目进度计划提出调整计划或变更工期报审。

（6）监理、项目建设单位对施工项目部提出的调整计划或变更工期申请进行审批。

（7）审核是否符合进度要求。

（8）建设单位审批调整后的计划或工期。

（9）进入下一阶段进度控制流程直至工程结束。

工程进度计划管理流程如图 2－16 所示。

6.2.2 安全策划管理流程

（1）项目建设单位、监理项目部、施工项目部根据有关标准、规程、规范及实际情况，进行必要的补充、修改，并执行原审批程序后实施。

（2）工程结束后，在监理工作总结中对安全生产管理监理管理工作进行分析、总结。

安全策划管理流程如图 2－17 所示。

6.2.3 安全风险和应急管理流程

（1）项目建设单位组织工程风险交底及初勘，施工、监理项目部参加项目建设单位组织的风险交底和风险点初勘。

（2）施工项目部根据初勘和工程实际，选取对应的工序风险等级，建立本项目固有风险总清册，报监理项目部审查。

（3）监理项目部审查施工项目部报审的固有风险清册。

（4）固有风险清册符合要求的，监理项目部予以签认；不符合要求的，要求施工完善后重新报审。

（5）施工项目部根据监理项目部审查通过的固有风险清册判定风险等级。

（6）如存在重大风险时，施工项目部建立重大风险清册，报监理项目部审查。

（7）监理项目部对施工项目部提交的重大风险进行审查，并报建设单位批准。

（8）项目建设单位对监理项目部提交的重大风险进行审批。

（9）对于存在一般风险的，施工项目部在相关工序实施前复核工序动态风险。

（10）经复核达到重大风险等级的工序，施工项目部应对风险清册进行修订。

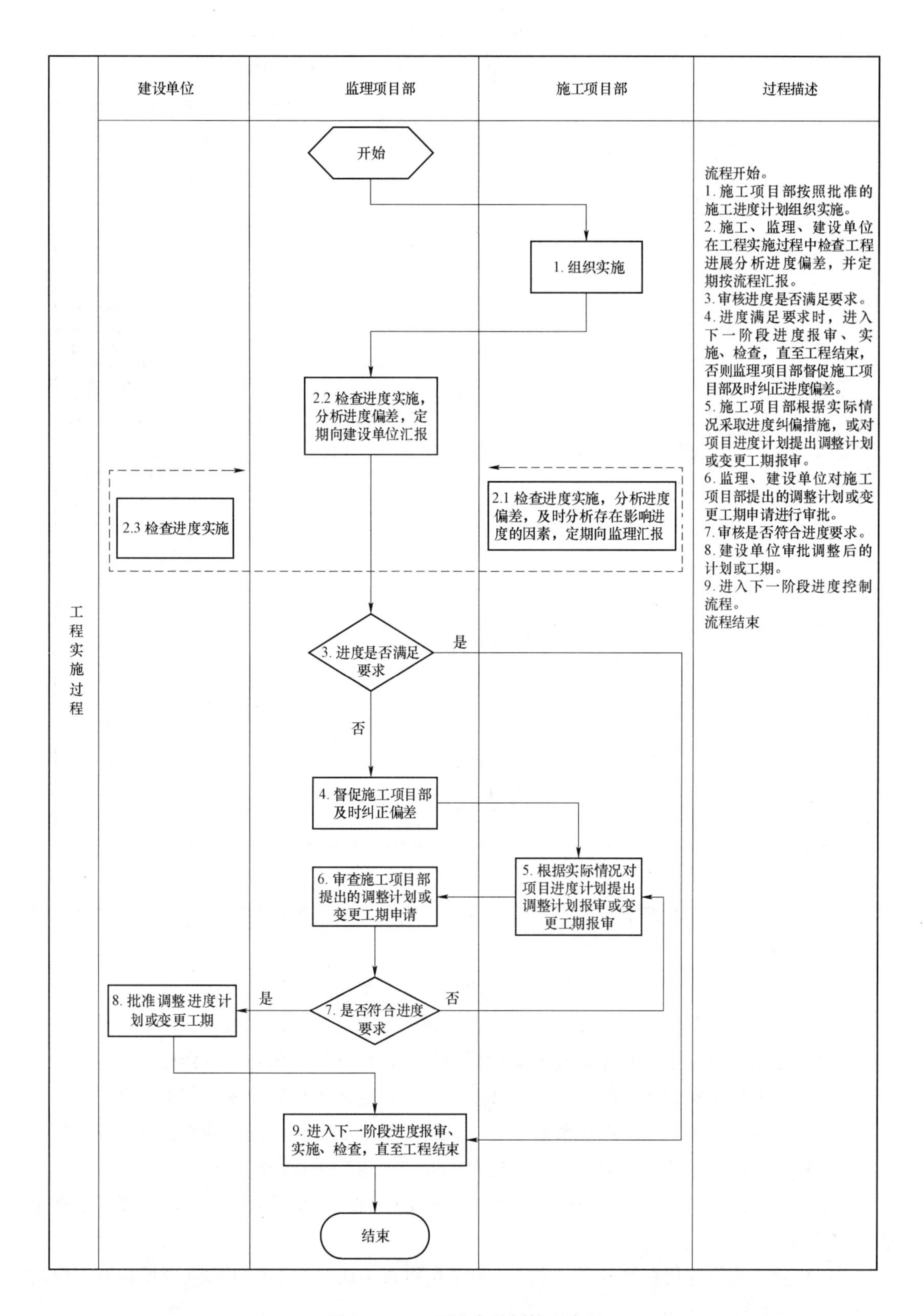
建设单位
监理项目部
施工项目部
过程描述
工程实施过程
开始
1. 组织实施
2.2 检查进度实施，分析进度偏差，定期向建设单位汇报
2.3 检查进度实施
2.1 检查进度实施，分析进度偏差，及时分析存在影响进度的因素，定期向监理汇报
3. 进度是否满足要求
是
否
4. 督促施工项目部及时纠正偏差
5. 根据实际情况对项目进度计划提出调整计划报审或变更工期报审
6. 审查施工项目部提出的调整计划或变更工期申请
7. 是否符合进度要求
是
否
8. 批准调整进度计划或变更工期
9. 进入下一阶段进度报审、实施、检查，直至工程结束
结束
流程开始。
1. 施工项目部按照批准的施工进度计划组织实施。
2. 施工、监理、建设单位在工程实施过程中检查工程进展分析进度偏差，并定期按流程汇报。
3. 审核进度是否满足要求。
4. 进度满足要求时，进入下一阶段进度报审、实施、检查，直至工程结束，否则监理项目部督促施工项目部及时纠正进度偏差。
5. 施工项目部根据实际情况采取进度纠偏措施，或对项目进度计划提出调整计划或变更工期报审。
6. 监理、建设单位对施工项目部提出的调整计划或变更工期申请进行审批。
7. 审核是否符合进度要求。
8. 建设单位审批调整后的计划或工期。
9. 进入下一阶段进度控制流程。
流程结束

图 2-16　工程进度计划管理流程

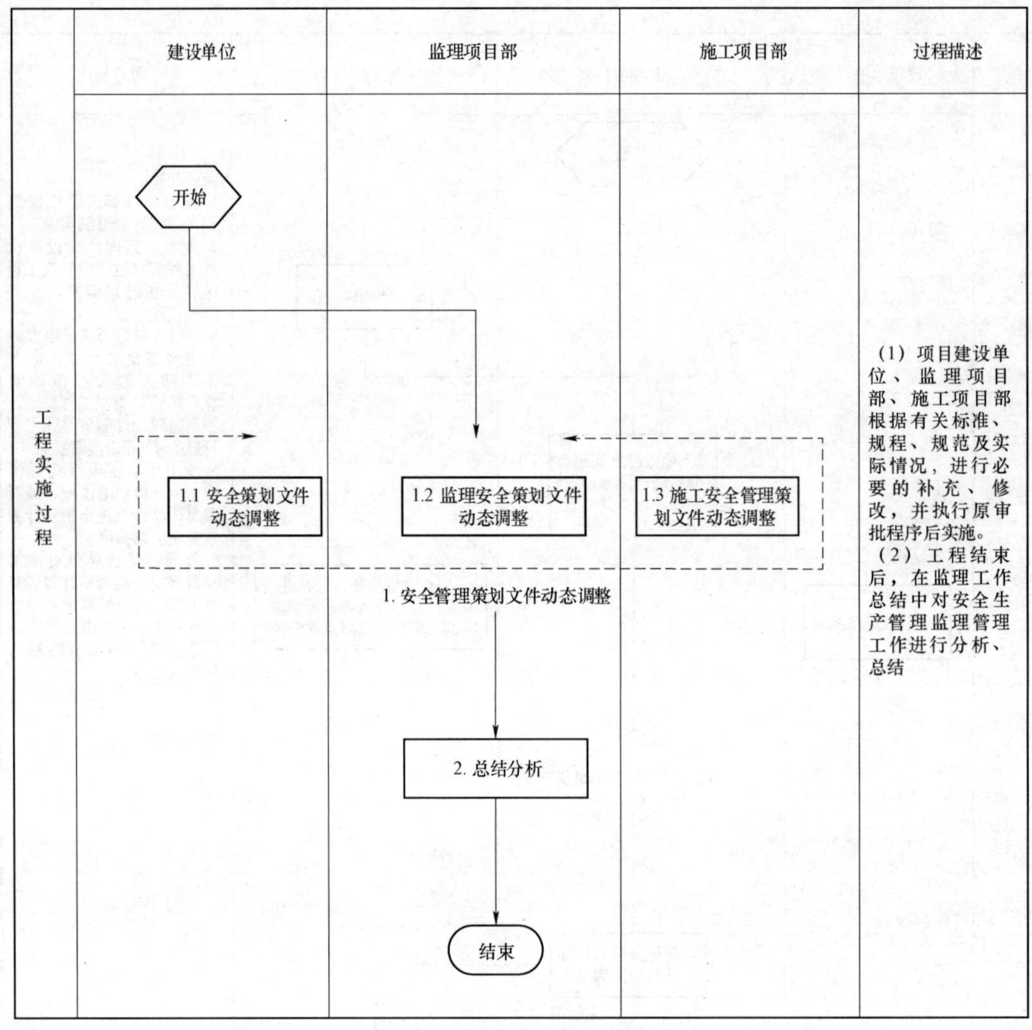
建设单位
监理项目部
施工项目部
过程描述
工程实施过程
开始
1.1 安全策划文件动态调整
1.2 监理安全策划文件动态调整
1.3 施工安全管理策划文件动态调整
1. 安全管理策划文件动态调整
2. 总结分析
结束
（1）项目建设单位、监理项目部、施工项目部根据有关标准、规程、规范及实际情况，进行必要的补充、修改，并执行原审批程序后实施。
（2）工程结束后，在监理工作总结中对安全生产管理监理管理工作进行分析、总结

图 2－17　安全策划管理流程

（11）施工项目部根据工程进展情况，及时组织重大风险作业的现场复测，并将复测单报监理项目部审查。

（12）监理项目部审查施工项目部报送的风险复测单及相关专项方案（措施）。

（13）项目建设单位对经监理项目部审查通过的风险复测单进行确认。

（14）施工项目部指定专业负责风险台账的管理，建立重大风险控制台账。

（15）重大风险作业前，施工项目部按要求填写输变电工程安全施工作业 B 票。

（16）监理项目部对施工作业票的签发及风险控制卡的符合性进行检查，并签认。

（17）重大风险作业时，项目建设单位对作业票的内容进行现场确认。

（18）一般风险的作业，需填写作业票的，施工项目部按要求填写输变电工程安全施工作业 A 票。

（19）施工项目部根据经监理、项目建设单位审查确认的施工作业实施现场相应工序的作业，组织实施，并全员交底。

（20）监理项目部根据相应工序风险等级，组织进行安全旁站和巡视检查，认真落实到

岗到位的要求。

（21）接受项目建设单位、上级相关部门的检查和考核。

安全风险和应急管理流程如图 2－18 所示。

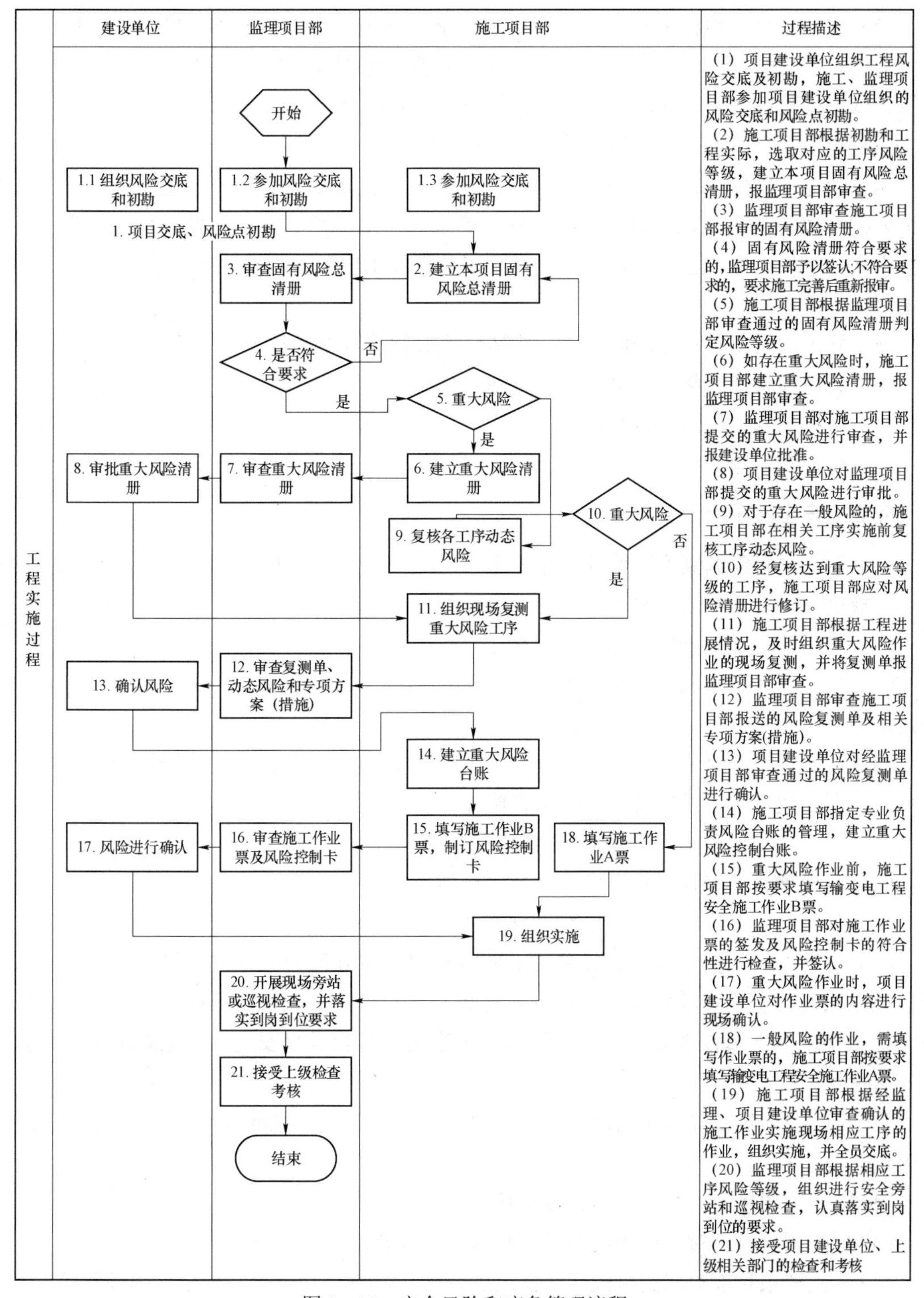

图 2－18　安全风险和应急管理流程

6.2.4　安全检查管理流程

（1）监理项目部在安全监理工作方案中制订安全巡视、定期、签证及专项检查监理工作方法策划和组织检查工作。

（2）监理项目部根据上级管理部门要求或季节性施工特点，开展月度及春、秋季等定期（例行）检查活动；根据工程实际开展施工机具、临时用电、脚手架等专项检查；开展三级及以上危险性较大的分部、分项工程的安全巡视检查。

（3）施工项目部配合监理组织的安全检查工作。

（4）针对各类安全检查中发现的问题，下发监理检查记录表或监理通知单，要求责任单位整改并填写整改记录，对整改结果进行确认；情况严重的，应签发工程暂停令，并及时报告项目建设单位，施工项目部拒不整改或者不停止施工的，及时向有关主管部门报告，并填写监理报告。

（5）施工项目部对存在的问题进行闭环整改并提交安全整改反馈单。

（6）监理项目部对整改问题进行核查确认。

（7）审核问题整改后是否符合要求。

安全检查管理流程如图 2－19 所示。

6.2.5　安全文明施工管理流程

（1）监理项目部编制安全监理工作方案，明确安全文明施工管理目标和安全控制措施、要点，规范开展安全隐患治理工作督促隐患得到有效治理。

（2）施工项目部分阶段报审安全标准化设施计划。

（3）监理项目部审核施工项目部分阶段编制的安全标准化设施报审计划是否符合相关规定。

（4）监理项目部对施工项目部分阶段报审的安全标准化设施计划签署监理意见。

（5）项目建设单位批准安全标准化设施计划。

（6）施工项目部分阶段报审进场的标准化设施。

（7）监理项目部审查验收进场的标准化设施。

（8）项目建设单位对进场的标准化设施进行审查验收。

（9）监理项目部配合项目建设单位对照标准化布置和配置要求进行检查，提出改进意见，施工项目部负责整改落实。监理项目部每月至少组织一次抽查，提出改进措施，保持安全常态化。监理项目部要对重要设施重大工序转接是否满足安全标准化要求进行检查，并签署意见。

（10）监理项目部对存在的问题签发监理检查记录表或监理通知单，提出改进措施，及时督促落实整改。

（11）施工项目部对存在的问题进行整改。

（12）监理项目部对存在的问题消缺情况进行复查。

（13）监理项目部对问题整改闭环情况进行确认，直至存在的问题全部闭环整改。

（14）监理项目部参与项目建设单位组织的安全标准化管理评价工作。

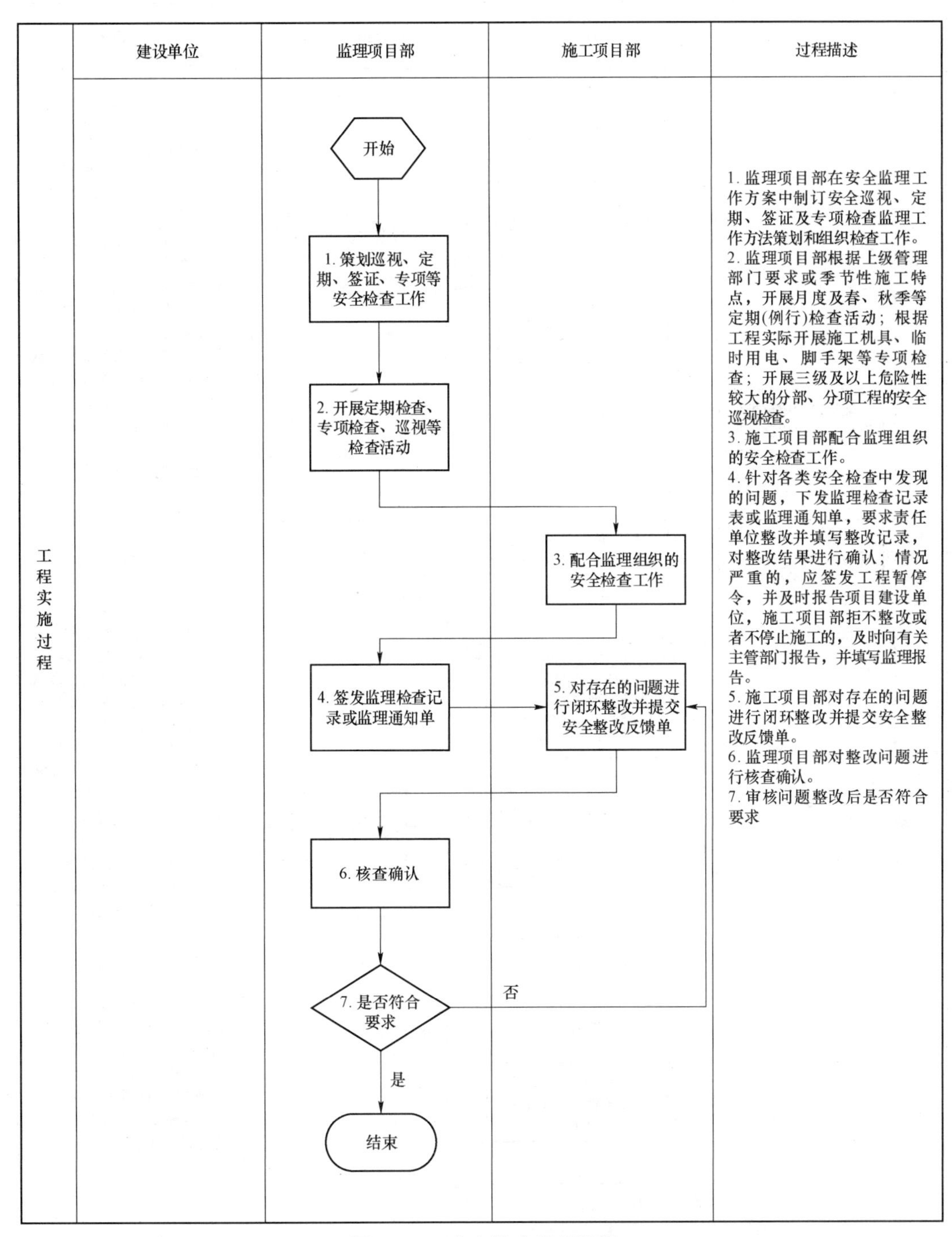

工程实施过程
建设单位
监理项目部
施工项目部
过程描述
开始
1. 策划巡视、定期、签证、专项等安全检查工作
2. 开展定期检查、专项检查、巡视等检查活动
3. 配合监理组织的安全检查工作
4. 签发监理检查记录或监理通知单
5. 对存在的问题进行闭环整改并提交安全整改反馈单
6. 核查确认
7. 是否符合要求
否
是
结束
1. 监理项目部在安全监理工作方案中制订安全巡视、定期、签证及专项检查监理工作方法策划和组织检查工作。
2. 监理项目部根据上级管理部门要求或季节性施工特点，开展月度及春、秋季等定期(例行)检查活动；根据工程实际开展施工机具、临时用电、脚手架等专项检查；开展三级及以上危险性较大的分部、分项工程的安全巡视检查。
3. 施工项目部配合监理组织的安全检查工作。
4. 针对各类安全检查中发现的问题，下发监理检查记录表或监理通知单，要求责任单位整改并填写整改记录，对整改结果进行确认；情况严重的，应签发工程暂停令，并及时报告项目建设单位，施工项目部拒不整改或者不停止施工的，及时向有关主管部门报告，并填写监理报告。
5. 施工项目部对存在的问题进行闭环整改并提交安全整改反馈单。
6. 监理项目部对整改问题进行核查确认。
7. 审核问题整改后是否符合要求

图 2-19　安全检查管理流程

安全文明施工管理流程如图 2-20 所示。

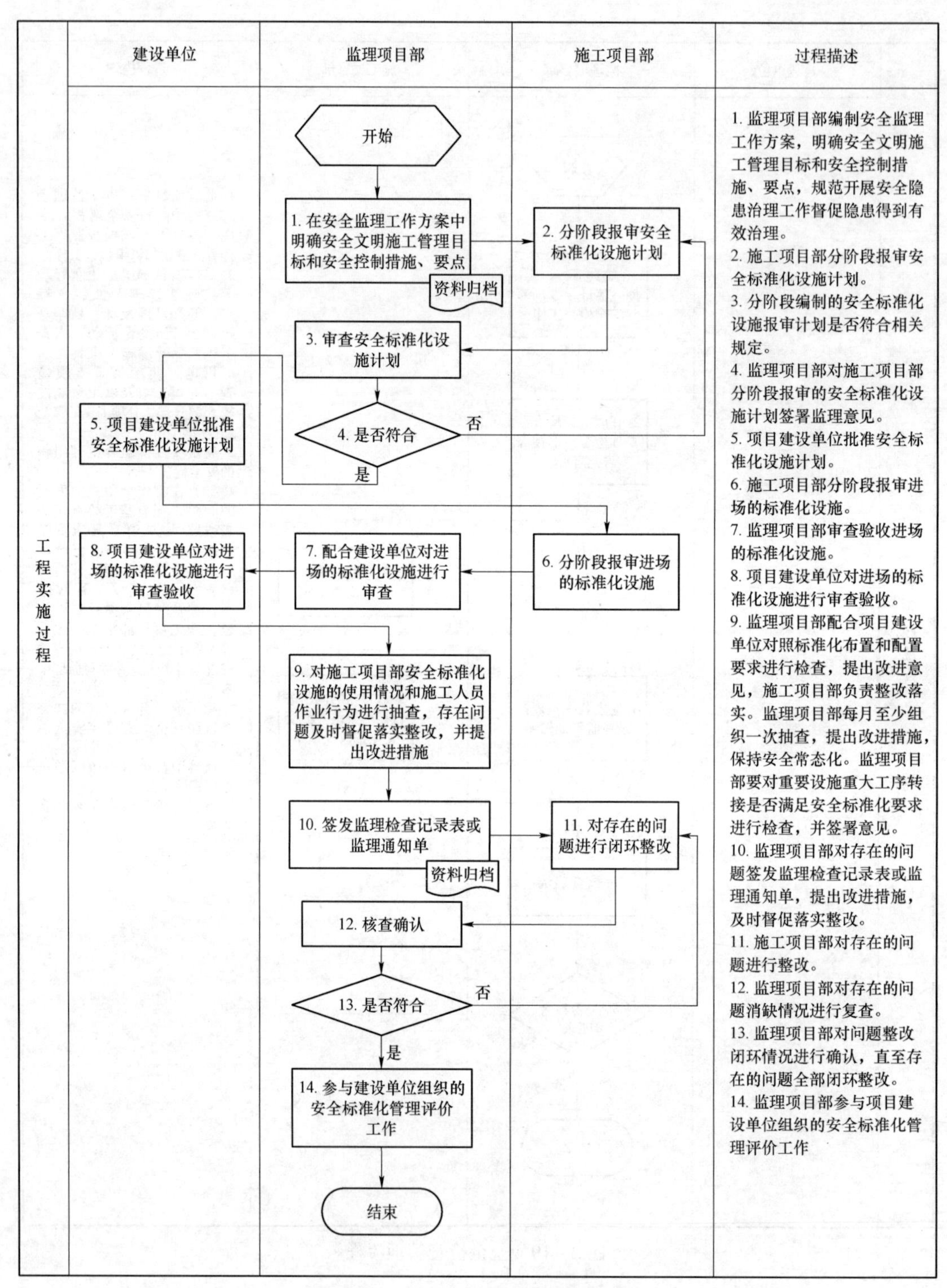

图 2-20　安全文明施工管理流程

6.2.6 材料、配件设备质量控制流程

（1）施工项目部进行乙供材料采购、组织进场。

（2）由施工项目部通知监理项目部材料进场，并参加由监理项目部组织按有关规范要求进行的见证取样送检。

（3）由施工项目部将材料取样复试的结果报监理项目部审查。

（4）监理项目部对乙供工程材料、构配件、设备的质量证明文件数量清单、自检结果、复试报告等进行审查。

（5）监理项目部对审查合格的乙供材料予以签认同意使用，审查不合格的材料要求施工项目部将其撤出施工现场。

（6）由施工项目部将不合格材料撤出施工现场。

（7）在施工过程中，施工项目部应做好材料、构配件、设备的保管，跟踪材料使用并记录台账，检查材料质量状况；监理项目部通过巡视等手段检查施工过程中材料的质量状况。

（8）对检查不合格的材料、配件、设备要求施工项目部撤出施工现场，合格的继续做好材料的保管、使用跟踪及检查。

（9）继续开展对进场主要材料、构配件、设备的质量检查。

材料、配件设备质量控制流程如图 2－21 所示。

6.2.7 隐蔽工程质量控制流程

（1）施工项目部进行隐蔽工程施工准备，并在隐蔽工程施工前 24h 告知监理项目部。

（2）施工项目部组织进行隐蔽工程施工。

（3）监理项目采用平行检验（工序）或对关键部位、关键工序旁站的方式检查隐蔽工程施工质量形成相关监理记录。工序检查量不应小于受检工程量质检项目的 10%，且应均匀覆盖关键工序。

（4）施工项目部对隐蔽工程自检合格后，在隐蔽前 48h 前填写隐蔽工程质量检验资料提交监理项目部验收。

（5）监理按照设计文件、标准及规范要求进行隐蔽前验收，相关的平行检验或旁站检查结果均可作为隐蔽验收的结论依据。

（6）隐蔽验收存在质量缺陷的，应通知施工项目部整改。

（7）施工项目部对存在的质量缺陷进行整改消缺。

（8）由监理项目部负责对发现的质量缺陷进行监督整改并复检。

（9）监理项目部应对验收和复检合格的隐蔽工程质量检验资料进行签批，同意进行隐蔽施工。

（10）施工项目部对隐蔽工程进行隐蔽施工。

（11）监理项目部对已同意覆盖的工程隐蔽部位质量有疑问的，或现施工项目部私自覆盖工程隐蔽部位的，应要求施工项目部进行重新检验。

（12）监理项目部应要求对该隐蔽部位进行钻孔探测、剥离或其他方法进行重新检验。

（13）对隐蔽工程质量无疑问时，同意施工项目部进入下道工序施工。

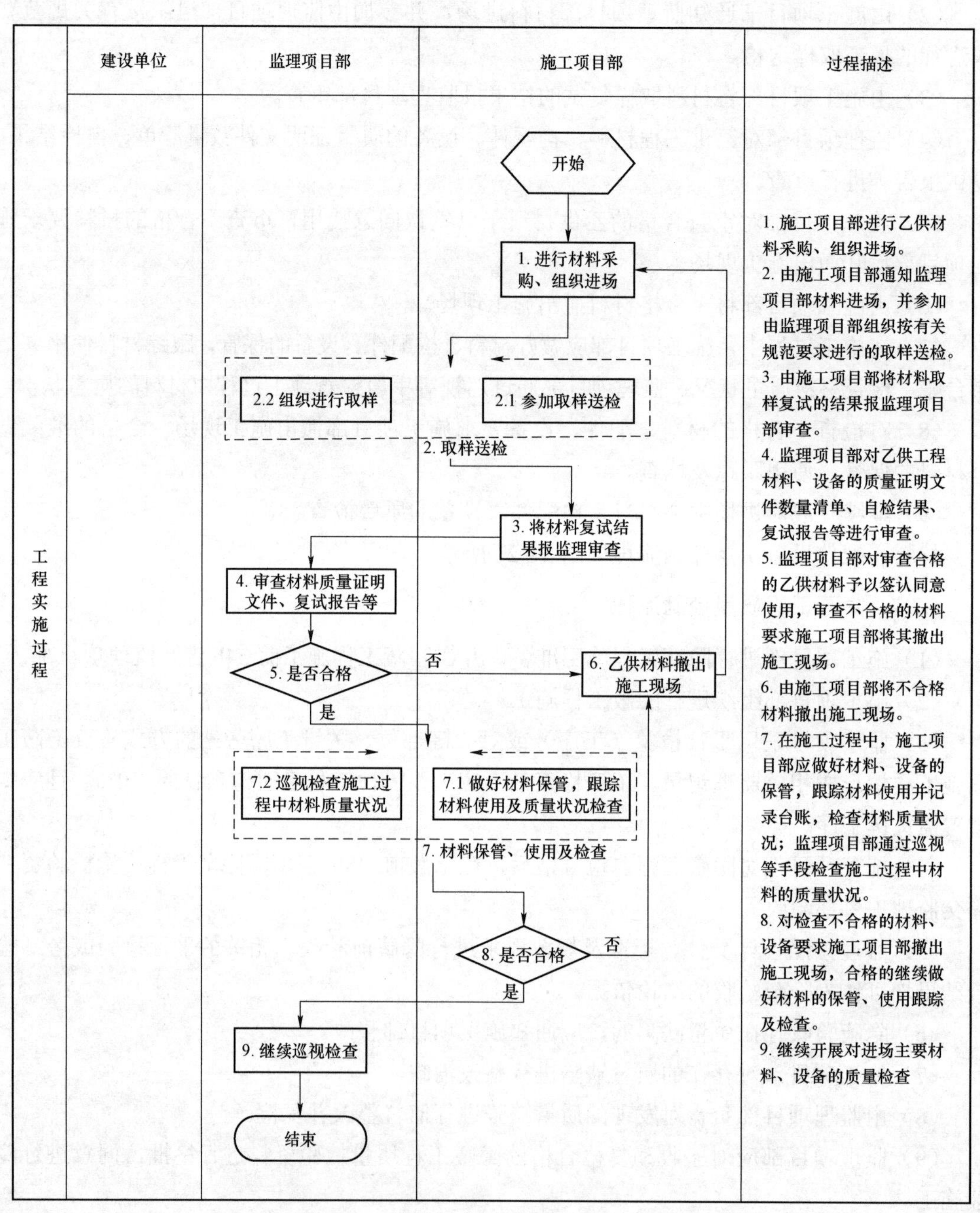
建设单位
监理项目部
施工项目部
过程描述
工程实施过程
开始
1. 进行材料采购、组织进场
2.2 组织进行取样
2.1 参加取样送检
2. 取样送检
3. 将材料复试结果报监理审查
4. 审查材料质量证明文件、复试报告等
5. 是否合格
否
是
6. 乙供材料撤出施工现场
7.2 巡视检查施工过程中材料质量状况
7.1 做好材料保管，跟踪材料使用及质量状况检查
7. 材料保管、使用及检查
8. 是否合格
否
是
9. 继续巡视检查
结束
1. 施工项目部进行乙供材料采购、组织进场。
2. 由施工项目部通知监理项目部材料进场，并参加由监理项目部组织按有关规范要求进行的取样送检。
3. 由施工项目部将材料取样复试的结果报监理项目部审查。
4. 监理项目部对乙供工程材料、设备的质量证明文件数量清单、自检结果、复试报告等进行审查。
5. 监理项目部对审查合格的乙供材料予以签认同意使用，审查不合格的材料要求施工项目部将其撤出施工现场。
6. 由施工项目部将不合格材料撤出施工现场。
7. 在施工过程中，施工项目部应做好材料、设备的保管，跟踪材料使用并记录台账，检查材料质量状况；监理项目部通过巡视等手段检查施工过程中材料的质量状况。
8. 对检查不合格的材料、设备要求施工项目部撤出施工现场，合格的继续做好材料的保管、使用跟踪及检查。
9. 继续开展对进场主要材料、设备的质量检查

图 2-21　材料、配件设备质量控制流程

隐蔽工程质量控制流程如图 2－22 所示。

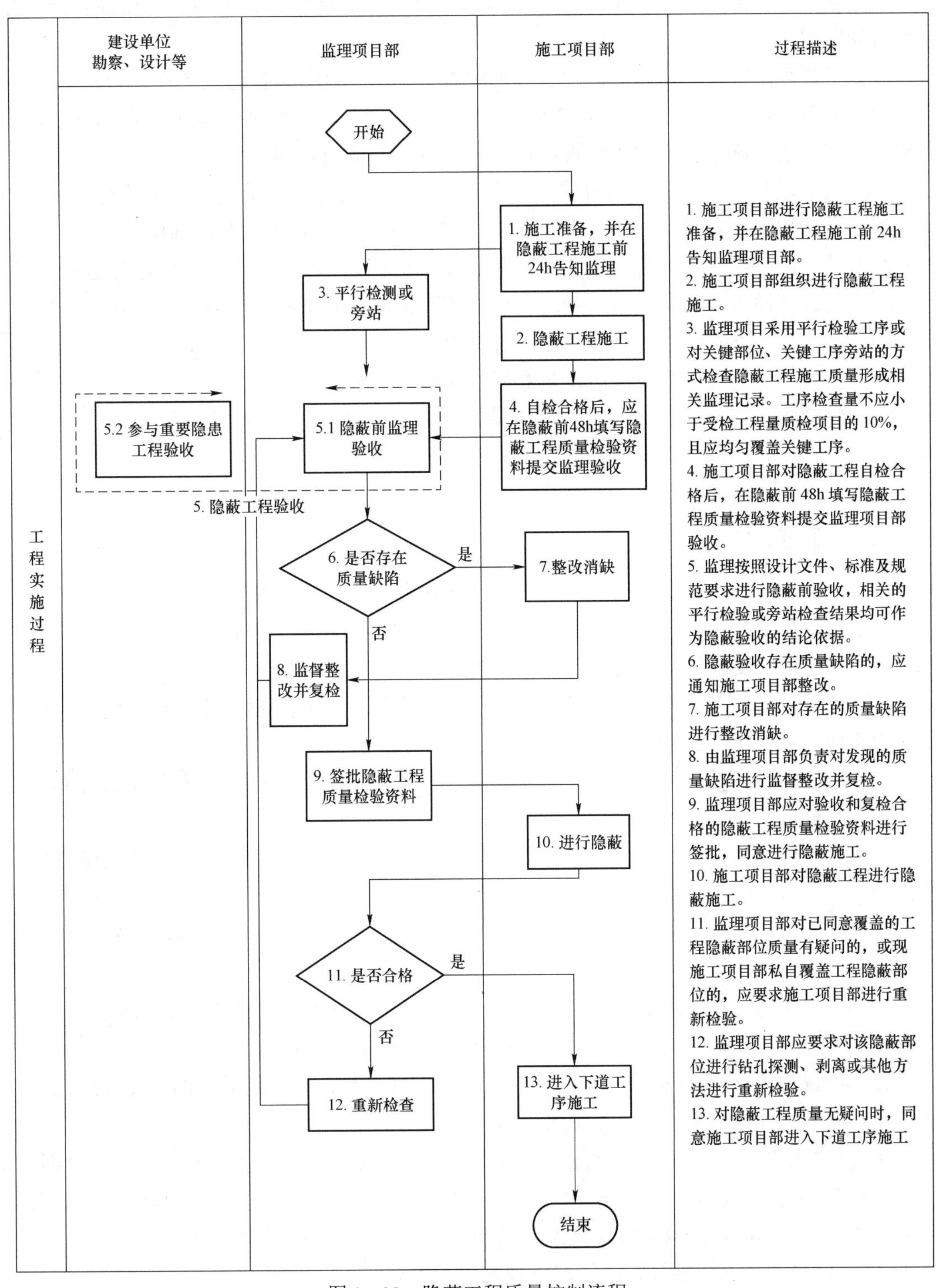

图 2－22　隐蔽工程质量控制流程

6.2.8 旁站监理工作流程

（1）施工项目部进行施工准备，对设有旁站点的作业项目，施工项目部在施工前 24h 书面告知监理项目部。

（2）旁站项目施工前，专业监理工程师检查旁站项目是否具备施工条件。

（3）同意旁站项目施工，由监理项目部安排执行旁站，否则要求施工项目部整改检查提出的存在问题，满足施工条件后再次提出书面告知监理项目部。

（4）施工项目部进行旁站项目施工，质检人员到场负责施工质量；监理项目部应安排具体旁站人员现场跟班监督，持续进行旁站监理检查，记录旁站的关键部位、关键工序施工情况和发现问题的处理情况。总监理工程师或专业监理工程师对旁站工作进行监督检查。

（5）监理旁站检查发现质量问题时，提出监理措施，要求施工项目部进行整改。

（6）施工项目部对存在的质量问题进行整改。

（7）由旁站监理人员和现场质检员共同签认旁站记录。

（8）监理项目部及时收集现场旁站记录，由专业监理工程师或总监理工程师对旁站监理记录进行审查，并安排人员进行整理、存档。

旁站监理工作流程如图 2－23 所示。

6.2.9 监理初检工作流程

（1）监理项目部制订监理初检方案，并抄送建设单位、施工项目部。

（2）监理项目部组织相关监理人员对初检方案进行交底施工项目部应熟悉监理初检方案，了解监理工作要求，配合监理初检工作的开展。

（3）施工项目部对已完工程自检验收合格后，向监理项目部提出工程质量随工验收阶段或竣工预验收阶段初检申请。

（4）监理项目部在接到施工项目部提出的初检申请后，由总监理工程师主持各专业监理工程师审查报验资料。

（5）经监理项目部审查，已完工程自检验收结果符合要求，相关自检验收记录完善，具备验收条件后，同意进行监理初检，否则退回施工项目部整改。

（6）监理项目部发监理工作联系单，通知施工项目部，明确具体的验收内容和验收组织机构及验收时间安排。

（7）由监理项目部按照要求组织监理初检：施工项目部配合。抽检要求包括：

1）变电工程监理初检应全检或采用覆盖所有工程的抽查方式。

2）监理初检以过程随机检查和阶段性检查的方式进行，以确保覆盖面。监理巡视、旁站、平行检验过程中积累的不可变记录，可作为初检依据。

（8）初检中发现的施工质量问题，由监理项目部以监理通知单形式通知施工项目部。

（9）施工项目部应限期完成初检存在问题的整改消缺；设计、设备质量问题和缺陷由建设管理单位（部门）协调责任单位整改消缺。

（10）监理项目部应监督整改消缺并及时复查签认。

（11）复检合格后，监理项目部应及时整理监理初检记录，编写监理初检报告。

（12）由监理项目部向建设管理单位提出随工验收或竣工验收申请。

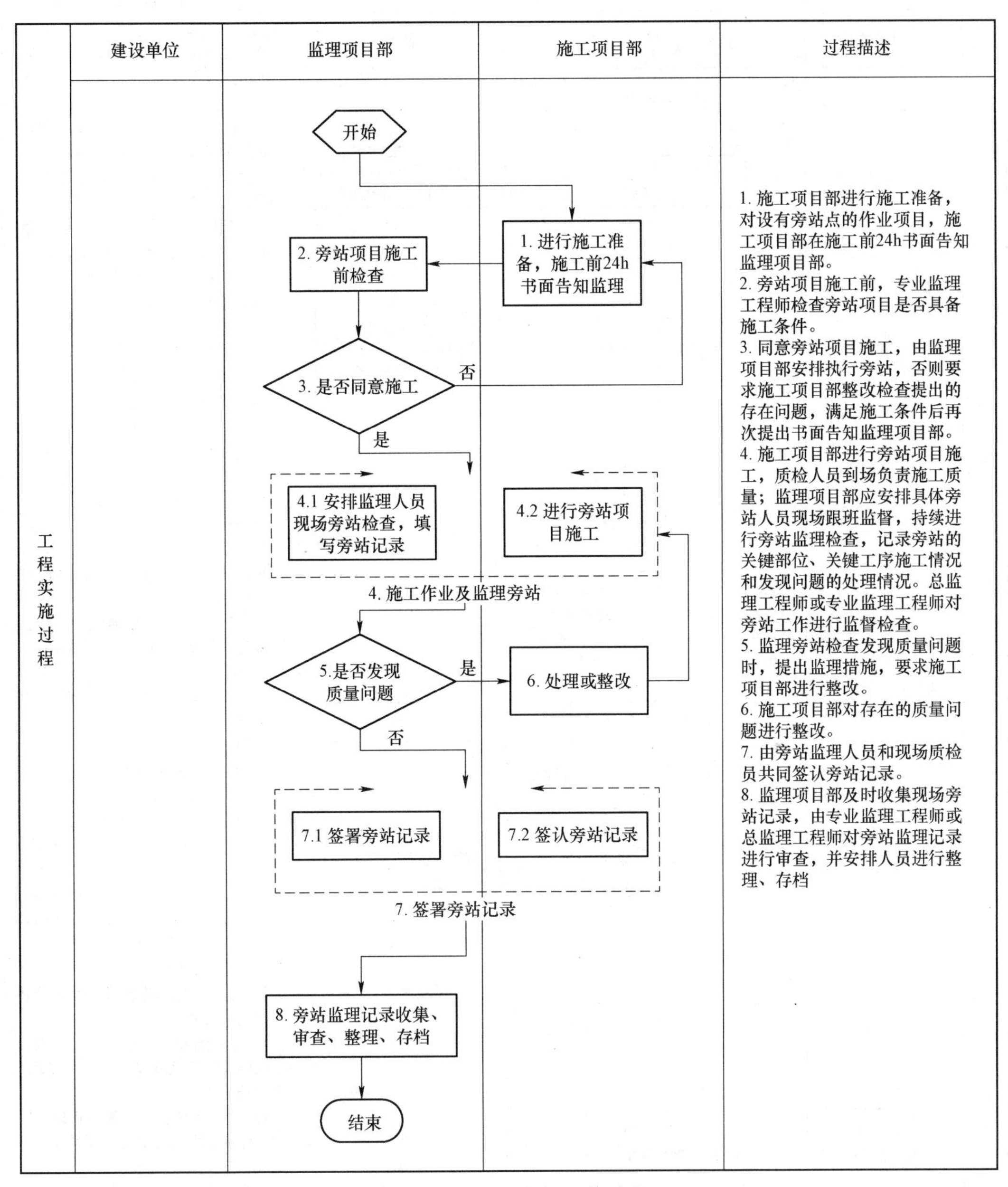
建设单位
监理项目部
施工项目部
过程描述
工程实施过程
开始
1. 进行施工准备，施工前24h书面告知监理
2. 旁站项目施工前检查
3. 是否同意施工
否
是
4.1 安排监理人员现场旁站检查，填写旁站记录
4.2 进行旁站项目施工
4. 施工作业及监理旁站
5.是否发现质量问题
是
6. 处理或整改
否
7.1 签署旁站记录
7.2 签认旁站记录
7. 签署旁站记录
8. 旁站监理记录收集、审查、整理、存档
结束
1. 施工项目部进行施工准备，对设有旁站点的作业项目，施工项目部在施工前24h书面告知监理项目部。
2. 旁站项目施工前，专业监理工程师检查旁站项目是否具备施工条件。
3. 同意旁站项目施工，由监理项目部安排执行旁站，否则要求施工项目部整改检查提出的存在问题，满足施工条件后再次提出书面告知监理项目部。
4. 施工项目部进行旁站项目施工，质检人员到场负责施工质量；监理项目部应安排具体旁站人员现场跟班监督，持续进行旁站监理检查，记录旁站的关键部位、关键工序施工情况和发现问题的处理情况。总监理工程师或专业监理工程师对旁站工作进行监督检查。
5. 监理旁站检查发现质量问题时，提出监理措施，要求施工项目部进行整改。
6. 施工项目部对存在的质量问题进行整改。
7. 由旁站监理人员和现场质检员共同签认旁站记录。
8. 监理项目部及时收集现场旁站记录，由专业监理工程师或总监理工程师对旁站监理记录进行审查，并安排人员进行整理、存档

图 2-23　旁站监理工作流程

监理初检工作流程如图 2－24 所示。

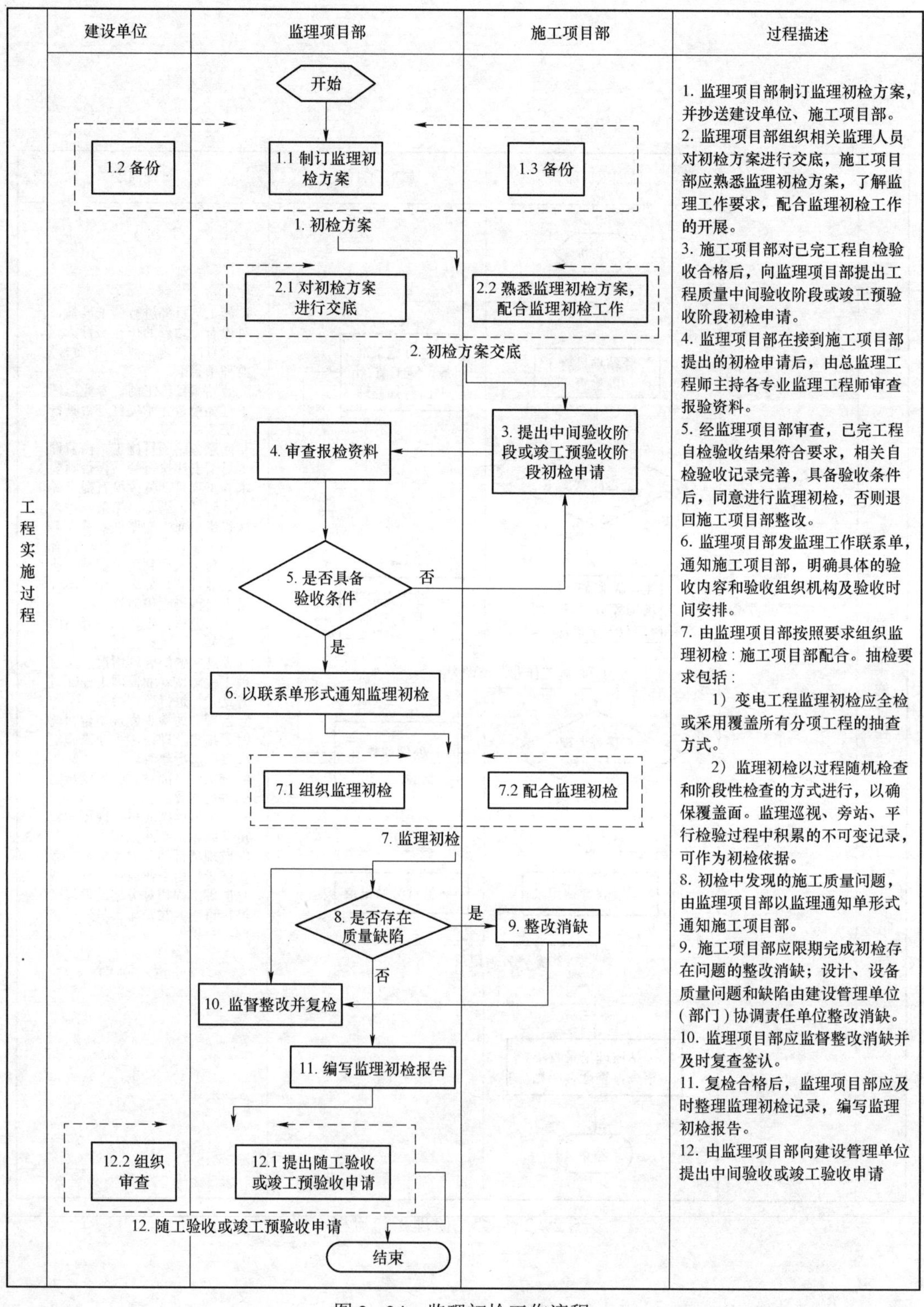
建设单位
监理项目部
施工项目部
过程描述
工程实施过程
开始
1.2 备份
1.1 制订监理初检方案
1.3 备份
1. 初检方案
2.1 对初检方案进行交底
2.2 熟悉监理初检方案，配合监理初检工作
2. 初检方案交底
4. 审查报检资料
3. 提出中间验收阶段或竣工预验收阶段初检申请
5. 是否具备验收条件
否
是
6. 以联系单形式通知监理初检
7.1 组织监理初检
7.2 配合监理初检
7. 监理初检
8. 是否存在质量缺陷
是
9. 整改消缺
否
10. 监督整改并复检
11. 编写监理初检报告
12.2 组织审查
12.1 提出随工验收或竣工预验收申请
12. 随工验收或竣工预验收申请
结束
1. 监理项目部制订监理初检方案，并抄送建设单位、施工项目部。
2. 监理项目部组织相关监理人员对初检方案进行交底，施工项目部应熟悉监理初检方案，了解监理工作要求，配合监理初检工作的开展。
3. 施工项目部对已完工程自检验收合格后，向监理项目部提出工程质量中间验收阶段或竣工预验收阶段初检申请。
4. 监理项目部在接到施工项目部提出的初检申请后，由总监理工程师主持各专业监理工程师审查报验资料。
5. 经监理项目部审查，已完工程自检验收结果符合要求，相关自检验收记录完善，具备验收条件后，同意进行监理初检，否则退回施工项目部整改。
6. 监理项目部发监理工作联系单，通知施工项目部，明确具体的验收内容和验收组织机构及验收时间安排。
7. 由监理项目部按照要求组织监理初检：施工项目部配合。抽检要求包括：
1）变电工程监理初检应全检或采用覆盖所有分项工程的抽查方式。
2）监理初检以过程随机检查和阶段性检查的方式进行，以确保覆盖面。监理巡视、旁站、平行检验过程中积累的不可变记录，可作为初检依据。
8. 初检中发现的施工质量问题，由监理项目部以监理通知单形式通知施工项目部。
9. 施工项目部应限期完成初检存在问题的整改消缺；设计、设备质量问题和缺陷由建设管理单位（部门）协调责任单位整改消缺。
10. 监理项目部应监督整改消缺并及时复查签认。
11. 复检合格后，监理项目部应及时整理监理初检记录，编写监理初检报告。
12. 由监理项目部向建设管理单位提出中间验收或竣工验收申请

图 2－24　监理初检工作流程

6.2.10 工程质量评价流程

（1）检验工程施工，经自检专检合格后填报检验批质量验收记录。

（2）专业监理工程师组织验收，检验工程质量。

（3）专业监理工程师签署验评意见，并对验评记录签字确认。

（4）工程完成后，经施工班组、项目部自检验收合格后，提出工程质量报验申请表。

（5）专业监理工程师组织施工项目部专业技术、质量负责人等有关人员复查技术资料后进行验收。

（6）专业监理工程师签署验评意见，并对验评记录签字确认。

（7）工程施工完成后，填报工程质量报验申请表。

（8）总监理工程师组织施工项目部项目负责人和技术、质量负责人等有关人员复查技术资料后进行验收；地基与基础、主体结构工程的勘察、设计单位工程项目负责人和施工单位公司本部的质量或技术部门负责人，也应参加相关工程验收。

（9）总监理工程师和专业监理工程师签署验评意见，并对验评记录予以签字确认。

（10）施工项目部在完成工程的全部施工内容，并经施工班组、项目部公司自检验收合格后，向监理项目部提出报验，并将全部竣工资料报送监理项目部。

（11）监理项目部复核工程质量验收条件，具备后报请项目建设单位组织验收。

（12）工程质量验收由项目建设单位项目经理主持，施工、设计、监理等单位项目负责人参加，验收合格后，填写工程质量竣工验收记录及相关核查、抽查记录。

（13）配合项目建设单位进行工程质量验评，并对验评记录签字确认。填写工程质量竣工验收记录及相关核查、抽查记录。

（14）参加工程质量验评工作。

（15）工程完工，提出竣工初步验收申请。

（16）组织工程竣工监理初验及整体工程质量验评工作，总监理工程师组织各专业监理工程师对竣工资料及各专业工程的质量情况进行全面检查，对检查出的问题，督促施工项目部及时整改，经监理项目部对竣工资料及实物全面检查。

（17）质量验评工作完成后填写工程验评记录统计报审表。

（18）项目建设单位对质量验评工作进行检查，签署质量验评审批意见。

（19）监理项目部汇总各工程质量验评情况，编写工程质量评估报告并归档。

工程质量评价流程如图 2–25 所示。

6.2.11 进度款审核流程

（1）施工项目部按照一级网络计划组织施工。

（2）该进度款应包含设计变更、现场签证、索赔及预付款扣除等款项。

（3）专业监理工程师审核并签署意见，重点审核报审工程量是否清单一致，是否与实际完成量一致；是否经监理验收合格。总监理工程师签署进度款支付意见，重点审核进度款是否计算准确，预付款是否按合同要求进行扣回。

（4）监理项目部审查工程计量及进度款支付是否符合要求。

（5）项目建设单位核实、批准工程进度款申请表，上报建设管理单位支付款项。

（6）监理项目部汇总登记。

进度款审核流程如图 2-26 所示。

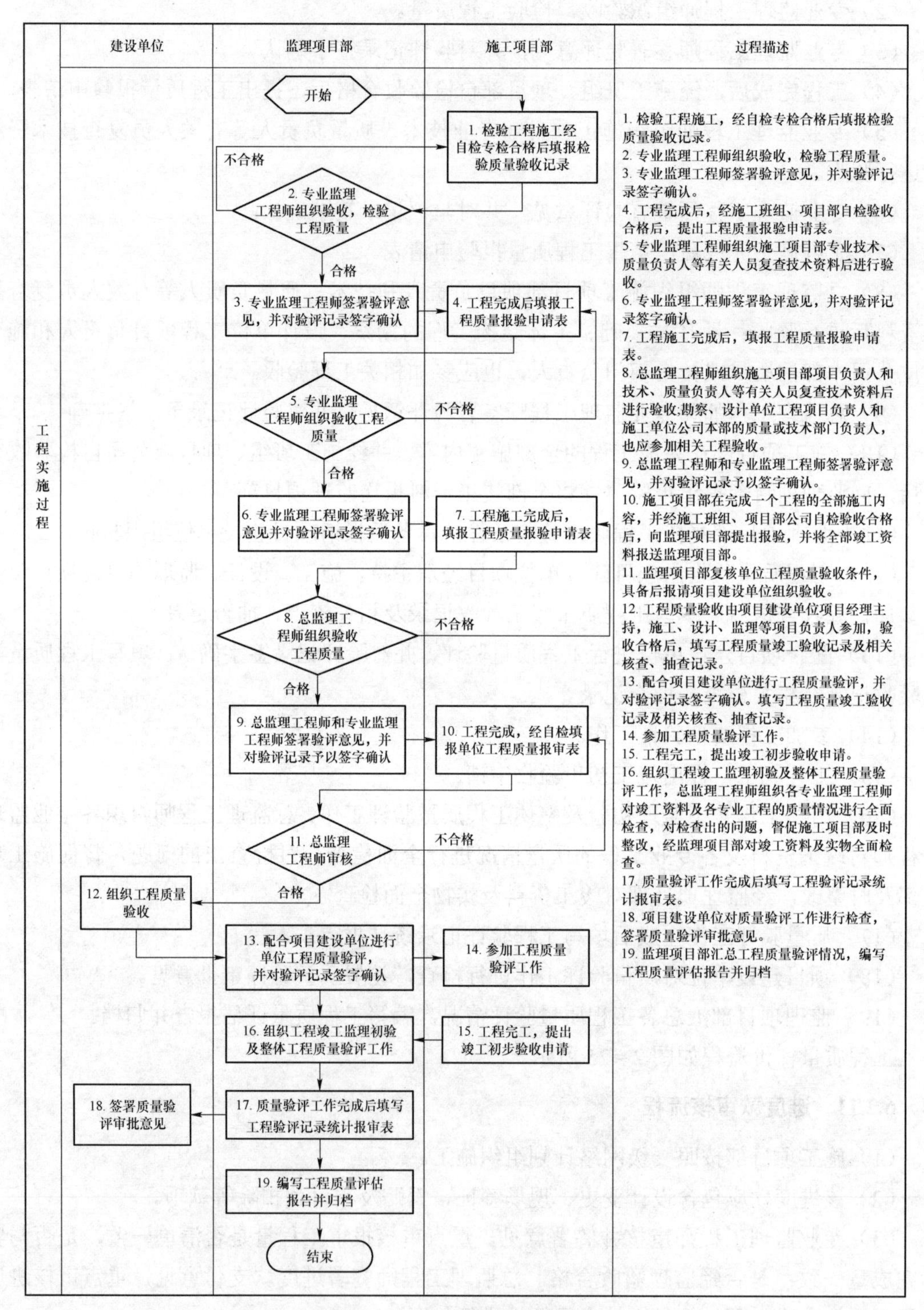

图 2-25　工程质量评价流程

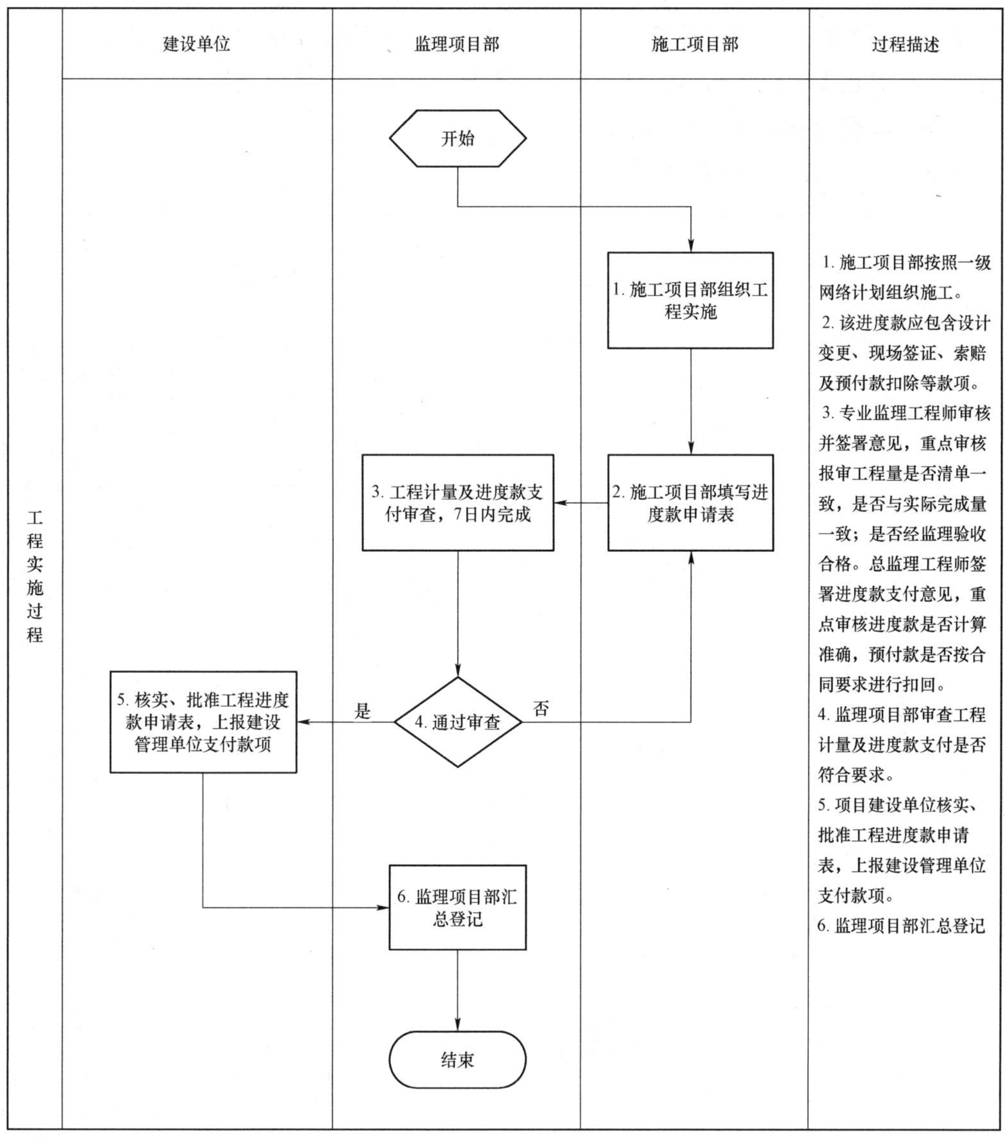

图 2－26　进度款审核流程

6.2.12　现场签证流程

（1）施工项目部向监理项目部提出现场签证申请。

（2）监理项目部接到申请后判断该签证是否涉及设计文件的变化。

（3）现场签证涉及设计文件变化则需转入设计变更流程。

（4）现场签证无变化时，与设计单位一起审查现场签证方案并报建设单位审批。

（5）项目建设单位接到现场签证方案后对方案进行审核并报建设管理单位审批。

（6）建设管理单位接到方案后按相关规定完成审批。

（7）项目建设单位组织实施签证方案。

（8）监理项目部接到批准的现场签证方案完成汇总，并督促施工项目部实施。

（9）施工项目部实施批准的现场签证方案，并向监理项目部报验。

（10）接到报验后监理项目部进行监理验收，并报项目建设单位进行会签。

（11）项目建设单位组织施工项目部、监理项目部、设计单位进行验收与现场会签。

（12）完成现场签证的整理归档。

现场签证流程如图2－27所示。

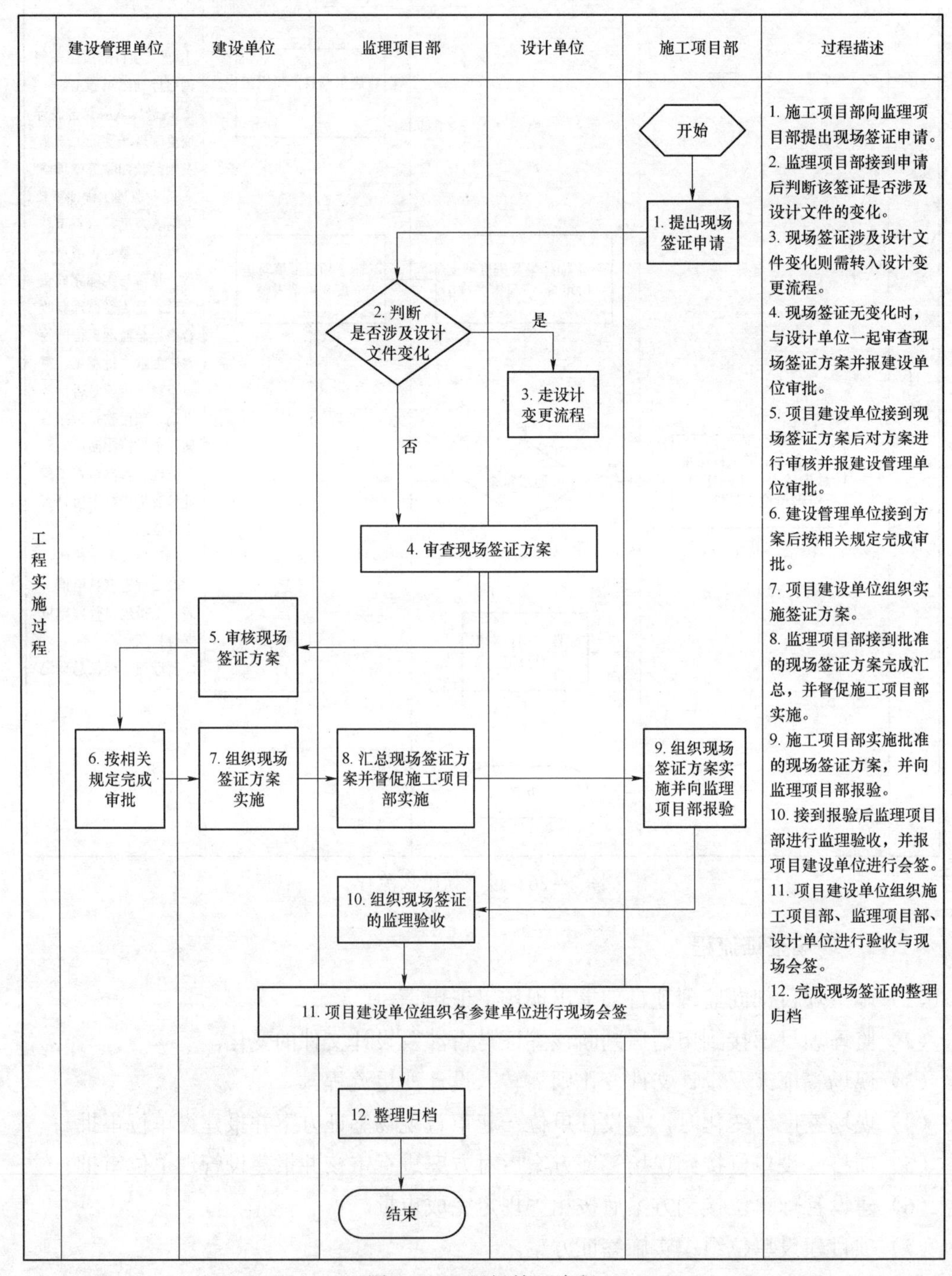

图2－27　现场签证流程

第三部分

工程竣工管理

为满足电力通信技改工程竣工阶段工作的需要，规范通信技改工程验收管理流程，确保工程竣工验收后通信系统保持安全稳定运行，特编写电力系统通信技改工程竣工管理。旨在加强通信技改工程建设管理，提高工程建设质量，规范通信技改工程竣工验收工作，确保通信技改工程安全、有序投运。通信技改项目的验收依据国家、行业及公司有关现行法规、标准、规程，按照工程设计文件、相关合同、主管部门有关文件及设备说明书进行。验收内容包括通信线路、设备及系统的施工质量、功能状况、性能指标、工程资料、备品备件以及通信机房环境等。

针对通信技改工程各阶段特点和技术要求，详细编录竣工验收规范和方法。从适用范围、引用标准、验收应具备条件及要求、验收前准备、验收卡、验收记录、验收签名记录等方面进行编制，保证了内容的实用性和可操作性。

本部分对通信技改项目竣工验收及投运过程中的竣工准备、工程验收后期、管理职责和管理流程等作出说明。

1 管理工作内容及方法

1.1 职责分工

1.1.1 建设单位管理职责

（1）项目管理部分。

a. 合同履约管理。工程竣工投运后一个月内，完成对设计、监理和施工单位合同执行以及履约情况总体情况。

b. 建设协调管理。参与工程预验收和启动验收并组织消缺，配合验收委员会办理通信技改项目启动验收证书。

c. 信息与档案管理。

1）根据档案标准化管理要求，收集、整理工程资料及数码照片，督促有关单位及时完成档案文件的汇总、组卷、移交（含电子档案）。

2）配合完成项目管理综合评价、工程结算、竣工决算和达标投产等工作。

（2）安全管理部分。

a. 项目竣工时，检查安全措施落实情况，按照档案管理要求，组织收集、归档施工过程安全及环境等方面的相关资料。

b. 项目竣工投产后，将项目安全管理总体策划的实施情况纳入工程建设管理总结。

（3）质量管理部分。

a. 督促施工单位完成竣工阶段自检工作及监理单位工程初检工作。

b. 督促监理单位填报工程验评记录统计报审表，签署工程质量验评审批意见。

c. 督促监理单位做好工程质量评估工作。

d. 督促施工单位、监理单位做好工程质量通病防治总结工作。

e. 参与竣工预验收、启动验收，督促相关单位完成各级验收提出问题的闭环整改工作。

f. 结合工程竣工预验收对标准工艺应用工作进行验收，组织各参建单位对标准工艺应用工作进行总结。

（4）造价管理部分。

a. 工程量管理。

竣工结算阶段，建设单位负责组织设计单位、施工单位、监理单位共同审核竣工工程量，编制完成竣工工程量文件和工程量变化情况分析报告，并提交建设管理单位。

b. 结算管理。

1）负责具体落实工程结算管理要求，参与工程建设过程结算，审核设计变更和现场签证，及时确认完工工程量。负责组织设计、施工和监理等单位提交工程结算资料，预审并向建设管理单位上报工程结算，配合工程结算相关工作。

2）负责提供申请调整概算或动用预备费所需的基础资料和分析材料。

3）负责在基建管理信息系统中上传审定后的竣工结算报告。

4）负责将工程结算资料向建设管理单位移交。

5）配合开展工程结算督察、检查管理工作。

c. 竣工决算配合管理。

配合建设管理单位财务、审计部门完成工程财务决算、工程审计、财务稽核以及固定资产转资等工作。

（5）技术管理。

参与工程竣工验收和安全、质量事故调查处理工作。开展施工图编制至竣工图移交阶段的设计质量评价。

1.1.2 监理单位管理职责

（1）项目管理。

a. 审核工程进度款支付申请，按程序处理索赔，参加竣工结算。

d. 配合检查、质量监督、竞赛评比等工作，完成自身问题整改闭环，监督施工单位完成问题整改闭环。

c. 组织开展监理初检工作，做好工程中间验收、竣工预验收、启动验收、试运期间的监理工作。

d. 项目投运后，及时对监理工作进行总结。

e. 负责质保期内监理服务工作，参加项目达标投产和创优工作。

f. 根据档案标准化管理要求，收集、整理工程资料及数码照片，督促施工单位及时完成档案文件的汇总、组卷、移交（含电子档案）。

g. 接受建设单位的综合评价。

（2）质量管理。

1）监理初检合格后，出具监理初检报告（见附录C中TSZL22），向建设管理单位提出工程质量工程竣工预验收申请（见附录C中TSZL24），报请建设管理单位组织竣工预验收。

2）收到施工单位工程质量报审表后，监理单位复核单位工程质量验收条件，具备后报请建设单位组织验收。单位工程质量验收由建设单位组织，施工（含分包单位）、设计、监理等单位项目负责人参加。监理单位及建设单位应填写审查意见，同时进行单位工程质量验评工作。

3）在监理初检的同时进行整体工程质量验评汇总工作，填写工程验评记录统计报审表（见附录C中TJZL1），并在竣工预验收前形成工程质量评估报告（见附录C中TJZL2），报建设单位。

4）土建交付安装中间验收完成后，督促施工项目部办理土建交付安装中间验收交接表，并签字确认。

5）参加竣工预验收，对验收中发现的问题，属施工单位的由其制订整改措施并实施，整改完毕后监理单位组织复查；属监理单位的由其自行整改，完毕后报建设单位审查。

6）工程完工后，应编写工程质量通病防治工作评估报告（见附录C中TJZL3）。

7）参加由验收委员会组织的启动验收，对验收中提出的问题和缺陷，督促责任单位进行整改后复检，参加工程启动会议。

8）整理、移交监理档案资料、数码照片资料。

9）依据委托监理合同的约定，对工程质量保修期内出现的质量问题进行检查、分析，参与责任认定，对修复的工程质量进行验收，合格后予以签认。

10）配合建设管理单位及上级有关部门组织的达标投产、优质工程等检查。

11）承担工程保修阶段的服务工作时，按照要求进行质量回访。

（3）造价管理。

a. 竣工结算阶段配合业主单位审核竣工工程量，编制完成竣工工程量文件。

b. 按监理合同约定提出监理费支付申请，配合完成监理费用的竣工结算。

c. 依据已审批的设计变更、现场签证、索赔申请等相关结算资料，提出监理意见并报送建设单位。

d. 协助建设单位完成工程竣工结算资料和竣工结算报告。

（4）技术管理。

对竣工图进行审核签字确认。

1.1.3 施工单位管理职责

（1）项目管理。

a. 配合建设管理单位完成合同的阶段性结算工作。

b. 工程竣工后，参与工程合同结算。

c. 质保期满后，提交保留金支付申请。

d. 根据档案标准化管理要求、数码照片采集管理要求及档案管理的目标要求，负责项目施工文件（含数码照片）的收集、整理及归档工作，确保文件的完整、字体规范、载体合格，及时完成项目施工文件的整理、组卷、编目。

e. 在项目竣工投产后1个月内，根据业主下发的档案管理要求，将整理规范的项目档案移交。

（2）质量管理。

1）在工程竣工预验收阶段，配合建设管理单位的标准工艺验收和应用评价工作。

2）接受各阶段质量监督检查，编写工程阶段施工质量情况汇报，完成整改项目的闭环管理，配合启动试运行工作。

3）按要求向建设管理单位提交竣工资料，向生产运行单位移交备品备件等，限期处理遗留问题。

4）编写工程总结质量部分，总结工程质量及标准工艺应用管理中的好的经验和存在的问题，分析、查找存在问题的原因，提出工作改进措施。

5）参与建设管理单位组织的工程达标投产考核和优质工程自检工作，配合公司完成优质工程复检、核检工作。

6）按合同约定实施项目投产后的保修工作。

（3）造价管理。

a. 配合建设单位完成合同的阶段性结算工作。

b. 竣工结算阶段，与建设单位、监理单位及设计单位共同核对竣工工程量，配合建设单位完成竣工工程量文件。

c. 配合本单位财务、审计部门完成工程财务决算、审计以及财务稽核工作。

1.2 竣工准备

1.2.1 通信技改项目竣工准备

通信技改项目竣工准备的主要任务如下：

（1）确定组织机构的设置及人员配备方案；

（2）制定通信技改项目竣工准备工作大纲、工作计划和实施细则；

（3）选派适合的通信专业人员进驻工程现场，跟踪了解工程进度和质量，提出优化意见和建议，落实技术监督和反事故措施要求；

（4）制定通信生产人员的培训计划并组织实施；

（5）制订现场运行规程、验收大纲、验收卡和有关通信技改项目生产管理制度；

（6）参加工程的预验收和竣工验收；

（7）参加工程的试运行工作；

（8）工程资料、备品备件等的接收及管理。

1.2.2 相关准备工作

相关准备工作的主要内容如下：

（1）运维单位应成立竣工准备工作小组，配备相应专业人员，启动竣工准备工作；

（2）运维单位竣工准备人员配置应满足工作要求，业务素质满足岗位要求，同时按要求进行专业培训；

（3）项目竣工准备工作应符合安全生产管理要求，相关生产管理制度、规程、标准、铭牌齐全完备；

（4）竣工准备人员在投运前应完成各项技术、物资的准备工作；

（5）应按照相关规范、标及管理制度要求计列竣工准备费，要求专款专用，确保各项竣工准备工作顺利开展。

通信技改项目应在工程投运前三个月确定运维单位，运维单位同期开始通信调度、方式管理、设备和通道命名、台账维护等竣工准备工作，并明确运维人员，参加系统调试、业务开通、试运行和移交。属地化运维机构负责制定现场运行规程和有关生产管理制度。

工程投入运行前两个月，建设单位应组织开展相关运维人员的技术交底及技术培训工作。运维单位应组织相关运维人员参加技术培训。建设单位应在通信技改项目投运前一周内组织对该项目运维单位的生产运行准备情况进行检查。备品备件等应齐全完好，并在通信技改项目正式投入运行前，由建设单位移交运维单位。

通信技改项目试运行后，正式投运前，由项目运维单位与施工单位共同负责通信系统、设备、电路等的故障处理。投运后，应由相应的运维单位负责运维管理。通信运维单位根据初步设计批复及通信网电路组织方案编制电路运行方式单，并配合建设单位协调关业务接入单位，依据业务接入分工界面，按照电路运行方式单接入相应业务。

建设单位应提供设备资料、施工资料、系统测试记录、竣工图纸等运行必备的资料，并于正式投入运行前移交运维单位。运维人员应提前参与试运行阶段工作，便于熟悉设备特性，参与编写或修订现场作业指导书。通过参加调试、试运行和竣工验收检查，运维人员应进一步熟悉操作，掌握设备特性，检查现场作业指导书是否符合实际情况，必要时进行修订；同时了解运维界面，并严格遵守运维相关规定。

运维单位应在项目投运前完成各项竣工准备工作。具体包括：运维人员上岗培训；编制现场作业指导书；建立设备资料档案、运行记录表格；配备各种仪器仪表、安全工器具、备品备件和保证安全运行的其他设施；参与编制调试方案和验收大纲；负责接受通信调度指令并进行各项运维操作。

1.3 项目验收及投运

1.3.1 工程验收组织和管理

（1）建设管理单位和运维单位按照职责分工，负责或参与所辖范围内通信技改项目的验收工作，确保工程中通信系统安全、优质、零缺陷投入运行。

（2）通信技改项目验收应依据国家、行业及公司有关现行法规、标准、规程，按照工程设计文件、技术协议、监理报告、相关合同、主管部门有关文件及设备技术资料进行。

（3）通信技改项目验收主要工作内容：检查工程实施情况、检查工程质量、检查工程文件，做出工程验收结论并对工程遗留问题提出处理意见。

（4）通信技改项目验收工作基本程序可分为随工验收、工程预验收、竣工验收三个部分。

1）随工验收应按工程实施顺序对隐蔽工程、设备材料、施工进度、施工（安装、调试、测试）质量、施工文件等进行检查和验收。施工单位进行隐蔽工程和特殊工程施工时，应向施工监理或建设单位申请随工验收，并应留有影像资料。

2）工程预验收可在通信光缆和设备安装、调试、测试基本完成且测试结果满足要求，配套设备可正常投入使用，工程文件基本整理完毕后组织进行。验收内容包括系统功能检查、系统技术指标测试、工程文件的完整性和准确性检查等。验收合格后，工程投入试运行可根据工程实际情况组织开展验收测试，验收测试可自行组织或委托具备相关资质的第三方机构进行，测试内容需涵盖工程的主要功能及性能技术指标对测试结果合格的出具验收测试报告，对测试结果不合格的应通知施工单位整改，并在整改后重新开展验收测试。验收测试报告应随工程竣工投产移交归档。

3）竣工验收是在试运行结束、遗留问题已处理完成或已有协商一致的处理意见、工程文件整理齐全、技术培训完成后组织进行。竣工验收内容包括：抽查复核系统性能技术指标；进行工程建设总结，向生产运维单位办理正式移交手续；签署竣工验收证书。竣工验收合格后，工程进入后期阶段。

（5）验收各阶段验收单位必须在验收后提供验收报告或相关纪要。验收报告中应包含缺陷列表、统计及分析、缺陷整改意见、缺陷处理时间、结果和责任单位，缺陷应闭环处理。

（6）系统试运行可由建设单位委托运维单位组织进行。试运行应按照试运行方案和系统调试大纲进行，工程试运行时间应不少于三个月。试运行完成后，应对各项设备进行全面检查，及时处理缺陷和异常情况。对暂时不具备处理条件而又不影响安全运行的项目，由验收委员会决定负责处理的单位和完成的时间。若设备制造存在质量缺陷，不能达到规定要求，由建设单位协调物资供应单位消除设备缺陷，施工单位应积极配合处理，并做出记录。试运行过程中，应对设备的运行情况和各项运行数据做出详细记录，并编制试运行报告。

（7）通信技改项目应根据验收结果给出移交意见和结论，明确建设单位和运维单位的责任。工程在竣工验收通过后正式移交运行，建设单位、运维单位代表应在工程移交生产交接书上签字。

（8）影响项目投运的所有缺陷处理工作必须在投运前完成。如有特殊原因致使工程投产时存在遗留问题，该问题不影响系统运行，同时在设备投运后，不需线路停电或设备停运，即可在规定的时间内安全地完成整改。

（9）项目验收文件范围包括整个工程全过程中形成的、应当归档保存的文件。按照工程验收阶段，同步进行文件材料（包括实体文件及电子文件）的移交工作。试运行前需移交的部分应提前移交。施工单位移交的资料由建设单位根据需要向运维单位分发。移交的资料包括设计文件、设计变更、光缆清册、设备产品资料、合格证、工厂产品试验检验记录、工程材料质量证明及检验记录、工程质量检查及缺陷处理记录隐蔽工程检查记录、设备安装调试记录、试验报告、由施工单位负责办理的全部协议文件、竣工图纸资料等。

（10）项目验收中应重点关注以下内容：

1）光缆线路：光缆线路杆塔资料，全程测试记录（包括 OTDR、光源和光功率计对测）；

2）与通信技改项目相关业务运行情况；

3）通信技改项目中的光缆线路、光通信设备、行政交换网设备、通信电源、机房环境和工程文件的详细验收要求见中华人民共和国国家发展和改革委员会颁布的《电力光纤通信工程验收规范》（DL/T 5344—2006）。

1.3.2 验收应具备条件及要求

验收应具备条件是指工程施工结束、相关测试完成、设备线路已完成试运行时，通信技改工程竣工验收应具备的基本条件。提供的验收资料包括工程立项资料、设计资料、施工组织资料、设备材料出厂检测记录、安装调试记录、各类配线资料、竣工图表、竣工报告等。验收前准备有，从人员及车辆要求、危险点分析、安全措施、验收工器具四部分着手进行验收前准备工作，要求合理安排验收人员，确保人员资格、身体状况、精神状态及专业知识方面满足验收工作要求。开展危险点分析与预控，落实各项安全组织措施，确保验收工作安全有序进行。对相关仪器仪表、工器具进行检查、校对，确保满足验收工作使用需求。

1.3.3 验收卡

验收卡罗列了验收项目、验收方法、技术要求等，指导现场验收工作。通信场站工程验收卡包括传输设备（含 PCM 设备）验收卡、配线设备（含数配、音配、光配）验收卡、通信电源系统验收卡、图像监控系统验收卡、接地防雷及环境验收卡等。通信线路工程验收卡包括通信管道验收卡、管道光缆验收卡、架空光缆验收卡、全介质自承式光缆（ADSS）验收卡、光纤复合架空地线（OPGW）验收卡、局（站点）光缆验收卡、光传输特性验收卡等。

1.3.4 验收记录及附录

验收记录用于记录验收过程中发现的工程缺陷及整改要求，并根据验收情况对通信技改工程进行客观、整体的评价，出具验收结论。应有验收签名记录，参加验收人员进行签名。附录部分收录了通信设备、光缆线路各相关技术指标及验收测试记录，包含了验收中所涉及的所有检查、测试项目。

1.3.5 主要验收内容

（1）工程验收主要工作内容为：

1）建设管理单位批准的设计实施情况。

2）工程进度和工程质量。

3）工程文件及归档工作。

4）做出工程验收结论并对验收遗留问题提出处理意见。

（2）工程验收主要依据为：

1）国家和行业标准。

2）公司或有关上级主管部门审查批准的工程初步设计文件及审定概算。

3）工程施工图纸。

4）设备招标技术规范书和采购合同。

5）工程建设单位与承接单位签订的合同或协议。

1.3.6 通信技改工程验收程序

（1）随工验收程序为：

随工验收应在光缆、附件、设备和材料运抵现场后，按工程实施顺序对工程施工进度、施工质量、施工文件进行检查和验收。

（2）预验收程序为：

1）应具备条件。光缆线路或设备安装、调试、测试基本完成，测试结果满足要求；配套设施可正常投入使用；工程文件基本整理完毕。

2）内容。检查工程完成情况、复核系统指标；检查工程文件；审议、通过预验收报告。

3）预验收通过后，系统进入试运行。

（3）竣工验收程序为：

1）试运行结束、遗留问题处理完毕、工程文件整理齐全后可进行竣工验收。

2）竣工验收内容包括：抽查复核系统性能技术指标；进行工程建设总结；向生产运行单位办理正式移交手续；移交工程文件；签署竣工验收证书。

3）工程通过竣工验收后，设备投入正式运行。

1.4 项目后期

工程后期主要包括通信技改项目的项目结算、竣工决算、项目审计、转增固定资产、项目归档等工作。

（1）项目竣工验收合格后，建设单位应依据相关合同，组织各参建单位完成设计、施工、监理、咨询、技术服务设备材料供应等相应分项结算。结算过程中应严格遵守工程结算管理规定。项目结算应包含项目支出的全部费用。

（2）建设单位应在规定的时间内将项目可研批复文件、初步设计批准概算、相关合同（项目设计、施工、监理、咨询、技术服务、设备材料采购、工程管理等合同）、分项结算等项目结算资料移交财务业务部门，办理项目竣工决算手续。

（3）建设单位应按照公司相关项目管理要求组织开展项目审计。

（4）建设单位按照相应管理制度及要求，完成竣工决算报告，及时办理固定资产转增。对于技改项目，建设单位应按照公司固定资产管理规定要求形成资产卡片，提交财务部门办理转资手续。

（5）建设单位负责工程档案归档的管理与组织协调，建设单位应按照国家及公司建设项目档案管理规定，组织各参建单位（部门）及时完成工程文件材料的收集整理及归档移交工作。

通信技改项目应按照公司有关项目管理要求，按时完成项目结算、竣工决算、项目审计和固定资产转增等工作，建设单位应在竣工验收完成当月向财务业务部门提交工作联系单，以便及时办理增资。

建设单位应根据项目具体情况，积极研究落实国家、地方和企业的各项政策，组织申报科技、工程等各类奖项，推动先进技术的推广应用。

项目投运后，建设管理单位应组织开展项目后评估工作，形成工程建设评估报告，为以后工程提供借鉴和参考。评估报告应包含建设单位和供应商基本信息、工程概况、工程质量评价、工程建设经验、存在的主要问题、对服务和设备供应商的评价等方面内容。

通信后评估管理要求如下。

（1）通信技改项目中应进行评估项目的类别包括：传输网、数据网、交换网、终端通信接入网、会议电视系统等在已建成投产，完成竣工验收，并连续运行一年以上或合同约定的质保期满后，方可进行后评估。

（2）被评估单位应为通信设备运维单位、建设单位、设备供应商、设计单位和监理单位。后评估工作应对项目本身进行评估，同时还应兼顾项目对通信网的安全性、可靠性、通信能力提升、疑难问题解决、科技进步等方面的影响进行评估。

通信技改项目后评估包括以下内容：经济效益评估、技术评估、使用效果评估、工程实施与管理评估、工程影响评估与持续性评估。经济效益评估应包括资金使用与分配合理性评估、投资总额评估；技术评估应包括技术方案合理性评估，技术先进性、实用性评估，技术兼容性评估，技术可推广性评估；使用效果评估应包括工程效果总体评价、设备运行状况评估、系统安全性评估、系统维护成本评估；工程实施与管理评估应包括工程实施进度评估、工程实施安全性评估、设备及原材料采购评估、工程实施质量评估、工程监理质量评估、工程管理评估、运行管理评估、系统维护手段建设与能力评估；工程影响与持续性评估应包括经济影响评估、社会影响评估、环境影响评估。综合评估是在经济效益评估、技术评估、使用效果评估、工程实施与管理评估、工程影响与持续性评估基础上对工程的综合性评价。

对于技改项目，根据计划选择性开展项目后评估工作，内容包括项目技术可行性、经济合理性、实施规范性、投资收益以及与预期目标的对比等。后评估工作原则上委托有相应资质的第三方实施，所反映的问题应及时在工作中予以改进。

1.5 检查考核

（1）为保证通信技改项目建设的顺利进行，提高工程验收及投运管理水平，通信技改项目应开展工程验收及投运评价与考核。

（2）建设管理单位逐级开展通信技改项目验收及投运评价与考核。

（3）建设管理单位对工程实施单位验收及投运工进行评价与考核，对验收管理工作不到位的单位，进行通报批评因验收不到位引发安全质量事件的，按照有关规定追究相关单位和人员的责任。

2 管理流程

2.1 竣工验收与启动工作管理流程

（1）建设单位按照项目进度实施计划，督促施工单位完成自检和监理单位完成初检。

（2）施工单位自检和消缺，监理初检和消缺，提出预验收申请。

（3）建设单位参加、配合竣工预验收，填写竣工预验收管控记录表。

（4）建设管理单位组织预验收。

（5）建设管理单位判断竣工预验收是否符合要求：

1）如果不符合，建设单位组织整改消缺。

2）监理单位监督施工单位完成预验收消缺。

（6）建设管理单位提出启动验收申请。

（7）启动验收前成立验收委员会并组织相关部门进行启动验收。

（8）检查启动验收是否符合要求：

1）如果不符合要求，建设单位组织整改消缺。

2）监理单位监督施工单位完成启动验收消缺。

（9）验收委员会出具启动验收报告。

（10）各有关单位汇报工程建设情况：

1）建管单位参加验收委员会会议并汇报工程建设相关内容。

2）建设单位参加验收委员会会议并编制建设单位验收委员会汇报工程建设相关内容。

3）设计、监理、施工等参建单位参加验收委员会并汇报。

（11）验收委员会召开会议审查启动方案。

（12）工程质量监检合格后，验收委员会组织工程启动。

（13）各有关单位参加工程启动工作：

1）建设管理单位参加工程启动。

2）建设单位配合启动工作，组织抢修工作。

3）施工单位配合启动工作负责抢修工作。

（14）验收委员会组织试运行工作。

（15）启动投运后，建设单位配合办理新设备投运申请表、新设备投运审批表、新设备投运现场检查表。

（16）建设单位组织编写工程建设管理总结；填写项目建设管理总结管控记录表。

竣工验收与启动工作管理流程如图 3－1 所示。

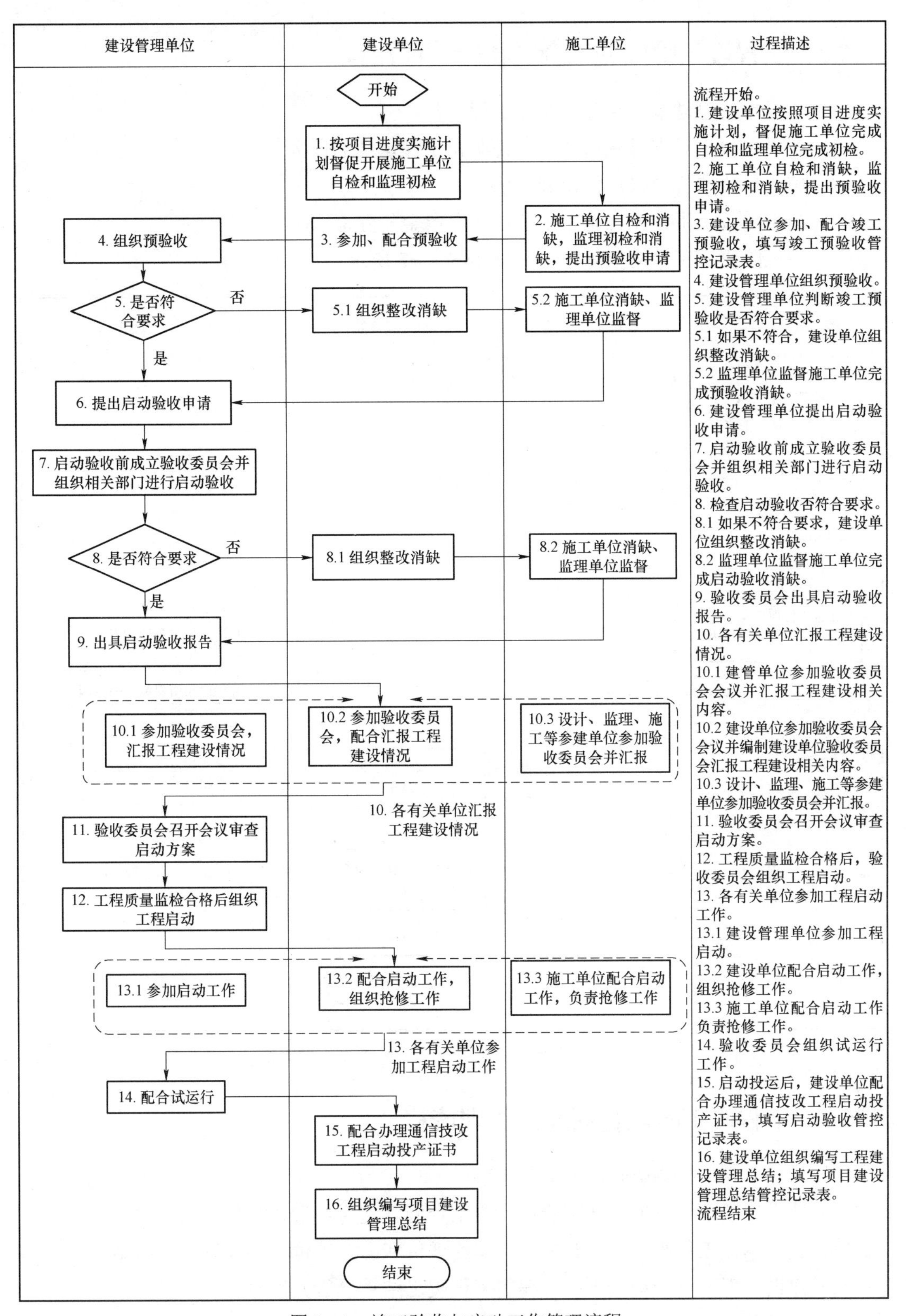

图 3-1　竣工验收与启动工作管理流程

2.2 工程竣工阶段施工合同执行管理流程

（1）建设单位办理竣工结算、制度工程尾款。

（2）建设单位审批支付保留金，并说明扣留保留金的原因。

（3）施工单位造价员报送保留金申请。

（4）施工单位负责人配合施工单位核实保留金扣除原因。

工程竣工阶段施工合同执行管理流程如图 3－2 所示。

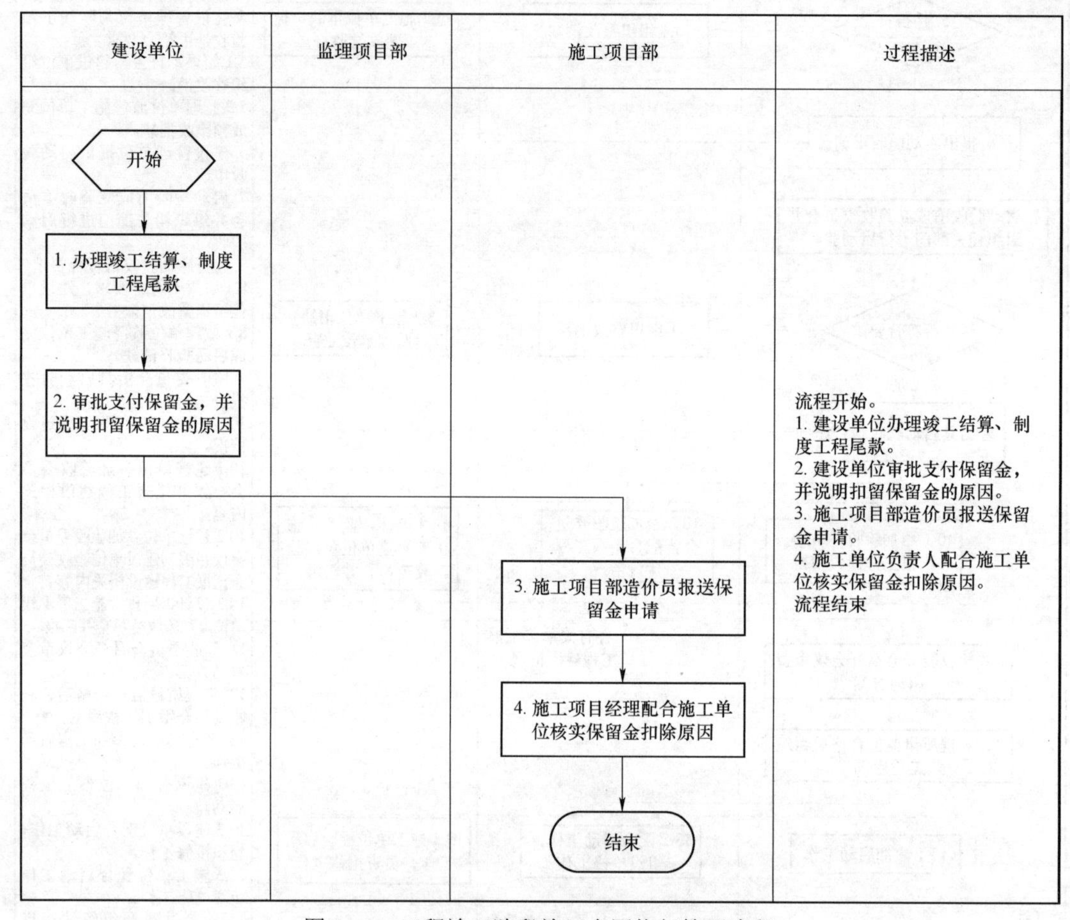

图 3－2 工程竣工阶段施工合同执行管理流程

2.3 工程竣工阶段合同履约管理流程

（1）物资部门审批物资合同款支付申请。

（2）建设管理单位审批设计、监理、施工合同款支付申请，支付合同款。

（3）建设单位工程竣工后，开展合同履约评价和综合评价，协助开展工程结算工作。

（4）建设管理单位工程竣工后，编制工程竣工结算报告并上报。

（5）建设单位质保期后，审核质保金支付申请。

（6）建设管理单位支付质保金。

工程竣工阶段合同履约管理流程如图 3－3 所示。

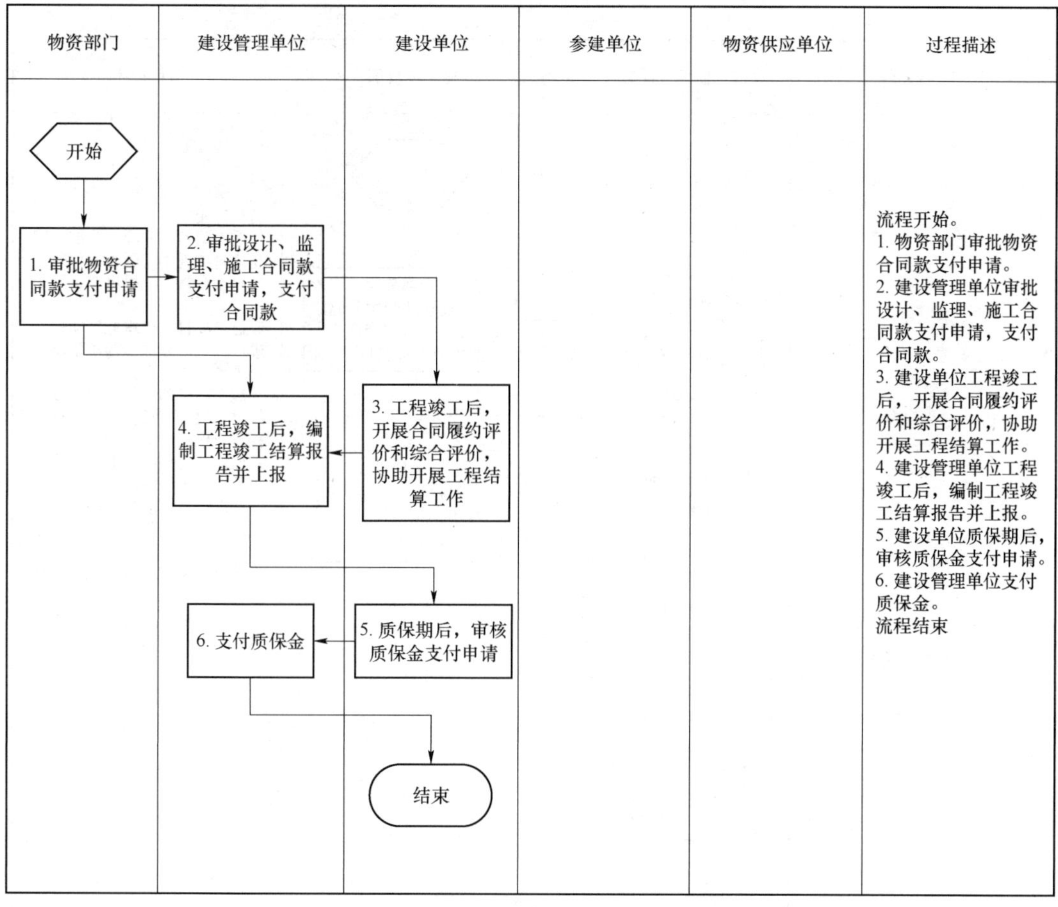

图 3－3　工程竣工阶段合同履约管理流程

2.4　工程质量通病防治流程

（1）施工单位依据建设单位下达的工程质量通病防治任务书编制质量通病防治措施。

（2）监理单位审查施工质量通病防治措施，提出要求并编制质量通病防治控制措施。

（3）建设单位审批施工单位编制的质量通病防治措施。

（4）各参建单位落实质量通病防治措施：

1）监理单位落实监理质量通病防治控制措施。

2）施工单位落实施工质量通病防治措施。

（5）建设单位在各类检查中加强对质量通病防治工作的检查。

（6）各参建单位做好质量通病防治工作总结：

1）监理单位工程完工编制工程质量通病防治工作评估报告。

2）施工单位工程完工编制工程质量通病防治工作总结。

工程质量通病防治流程如图 3－4 所示。

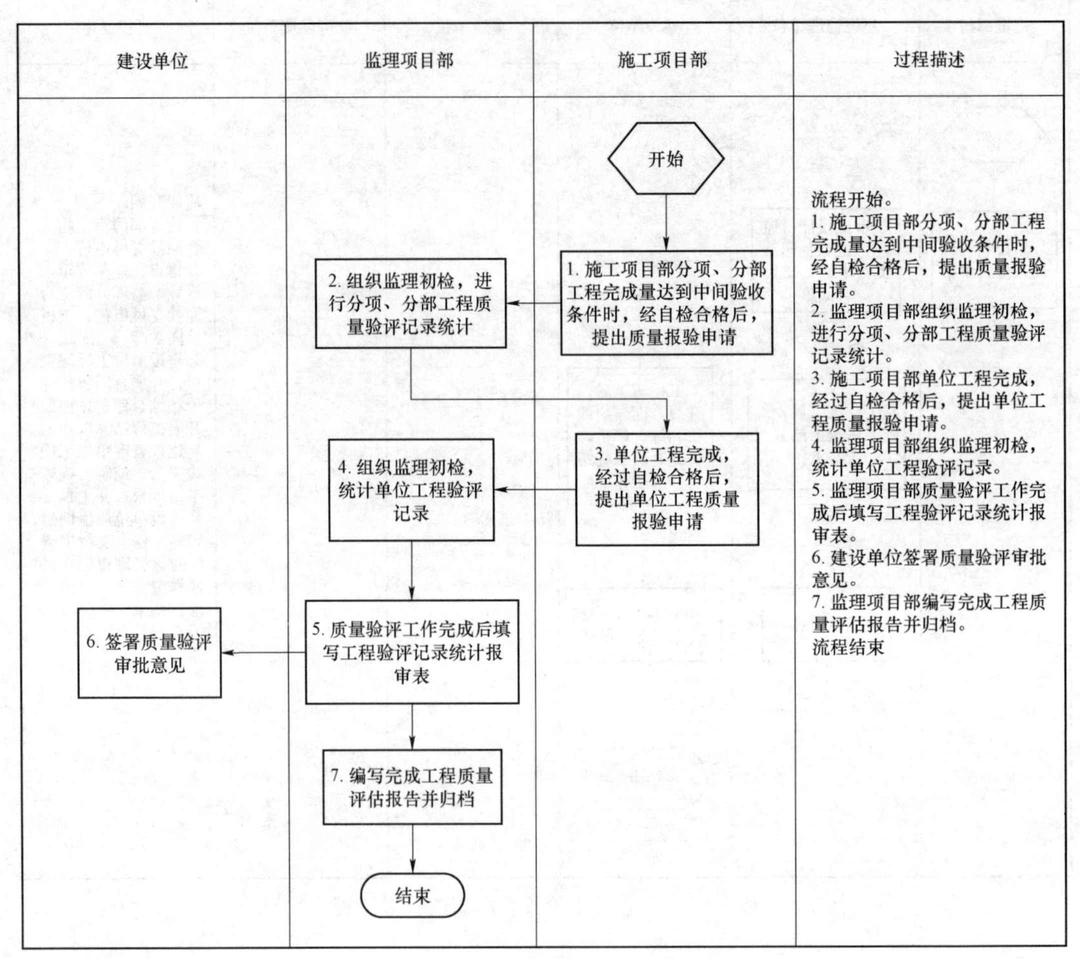
建设单位
监理项目部
施工项目部
过程描述
开始
1. 施工项目部分项、分部工程完成量达到中间验收条件时，经自检合格后，提出质量报验申请
2. 组织监理初检，进行分项、分部工程质量验评记录统计
3. 单位工程完成，经过自检合格后，提出单位工程质量报验申请
4. 组织监理初检，统计单位工程验评记录
5. 质量验评工作完成后填写工程验评记录统计报审表
6. 签署质量验评审批意见
7. 编写完成工程质量评估报告并归档
结束
流程开始。
1. 施工项目部分项、分部工程完成量达到中间验收条件时，经自检合格后，提出质量报验申请。
2. 监理项目部组织监理初检，进行分项、分部工程质量验评记录统计。
3. 施工项目部单位工程完成，经过自检合格后，提出单位工程质量报验申请。
4. 监理项目部组织监理初检，统计单位工程验评记录。
5. 监理项目部质量验评工作完成后填写工程验评记录统计报审表。
6. 建设单位签署质量验评审批意见。
7. 监理项目部编写完成工程质量评估报告并归档。
流程结束

图 3－4　工程质量通病防治流程

2.5　工程验收阶段标准工艺应用管理流程

（1）施工单位标准工艺实施完成并经自检合格。

（2）标准工艺验收评价及考核。

（3）在工程总结中对标准工艺实施工作进行总结。

工程验收阶段标准工艺应用管理流程如图 3－5 所示。

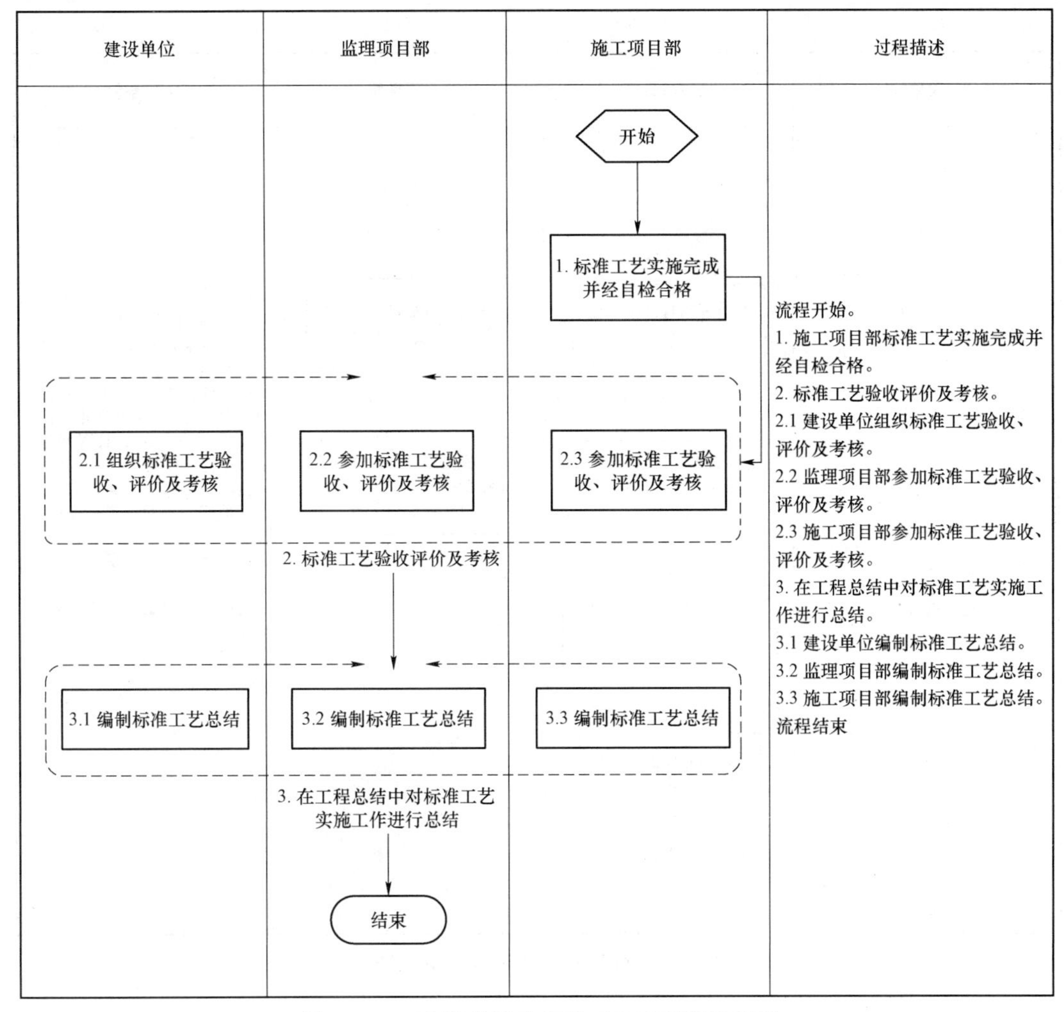

图 3－5　工程验收阶段标准工艺应用管理流程

2.6　工程竣工阶段工程质量验评流程

（1）施工项目部经自检合格后，提出质量报验申请。

（2）监理项目部组织监理初检。

（3）施工项目部经过自检合格后，提出单位工程质量报验申请。

（4）监理项目部组织监理初检，统计单位工程验评记录。

（5）监理项目部质量验评工作完成后填写工程验评记录统计报审表。

（6）建设单位签署质量验评审批意见。

（7）监理项目部编写完成工程质量评估报告并归档。

工程竣工阶段工程质量验评流程如图 3－6 所示。

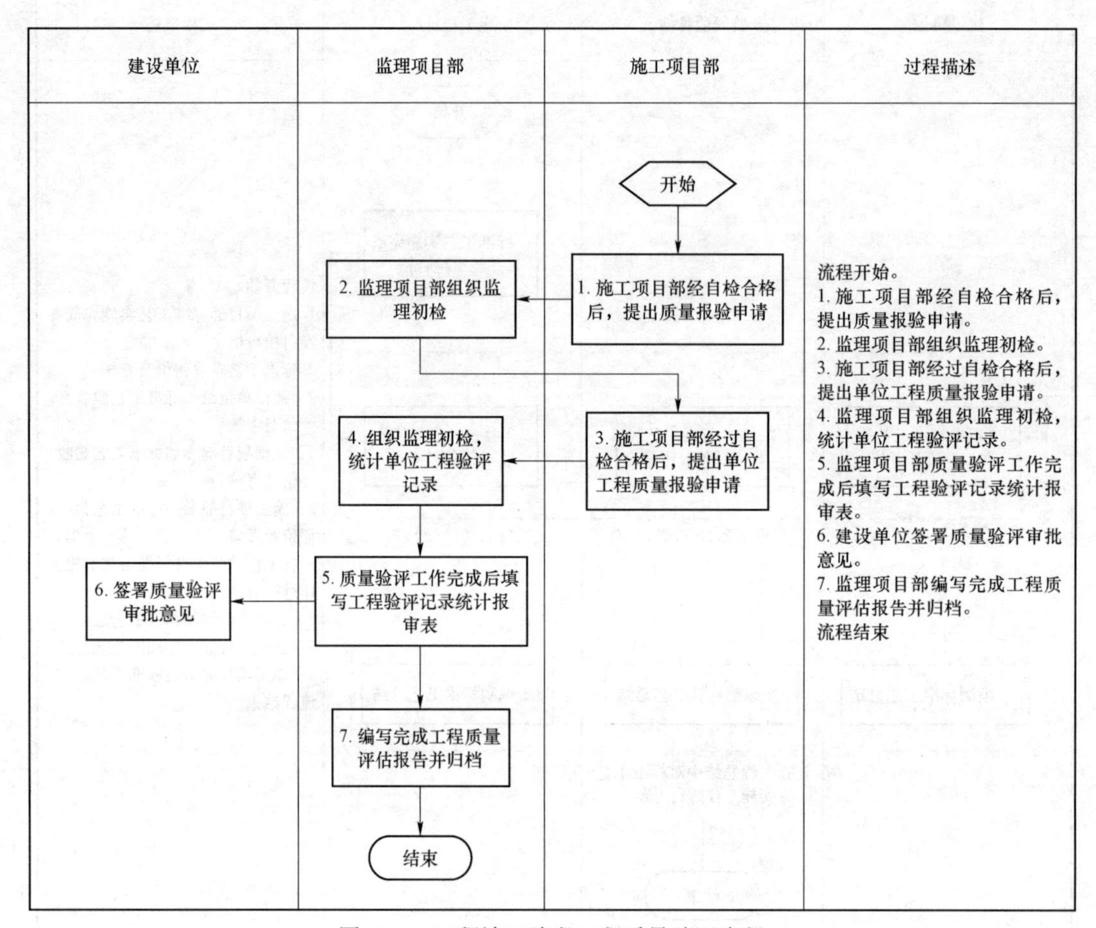
建设单位
监理项目部
施工项目部
过程描述
开始
1. 施工项目部经自检合格后，提出质量报验申请
2. 监理项目部组织监理初检
3. 施工项目部经过自检合格后，提出单位工程质量报验申请
4. 组织监理初检，统计单位工程验评记录
5. 质量验评工作完成后填写工程验评记录统计报审表
6. 签署质量验评审批意见
7. 编写完成工程质量评估报告并归档
结束
流程开始。
1. 施工项目部经自检合格后，提出质量报验申请。
2. 监理项目部组织监理初检。
3. 施工项目部经过自检合格后，提出单位工程质量报验申请。
4. 监理项目部组织监理初检，统计单位工程验评记录。
5. 监理项目部质量验评工作完成后填写工程验评记录统计报审表。
6. 建设单位签署质量验评审批意见。
7. 监理项目部编写完成工程质量评估报告并归档。
流程结束

图 3－6　工程竣工阶段工程质量验评流程

2.7　工程竣工阶段工程量管理流程

（1）建设单位汇总竣工工程量文件，报建设管理单位审核。

（2）建设单位审核竣工工程量文件，上报建设管理单位审批。

（3）建设管理单位审批竣工工程量文件。

（4）建设单位工程量文件移交。

工程竣工阶段工程量管理流程如图 3－7 所示。

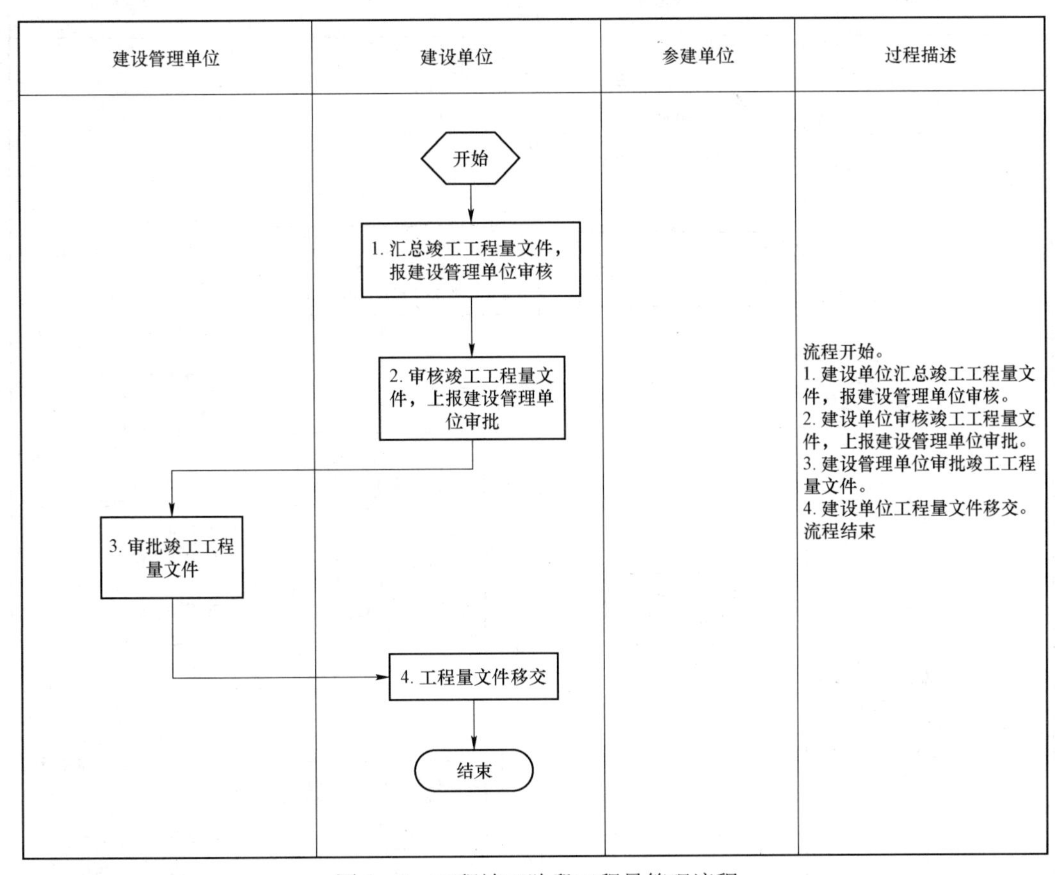
建设管理单位
建设单位
参建单位
过程描述
开始
1. 汇总竣工工程量文件，报建设管理单位审核
2. 审核竣工工程量文件，上报建设管理单位审批
3. 审批竣工工程量文件
4. 工程量文件移交
结束
流程开始。
1. 建设单位汇总竣工工程量文件，报建设管理单位审核。
2. 建设单位审核竣工工程量文件，上报建设管理单位审批。
3. 建设管理单位审批竣工工程量文件。
4. 建设单位工程量文件移交。
流程结束

图 3－7　工程竣工阶段工程量管理流程

2.8　竣工结算流程

（1）建设单位负责组织开展竣工结算工作。

（2）施工单位在规定时间内完成竣工结算书编制并上报建设单位初审。

（3）参建单位在工程竣工验收后向建设单位提交工程结算资料：

1）计划、科技、财务等相关管理部门在工程竣工验收后，向建设单位提供可研及建贷利息等费用结算资料。

2）物资管理部门在工程竣工验收后向建设单位提供物资采购费用等结算基础资料。

3）设计、监理、咨询等参建单位在规定时间内编制完成并提交结算资料。

（4）收集、预审并向建设管理单位上报工程结算资料。

（5）建设管理单位在规定时间内编制完成并上报工程结算报告。

（6）建设管理单位在规定时间内召开会议审批竣工结算文件。

（7）建设管理单位省按审批意见形成最终工程结算文件并移交财务管理部门。

（8）结算资料移交建设管理单位。

竣工结算流程如图 3－8 所示。

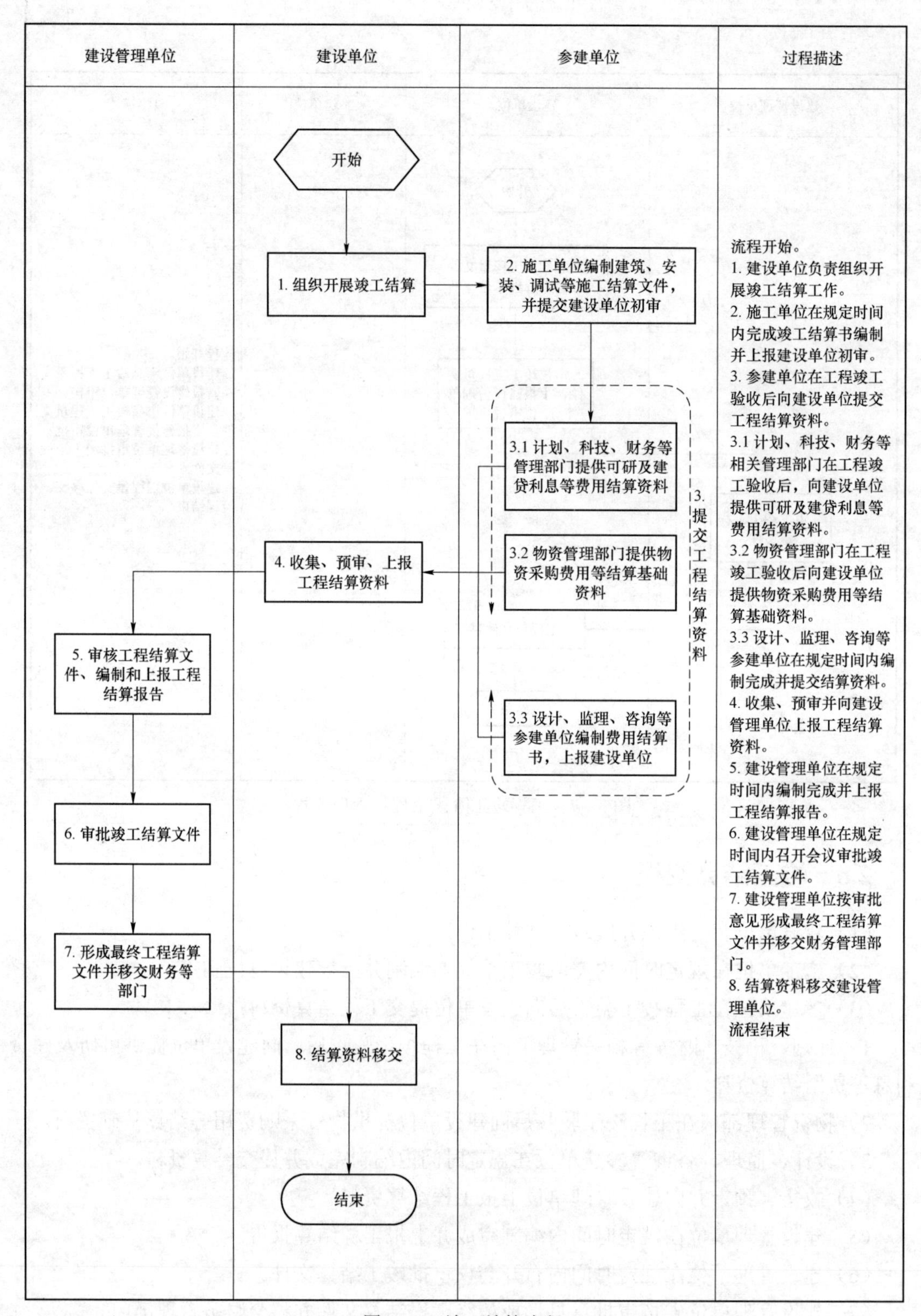
建设管理单位
建设单位
参建单位
过程描述
开始
1. 组织开展竣工结算
2. 施工单位编制建筑、安装、调试等施工结算文件，并提交建设单位初审
3.1 计划、科技、财务等管理部门提供可研及建贷利息等费用结算资料
3.2 物资管理部门提供物资采购费用等结算基础资料
3.3 设计、监理、咨询等参建单位编制费用结算书，上报建设单位
3. 提交工程结算资料
4. 收集、预审、上报工程结算资料
5. 审核工程结算文件、编制和上报工程结算报告
6. 审批竣工结算文件
7. 形成最终工程结算文件并移交财务等部门
8. 结算资料移交
结束
流程开始。
1. 建设单位负责组织开展竣工结算工作。
2. 施工单位在规定时间内完成竣工结算书编制并上报建设单位初审。
3. 参建单位在工程竣工验收后向建设单位提交工程结算资料。
3.1 计划、科技、财务等相关管理部门在工程竣工验收后，向建设单位提供可研及建贷利息等费用结算资料。
3.2 物资管理部门在工程竣工验收后向建设单位提供物资采购费用等结算基础资料。
3.3 设计、监理、咨询等参建单位在规定时间内编制完成并提交结算资料。
4. 收集、预审并向建设管理单位上报工程结算资料。
5. 建设管理单位在规定时间内编制完成并上报工程结算报告。
6. 建设管理单位在规定时间内召开会议审批竣工结算文件。
7. 建设管理单位按审批意见形成最终工程结算文件并移交财务管理部门。
8. 结算资料移交建设管理单位。
流程结束

图 3－8　竣工结算流程

3 验收标准

3.1 光缆线路验收

通信光缆线路是通信站点之间的传输媒介，承载着调度电话、行政电话、继电保护通道、自动化通道、“95598”系统、图像监控系统、电量采集、在线监测、会议电视、管理网、实时网等多种业务。通信光缆线路工程的质量好坏将直接影响到下一阶段通信电路的开通和业务接入工作，是通信技改工程建设的基础。光缆线路验收标准化作业指导书包括普通架空光缆、普通管道光缆（含通信管道）、全介质自承式光缆（ADSS）、光纤复合架空地线（OPGW）（含接续盒及余缆安装部分）工程的验收。验收时主要从光缆施工工艺质量及光缆传输特性两方面进行。

本小节适用于电力光纤复合架空地线（OPGW）和与电力线路同杆架设的全介质自承式光缆（ADSS）线路工程的技术验收工作。其他类型光缆线路工程的验收参照本规定及国家有关标准执行；本章规范了光缆线路中通信部分的验收，对电力线路部分的验收按照输电线路验收的有关规定执行。光缆线路通信部分的验收范围为端到端光纤配线架（ODF）、OPGW、ADSS、导引光缆、接续盒的工程质量及工程文件；光缆线路验收分随工验收、预验收和竣工验收三部分。

3.1.1 验收内容

随工验收具体内容如下：

（1）按采购合同对运到现场的光缆及金具进行开箱检验，对与采购合同不符或损坏的设备要记录并取证（拍照或摄像）。

（2）在光缆架设之前，应对每盘光缆进行单盘测量，测量结果应满足合同要求。

（3）光缆、金具、接续盒及余缆架安装质量检查。

（4）改造线路分流线安装质量检查。

（5）导引光缆敷设安装质量检查。

（6）ODF 安装质量检查。

（7）区段光纤全程衰减、后向散射信号曲线、色散指标测量。区段指相邻 ODF 之间的光缆线路。

预验收要求如下：

（1）检查随工验收的各项质量记录及有关问题的处理情况。

（2）根据施工图设计，复核光缆走向、敷设方式、接头盒设置和环境条件（如 ADSS 跨越公路、桥梁等安全距离）。

（3）对中继段光纤指标进行抽测。中继段指相邻光通信站之间的光缆线路。

（4）检查光缆线路配盘图。

（5）检查工程文件的完整性、准确性。

竣工验收要求如下：

（1）检查中继段光纤指标测量记录。

（2）进行工程移交。

3.1.2 OPGW 线路验收要求

（1）开箱检验。按采购合同对运到现场的光缆及金具进行开箱检验。

（2）单盘测量。光缆单盘测量包括对光缆盘长、光纤衰减和后向散射曲线指标进行测量，测量结果应符合合同要求。检验合格后，方可进行架设工作。

（3）光缆架设质量检查内容如下：

a. 光缆架设后不得出现光缆外层单丝损伤、扭曲、折弯、挤压、松股、鸟笼、纤芯回缩等现象。

b. 光缆弧垂允许偏差不得大于±2.5%，大跨越弧垂允许偏差不得大于±1%。

（4）光缆配套金具安装要求如下：

a. 耐张预绞丝缠绕间隙均匀，绞丝末端应与光缆相吻合，预绞丝不得受损。

b. 悬垂线夹、预绞丝间隙均匀，不得交叉，金具串应垂直地面，顺线路方向偏移角度不得大于 5°，且偏移量不得超过 100mm。

c. 防振锤安装尺寸、力矩应满足以下条件：

安装距离偏差≤±30mm；

螺栓紧固力矩≤4.9kN·cm；

安装位置、数量、方向和垂头朝向符合设计要求。

（5）螺栓、销钉、弹簧销子穿入方向：顺线路方向宜向受电侧，横线路方向宜由内向外，垂直方向宜由上向下。

（6）金具上的开口销子直径必须与孔径配合，开口角度不小于 60°，弹力适度。

（7）直通型耐张杆塔跳线在地线支架下方通过时，弧垂为 400±100mm；从地线支架上方通过时，弧垂为 150～200mm。

（8）专用接地线一端与铁塔相接，另一端通过接地片或并沟线夹与光缆连接，连接部位应接触良好。

（9）引下线要求如下：

a. 引下线应顺直美观，每隔 1.5～2m 安装一个固定卡具。

b. 引下线弯曲半径应不小于 40 倍的光缆直径。

（10）余缆架要求如下：

a. 余缆架应固定可靠，余缆盘绕直径为 0.8～1.0m。

b. 余缆盘绕应整齐有序，不得交叉和扭曲受力，捆绑点应不少于 4 处，预留量应为塔高加 10m。

（11）接续盒要求如下：

a. 接续盒安装应符合设计要求，并安装在余缆架下方，站内接续盒安装高度宜为1.5～2m。

b. 接续盒宜采用帽式，安装固定可靠、无松动，防水密封措施良好。

c. 光纤接续色谱宜对应无误。

d. 单点熔接损耗值应小于0.05dB，并应在接续盒内放有光缆接续点熔接记录。

（12）导引光缆要求如下：

a. 进入机房的导引光缆应采用非金属光缆。

b. 由接续盒引下的导引光缆至电缆沟地埋部分应穿热镀锌钢管保护，钢管两端做防水封堵。

c. 导引光缆在电缆沟内部分应穿管保护并分段固定。

d. 导引光缆应有标识牌。

e. 导引光缆敷设弯曲半径满足设计要求。

（13）光纤配线架（ODF）要求如下：

a. ODF安装位置应满足设计要求。

b. 光缆进入ODF架后，应可靠固定。

c. 熔纤盘内裸纤盘留量不少于500mm，弯曲半径不小于30mm。

d. 尾纤弯曲半径不小于40mm。

e. 光纤连接线用活扣扎带绑扎，松紧适度。

f. 标识应整齐、清晰、准确。

（14）光缆施工完毕应进行双向全程测量，测量项目包括光纤损耗、色散技术指标，测量结果应满足合同要求。具体内容如下：

光缆全程单向损耗测量时，应同时提供后向散射信号曲线及事件表，并根据测量结果计算出双向全程平均损耗。

（15）光缆线路配盘图。应绘制由A端ODF经导引光缆至构架，沿线所有耐张塔（接续点）到B端ODF的光缆线路配盘图，图中应标明导引光缆长度、每盘光缆架设长度、接续盒所在位置及挂高等参数。

（16）改造线路分流线。安装过程中，对改造线路分流线进行安装质量检查。

3.2 通信设备验收

传输设备性能功能检测包含电源及设备告警功能检查、光接口检查与测试、电接口检查测试、系统误码性能测试、系统抖动性能测试、时钟选择倒换功能检查、公务电话系统检查、保护倒换功能检查、环回功能检查、光通道储备电平复核、网管连接网元功能检查等。SDH性能指标应包含对光接口参数进行测试。

本小节适用于光纤传输系统中同步数字传输体系设备（SDH）、SDH网管系统、波分复用设备（WDM）、光放大器（OA）、脉冲编码调制设备（PCM）；程控交换机设备；通信电源系统；数字配线架（DDF）、音频配线架（VDF）的验收。

3.2.1 设备验收工作

设备验收工作分为随工验收、预验收、竣工验收三个阶段。

（1）随工验收工作包括设备开箱检验、机架安装质量检查、配线架安装质量检查、单机技术指标测试四部分内容。随工验收时应按本规定的检查项目逐站、逐台、逐项进行。

（2）预验收工作包括系统功能检查、系统技术指标测试、汇总整理工程文件三部分内容。

（3）竣工验收工作包括系统主要功能抽查、重要技术指标抽测（复核）、工程文件移交三部分内容。主要功能抽查项目可包括 SDH 网管系统、系统保护倒换、时钟选择倒换。重要技术指标抽测（复核）项目可包括系统误码性能、光通道储备电平。

3.2.2 设备开箱检验要求

（1）根据设备采购合同和设备装箱（验货）清单对到站设备进行检查记录。对损坏的设备要详细记录并取证（拍照或摄像）。

（2）施工单位根据设备开箱检验结果编写设备开箱检验报告。

3.2.3 SDH 设备单机技术指标测试及功能检查

SDH 设备单机技术指标测试及功能检查项目包括电源及设备告警功能检查、光接口检查与测试、电接口检查与测试。

（1）电源及设备告警功能检查内容：

a. 依据设备出厂检验报告检查设备直流供电系统能够承受的外电压波动范围。

b. 配有热备份的直流电源盘保护倒换时不得影响设备正常工作。

c. 依据设备出厂检验报告，重点检查以下告警项目：电源故障；机盘失效；机盘缺少；参考时钟失效；信号丢失（LOS）；帧丢失（00F）；指针丢失（LOP）；信号误码门限；激光器自动关闭（ALS）；机盘保护倒换。

d. 根据检查结果填写电源及设备告警功能检查表。

（2）光接口检查与测试内容：

a. 155Mbit/s、622Mbit/s、2.5Gbit/s、10Gbit/s 设备光接口各项指标（Ⅰ和Ⅱ类）检查测试结果均应满足附件 3 表 3－1－表 3.8 的要求。在 ODF 架上进行设备光接口技术指标测试时，允许引入不大于 0.5dB 的插入损耗。

b. 根据设备出厂检验报告，检查光接口下列指标测试记录。消光比；激光器工作波长；最大均方根谱宽；最小－20dB 谱宽；最小边模抑制比；光接口回波损耗；发送信号眼图。

c. 光接口测试项目：平均发送光功率；接收机收信灵敏度；接收机过载光功率。

d. 根据测试检查结果填写 SDH 设备单机性能检测记录。

（3）电接口检查与测试内容：

a. 根据设备出厂检验报告，检查下列电接口指标测试记录。

输入口允许衰减；

输出口信号（包括 AIS）比特率；

PDH 接口输出信号波形和参数；

STM－1e 输出信号眼图；

接口回波损耗。

b. 输入口允许频偏指标测试。

c. 根据检查测试结果填写 SDH 设备单机性能检测记录。

3.2.4 SDH 系统性能测试及功能检查内容

系统性能测试包括系统误码性能、系统抖动性能测试及光通道储备电平复核。

系统功能检查包括公务电话系统、时钟选择倒换功能、系统保护倒换功能及信号环回功能检查。

（1）系统误码性能测试（155Mbit/s 或 2Mbit/s 支路口）内容：

a. 系统误码性能测试采用短期系统误码指标，测试时间分为 24 小时和 15 分钟两种。

b. 系统误码指标测试位置：155Mbit/s 或 2Mbit/s 支路口；凡两端均不连接 155M 复用设备和一端连接 155M 另一端不连接 155M 的复用设备，均只在 155Mbit/s 支路口测试。

c. 测试通道数量：每个 622M 系统测试 2 个 155Mbit/s 支路口；每个 155Mbit/s 系统测试 1 个 2Mbit/s 支路口；凡未进行 24 小时测试的支路口均应进行 15 分钟误码测试。

（2）系统抖动性能测试。

（3）时钟选择倒换功能检查。

（4）公务电话系统检查。

（5）保护倒换功能检查内容：

保护倒换准则检查是检验系统在保护倒换条件发生时能否成功地实现保护倒换。当系统发生下列任一故障时系统应进行自动保护倒换：

信号丢失（LOS）；

帧丢失（LOF）；

告警指示信号（AIS）；

误码超过门限；

指针丢失（LOP）。

（6）环回功能检查表。

3.2.5 SDH 网管系统检查检查项目为网管软、硬件配置检查和网管功能检查

（1）网管配置检查。根据采购合同软件、硬件配置清单，核对网管软、硬件配置情况。

（2）网管功能检查内容如下：

a. 告警管理功能检查；

b. 故障管理功能检查；

c. 安全管理功能检查；

d. 配置管理功能检查；

e. 性能管理功能检查。

（3）SDH 网元级网管系统检查。

3.2.6 光放大器验收

对于独立于 SDH 机架以外、单独安装的光放大器，其技术指标测试项目包括输入功率范围、输出功率范围、最大总输出功率测试。光放大器技术指标、测试方法参见《光纤放大器试验方法基本规范　第 2 部分：功率参数的试验方法》（GB/T 16850.2—1999）。

3.2.7 光波分复用设备验收内容

光波分复用设备（WDM）光通路测试项目应单独测试。其他项目测试及验收可参照本规定前述相关章节执行。

波分复用设备光通路测试项目包括发信机每条光通路发送信号的波长、发送功率、总发送功率、最大发送通路功率差；收信机每条光通路接收信号的波长、接收功率、总接收功率、最大接收通路功率差；光监控通路（OSC）信号的波长、发送光功率；波长转换器（OTU）输入/输出信号波长，输出光功率、收信灵敏度、收信过载光功率。

波分复用设备光通路技术指标测试时，必须对每条光通路的各项技术指标进行逐项测试。测试时应注意合理选择波长分析仪、光谱分析仪、光功率计的测量范围及测量精度。

3.2.8 脉冲编码调制设备验收包括常规脉冲编码调制设备（PCM）单机、系统技术指标测试及功能检查，以及智能化 PCM 设备和综合接入设备特殊功能检查。其它项目的测试及验收方法可参照本规定前述相关章节执行。

（1）PCM 单机技术指标测试如下：

a. 2M 接口测试；

b. 电流电压测试。

（2）系统技术指标测试及功能检查主要项目包括音频通道技术指标测试及功能检查、数据通道功能检查。

a. 音频通道发/收电平测试及信令功能检查要求：

二/四线音频通道发、收信支路电平的测试结果应符合设备维护手册技术要求；

连接交换机和电话机，检查 FXO 和 FXS 接口的信令功能；

模拟发送 M 线信令，检查 E 线信令接收功能；

每对 PCM 设备的音频通道测试及检查数量应大于 50%。

b. 64K 数字通道误码率测试结果应满足设计要求。

（3）智能化 PCM 设备特殊功能检查要求：

a. 2M 通道保护倒换功能检查；

b. 话路时隙交叉连接功能检查；

3.2.9 程控交换设备验收

程控交换设备验收应包括系统性能测试包括系统启动、系统交换功能测试及系统维护。

（1）系统的建立功能：

a. 系统初始化；

b. 系统数据、交换数据自动、人工再装入；

c. 系统自动、人工再启动。

（2）系统的交换功能：

a. 市话出、入局（包括移动局）呼叫；

b. 国内、国际长途来、去（转）话呼叫；

c. 专网系统汇接呼叫；

d. 专网系统中继局间定向呼叫；

e. 计费功能，检查计费数据符合计费要求、观察计费准确率；

f. 非话业务；

g. 特种业务呼叫；

h. 新业务性能；

i. ISDN 功能。

（3）系统的维护管理功能：

a. 软件版本检查，是否符合合同规定；

b. 人机命令核实；

c. 告警系统测试；

d. 话务观察和统计；

e. 例行测试；

f. 中继线和用户线的人工测试；

g. 用户数据、局数据生成规范化检查和管理；

h. 故障诊断；

i. 冗余设备的自动倒换；

j. 输入、输出设备性能测试。

（4）系统的信号方式及网络支撑：

a. 用户信号方式（模拟、数字）；

b. 局间信令方式（随路、共路）；

c. 系统的网同步功能；

d. 系统的网管功能。

（5）障碍率测试。

（6）性能测试：

a. 市话呼叫；

b. 国内、国际长途呼叫；

c. 专网呼叫；

d. 特种业务和录音通知；

e. 非话业务；

f. 局间信令与中继测试；

g. 接通率测试；

h. 维护管理和故障诊断；

i. 数字网的同步与连接；

j. 处理能力、过负荷测试。

3.2.10 机架安装验收要求

（1）机架安装位置、子架面板布置符合设计要求。

（2）机架安装端正牢固，垂直偏差应不大于机架高度的1‰。

（3）列内机架应相互靠拢，机架间隙应不大于3mm。同列机架正面应平齐，无明显参差不齐现象。

（4）机架采用膨胀螺栓与地面固定，机架抗震措施应符合设计要求。

（5）机架上所有紧固件必须拧紧，同一类螺丝露出螺帽的长度应一致。

（6）子架与机架连接符合设备装配要求，子架安装牢固、排列整齐，接插件安装紧密，接触良好。

（7）缆线布放及成端检查：

a. 机架内所布放的各种缆线（包括电源线、接地线、通信线缆等）规格符合设计规定，技术指标应符合设计要求。

b. 电源线中间不得有接头，并使用统一、不同颜色的缆线区分直流电源极性。电源线额定载流量应不小于设备使用电流的两倍。

c. 接地线颜色应统一，与电源线颜色应有明显区别。机架接地线必须通过压接式接线端子与机房接地网的接地桩头连接。

d. 同轴电缆成端后的缆线预留长度应整齐、统一。电缆各层开剥尺寸应与电缆头相应部分相匹配。电缆芯线焊接应端正、牢固，焊剂适量，焊点光滑、不带尖、不成瘤形。电缆剖头处加装热缩套管时，热缩套管长度应统一适中，热缩均匀。同轴电缆插头的组装配件应齐全、位置正确、装配牢固。

e. 机架内各种缆线应使用活扣扎带统一编扎，活扣扎带间距为10～20cm，编扎后的缆线应顺直，松紧适度，无明显扭绞。

f. 机架上走线或下走线必须安装走线桥或槽道，布线整齐，盖板牢固。

3.2.11 配线架安装验收要求

（1）配线架为单独机架时，机架安装及架内缆线布放质量标准应按本规定执行。

（2）数字配线架应根据设备所能开通的2M通道数量进行全额配线，2M接线端子应加装编号标示牌。

（3）机房外部缆线接入音频配线架时，必须使用过流、过压保护装置。

3.3 IMS行政交换网验收

3.3.1 IMS行政交换网业务

本部分内容适用于公司IMS行政交换网网内互通（包含IMS与电路交换网互通、IMS

与软交换互通、IMS与IMS互通）、IMS行政交换网与调度交换网的单向互通、IMS行政交换网与公众电信网互通的多媒体电话基本业务及补充业务。

3.3.2 多媒体电话基本业务要求

（1）基本语音业务。

IMS应支持IMS行政交换网内所有终端之间的基本语音业务。

（2）点对点视频通话业务。

IMS应支持IMS行政交换网内所有SIP硬/软终端之间点对点的视频通话业务，业务流程同基本语音业务流程，呼叫消息的INVITE、180、200 OK等消息的SDP应携带视频信息，应包括媒体描述为video和视频编解码。

（3）传真业务。

IMS应支持通过IAD/AG等接入设备接入传真机，实现基于T.30和T.38模式的传真业务。

3.3.3 IMS与非IMS网络互通的业务要求

（1）基本业务要求。

IMS与行政交换网电路交换设备、公网互通时应支持基本语音业务、T.30/T.38的传真业务的双向通信，与调度交换网支持调度交换网向IMS行政交换网的发起的单向呼叫。

（2）主叫标识显示及限制类业务要求。

a. 行政交换网电路交换设备/公网侧采用SIP－I协议；

b. 行政交换网电路交换设备/调度交换网/公网侧采用ISUP协议；

c. 行政交换网电路交换设备/调度交换网/公网侧采用PRA协议。

（3）呼叫前转类业务要求。

号码显示。当行政网用户A呼叫本地IMS用户B，用户B申请呼叫前转，用户B归属AS根据前转原因和前转号码，将呼叫前转到公网终端C时，且用户A有公网号码（用户A和用户B具有属于同一地方运营商），被叫应显示主叫用户A的公网号码；如用户A不属于同一地方运营商或无公网号码，前转到公网终端的主叫号码可显示缺省本地公网号码或用户B的公网号码，号码变换应由AS/MGCF完成。当公网用户A呼叫IMS用户B，用户B申请呼叫前转，用户B归属AS根据前转原因和前转号码，将呼叫前转到公网终端C时，被叫终端应显示主叫用户A的号码。

（4）呼叫等待业务。

呼叫等待业务应满足以下要求：

a. 当IMS与行政交换网电路交换设备/公网采用SIP－I协议互通时，行政交换网电路交换设备/公网侧180消息或183消息中封装ACM或CPG消息指示发生呼叫等待；

b. 当IMS与行政交换网电路交换设备/公网采用ISUP协议互通时，行政交换网电路交换设备/公网侧ACM或CPG消息指示发生呼叫等待；

c. 当IMS与行政交换网电路交换设备/公网采用PRA协议互通时，行政交换网电路交换设备/公网侧ALERTING消息指示发生呼叫等待。

（5）呼叫保持业务要求。

呼叫保持业务应满足以下要求：

a. 当IMS与行政交换网电路交换设备/公网采用SIP－I协议互通时，行政交换网电路交换设备/公网侧呼叫保持INVITE携带的SDP消息中Connection Information应设为无效地址（如0.0.0.0）或Media Attribute值设为sendonly，同时INVITE封装的CPG消息指示为呼叫保持；

b. 当IMS与行政交换网电路交换设备/公网采用ISUP协议互通时，行政交换网电路交换设备/公网侧呼叫保持CPG消息的Generic notification indicator值应指示为呼叫保持；

c. 当IMS与行政交换网电路交换设备/公网采用PRA协议互通时，行政交换网电路交换设备/公网侧呼叫保持的NOTIFY消息应指示为呼叫保持。

3.4 通信电源系统验收

本小节适用于通信专用电源的建设、改造、工程验收和运行维护管理等。

3.4.1 通信专用电源

主要为电力通信设备供电的电源系统，包括－48V高频开关电源系统，以及通信用UPS电源系统。

（1）高频开关整流模块。

采用功率半导体器件作为高频变换开关，经高频隔离，组成将交流转变成直流的主电路，且采用输出自动反馈控制并设有保护环节的开关变换器。

（2）在线式。

逆变器始终为负载提供所需电能，在交流停电时，实现零切换时间的UPS。

（3）核对性放电。

用规定的放电电流对蓄电池组进行恒流放电，以检验其实际容量。当其中的一个单体蓄电池放到了规定的终止电压，即停止放电。

（4）接触电流。

当人体或动物接触一个或多个装置的可触及零部件时，流过他们身体的电流。

3.4.2 技术要求

（1）通用技术条件。

a. 正常使用的环境条件。

海拔：≤3000m，若超过3000m时应按GB/T 3859.2—2013的规定降容使用。

环境温度：－10℃～+40℃；蓄电池在环境温度－10℃～+45℃条件下应能正常使用。

日平均相对湿度：≤95%，月平均相对湿度：≤90%。

安装使用地点无强烈振动和冲击，无强电磁干扰，外磁场感应强度：≤0.5mT。

安装垂直倾斜度：≤1.5‰。

工作环境不得有爆炸危险介质，周围介质不含有腐蚀金属和破坏绝缘的有害气体及导电介质，应通风良好并远离热源。

b. 正常使用的电气条件。

交流输入电压：单相 AC 220（1±15%）V 或三相 AC 380（1±15%）V。

交流输入频率：50（1±5%）Hz。

交流输入频率：50（1±5%）Hz。

交流输入电压不对称度：≤5%。

交流输入电压应为正弦波，非正弦含量：≤额定值的 10%。

c. 基本参数。

–48V 高频开关电源充电装置的稳流精度≤±1%，稳压精度≤±0.3%，电压纹波系数≤0.5%。

直流输出标称电压：–48V。

直流输出电压范围：–（42.2～57.6）V。

UPS 电源的稳压精度≤±3%；动态过程中，负荷以 0～100%变化，其偏差值≤±5%，恢复时间<20ms。

d. 机房环境要求。

机房温度：10℃～28℃，蓄电池室温度：10℃～30℃；宜保持在 25℃。

机房湿度：30%～80%，蓄电池室湿度：20%～80%。

（2）运行方式。

a. 正常运行时，交流电源经过高频开关电源整流模块后通过直流母线向负载供电的同时对蓄电池浮充电。

b. 交流市电失电时，由蓄电池组向负载供电；交流恢复后，应对蓄电池组充电。

c. 配置两套–48V 高频开关电源系统时，两套高频开关电源的直流母线在正常运行条件下禁止并联运行，输出分配单元在操作中不能互相影响。当一套–48V 高频开关电源系统因技改、检修、故障等原因不能工作且负载无过载时，可将母联开关合上，由另一套高频开关电源给负载临时供电，检修结束后应恢复原运行方式。

3.4.3 通信电源系统验收要求

（1）本部分适用于通信技改工程交直流低压配电、高频开关电源、蓄电池组等配套设备。

（2）重要通信站电源系统原则上应配置两套独立的电源系统。其配置原则为：通信设备由专用直流电源供电，不得由发电厂、变电站直流电源经逆变给通信设备供电。

a. 通信设备采用分散供电方式，同一条线路的两套继电保护、安全自动装置复用通信设备应分别由两套独立电源系统供电，两套电源系统物理上应完全隔离。每套高频开关电源由两路独立的交流电源供电。

b. 每套通信电源系统应配置两组蓄电池，蓄电池实际负荷放电时间不少于 48 小时。交流供电不可靠的通信站，应增加蓄电池容量，并配备太阳能电源或汽、柴油发电机。

（3）电源系统验收可分为随工验收、预验收、竣工验收三部分。

3.4.4 验收内容

（1）随工验收内容包括开箱检验、设备安装质量检查、功能检查及技术指标测试。

（2）预验收内容包括对随工验收测试检查结果进行检查和抽测，整理、汇总工程文件。

（3）竣工验收内容包括在试运行通过后，检查预验收记录，移交工程文件。

3.4.5　开箱检验要求

电源设备开箱检验参照本规定执行。

3.4.6　安装工艺检查

安装工艺检查参照本规定执行。

3.4.7　功能检查与技术指标测试要求

（1）配电设备要求：

a. 具有交流输入切换功能，当一路交流失电时能自动切换到另一路交流电源；

b. 交、直流配电屏出现输出电压过高、过低、熔电器熔断时，均应送出遥信信号；

c. 交、直流电缆穿墙、竖井、沟道盖板应符合设计要求。

（2）高频开关整流设备要求：

a. 整流模块按 N+1 原则配置；

b. 每台设备由独立的直流分路开关或熔断器供电；

c. 设备技术指标应满足交流电压波动范围要求；

d. 无需均充的蓄电池浮充电压和均充电压设为一致；

e. 检查电源监控模块各项功能；

f. 检查电源的交流、直流输入、输出防雷装置。

（3）蓄电池组要求：

阀控式全密封铅酸蓄电池安装后应进行充放电试验，并同时复查蓄电池电缆连接处紧固情况。

（4）通信电源监控系统要求：

a. 遥信、遥测信号能够准确、可靠地传送到监控中心；

b. 检查交流配电监控功能，其遥信信号包括交流停电告警、过压告警、欠压告警、缺相告警，其遥测信号包括输入电压、电流、频率；

c. 检查直流配电监控功能，其遥信信号包括过压、过流、熔丝告警、直流负载电压低告警，其遥测信号包括输出电压与电流、蓄电池总电压、负载电压与电流；

d. 检查高频开关整流设备监控功能，其遥信信号包括工作状态、浮充/均充状态、整流器故障告警、熔丝告警、整流模块故障、直流输出过压、欠压告警、温度告警，其遥测信号包括各模块交流输入电压、电流，各模块直流输出电压、电流，输出总电压、电流。

3.5　机房环境

3.5.1　接地要求

（1）新建通信站应采用联合接地装置，接地装置位置、接地体埋深及尺寸应符合施工图设计规定。

（2）接地体各部件连接符合设计规定，接地引入线与接地体焊接牢固，焊缝处做防腐处理。

（3）用镀锌扁钢作接地引入线时，引入线应涂沥青，并用麻布条缠扎，麻布条外涂沥青保护。

（4）接地汇集装置安装位置符合设计规定，安装端正、牢固并有明显标志。

（5）测量接地汇集装置处的接地电阻值。

（6）设备接地要求如下：

a. 交、直流配电设备机壳应从接地汇集线上引入保护接地线，交流配电屏的中性线汇集排应与机架绝缘。严禁采用中性线作交流保护地线。

b. 直流电源工作地应从接地汇集线上引入。

c. 机房内接地线采用平面型布置方式，通信设备从接地汇集线上就近引接地线，不得通过安装加固螺栓与建筑钢筋相碰而自然形成的电气接通。

d. 通信设备除工作接地外，机壳应有保护接地。

e. 配线架应从接地汇集线上引入保护接地。配线架与通信机架之间不应通过走线架形成电气连通。

f. 各类需要接地的设备与水平接地汇集线之间的连线，其截面积应根据可能通过的最大电流负荷电流确定，一般采用 25～95mm^2 的多股绝缘铜线，不准使用裸导线布放。

（7）出、入站交流电力线的接地与防雷要求如下：

出、入站交流电力线选用金属铠装电缆且埋设于地下，金属护套两端就近接地，缆内芯线两端加装避雷器件。直接入站的高压（10kV）电力电缆长度宜不小于 200m，低压（380V）电力电缆长度宜不小于 50m。

（8）出、入站通信电缆（光缆）的接地与防雷要求如下：

通信电缆应尽量采取地下出、入站的方式，其金属护套应作保护接地，缆内芯线（含空线对）应在引入设备前分别对地加装保安装置。架空引入机房的电缆应选用金属铠装缆，并采取相应防雷措施。

（9）电力的高、低压侧相线应分别对地加装避雷器件，其接地端与机壳以及低压侧中性点汇集就近接地。

3.5.2 机房要求

（1）通信机房及电源室应具有防火、防盗、防潮、防尘、防静电、防小动物等措施。

（2）机房等室内温、湿度和事故照明应符合规定。

（3）防火重点部位应有明显标志且室内按规定装设火灾自动报警装置、固定灭火装置。按规定配置防火器材。电力电缆防火措施应符合规定。

（4）无人站配备具有来电自启动功能的商用空调器。

（5）无人站配备动力环境监控装置。

3.6 工程文件验收

3.6.1 工程文件验收要求

（1）工程文件包括工程前期文件、施工文件、监理文件及验收文件。

（2）工程文件归档工作与工程建设同步进行。从工程申请立项时，即开始由文件形成单位进行文件材料的积累、整理。

（3）工程预验收前，由监理单位组织设计、施工和运行等有关单位进行工程文件自检工作，预验收时，工程文件达到完整、准确的标准要求。

（4）工程竣工验收时，完成工程文件验收和移交工作，并同时填写竣工验收证书。

3.6.2 验收范围

工程文件验收范围包括工程项目的提出、调研、可行性研究、计划、勘测设计、招评标、采购、施工、调测、试运行、验收等过程中形成的文字、图纸、图表、声像及电子文件等形式与载体的文件材料。

3.6.3 编制要求

（1）质量要求：

a. 工程文件材料应以原件进行收集、整理、归档；

b. 文字材料应齐全完整、字迹清楚、图样清晰、图标整洁、签字完备；

c. 破损的文件材料应予修整；

d. 文字材料不得用易褪色书写材料书写、绘制，字迹模糊或易褪变文件应予复制；

e. 录音、录像材料应使用不可擦除型光盘存储。

（2）竣工图和图章要求：

竣工图的编制和竣工图章的使用应符合《建设项目档案管理规范》（DA/T 28—2018）要求。

（3）工程文件案卷编制按照《科学技术档案案卷构成的一般要求》（GB/T 11822—2008）执行。

3.6.4 职责划分

（1）建设单位负责工程建设全过程文件材料管理、组织、协调工作，并对提交的工程文件材料进行汇总、整理，按规定向有关部门移交相关文件。

（2）监理单位主要职责如下：

a. 在规定时间内向建设单位提交监理过程中形成的监理文件材料；

b. 负责相关工程文件审核；

c. 督促检查工程建设过程中文件材料的收集、积累和完整、准确情况。

（3）设计单位应在规定时间内向建设单位提交工程各阶段的设计文件。

（4）施工单位应按规定收集施工文件，保证齐全、完整，整理后在规定时间内向建设单位提交。

（5）运行单位应在规定时间内向建设单位提交试运行期间的文件材料。

3.6.5 移交具体要求

（1）移交时间要求：

a. 按照工程验收阶段，同步进行相关工程文件移交工作；

b. 全部工程文件应在工程竣工验收期间向建设单位移交完毕，有尾工的应在尾工完成后及时移交；

c. 建设单位在工程竣工验收后三个月内，向上级主管部门办理移交。

（2）移交数量要求：

根据合同份数要求提供文件。

（3）移交时必须手续完备，明确移交内容、数量等，并有完备的清点、签字手续。

第四部分

档　案　管　理

通信技改项目档案是指通信技改项目在立项、审批、采购（含招投标）、勘测、设计、施工、调试、监理、试运行及竣工验收全过程中形成的应归档保存的文字、图表、声像等不同形式和纸质、光盘等不同载体的全部文件材料。

1 档案质量管理

1.1 档案管理职责分工

项目建设管理单位负责组织、协调和指导各参建单位整理项目文件，按照“统一领导、分级管理”、“谁主管、谁负责”、“谁形成、谁整理”的原则，管理所建通信技改项目的全部档案。项目建设管理单位根据工作需要，可委托建设单位全权负责档案管理工作。

通信技改项目各参建单位（部门）负责做好各自职责范围内的通信技改项目档案管理工作。

通信技改项目建设单位、设计、监理、施工、物资供应及运行单位均应建立项目档案管理机构，明确管理职责，将项目档案工作纳入有关领导、相关部门及工作人员的职责范围、工作标准或岗位责任制中，做好项目档案的形成、积累、整理和归档工作，确保项目档案的完整、准确、系统、安全和有效利用。

1.2 档案管理体系

建设管理单位相关部门按职责行使职能管理，统筹协调，其作为系统通信技改的建设管理单位，负责对现场建设管理范围档案管理工作进行指导、检查、验收，并负责项目全过程档案的集中归档、保管利用。按照《电网建设项目文件归档与档案整理规范》（DL/T 1363—2014），负责受托项目的档案管理，负责职责范围内档案资料的收集、整理、移交。

1.3 档案管理职责

为保证项目档案的一致性、完整性，通信技改项目档案管理以专业指导、统一协调、统一标准、分工负责，统一验收、分阶段移交为原则，建立自上而下的档案管理体系。

1.3.1 建设管理单位相关部门档案管理职责

办公室负责通信技改项目档案管理的业务指导，负责审查工程档案管理办法、实施细则，指导项目档案的组卷和验收工作。

建设部、特高部负责通信技改项目档案管理的统一领导、组织协调。

项目建设管理单位负责档案管理工作的衔接。

贯彻执行《中华人民共和国档案法》（简称《档案法》）及有关档案工作的方针、政策、规定，负责制定系统通信技改项目管理的有关标准、规定。

负责系统通信技改项目档案管理工作，负责对现场技改管理范围档案管理工作进行指导、检查，验收，负责技改项目立项直至竣工全过程档案的统一验收、集中归档。

负责在技改程项目合同中规定档案质量保证金。

1.3.2 建设单位档案管理职责

建设单位受项目建设管理单位委托，负责项目档案的汇总，自行或组织有关单位对所有应归档项目文件材料按档案管理要求进行整理、组卷、编目。

负责通信技改项目档案的日常检查、指导。

负责项目档案专项验收和工程达标投产、工程创优项目档案检查的组织工作。

负责收集、整理职责范围内形成的工程建设规划许可、建设用地规划许可、施工许可、征地合同、协议、红线图、用地审批、土地使用证、合同、协议、安全文明施工策划及审批、工程建设过程中的所有声像、电子文件材料等。

负责组织、协调工程各参建单位收集、整理各自在技改工程全过程中形成的文件材料和工程竣工图、工程竣工报告、质量监督检查报告和记录、项目结算、工程竣工签证书、启委会文件等，并组织向项目运行单位移交。

建立健全项目档案管理体系，落实项目档案管理责任制，制定统一的项目管理制度和工作标准实行全过程质量管理。

在合同中明确各单位项目文件的编制范围、质量要求、移交时间、份数及违约责任等；合同中未约定的，可按上述要求单独签订补充协议。

在合同中约定竣工图的编制深度、出图范围、交接时间、套数、电子文件格式等具体要求。

多个项目集中招标，但各项目分别由不同建设单位负责实施的，在合同中约定勘察、设计、施工、监理、调试和物资供应、设备厂家等单位的文件收集、整理和移交职责。

对各参建单位的项目档案收集、整理、归档工作进行交底、监管、指导和协调。

对移交的竣工文件进行核查、汇总整理、系统编目、编制检索工具。

组织监理单位对设计变更执行情况进行审核，并汇总审查，提交设计单位编制竣工图。

按照国家现行有关档案管理的规定，做好项目投资及重大决策过程形成的项目文件、会议纪要、记录等的收集和移交工作。

建设单位各部门可参照附录 D 的归档范围，将符合归档要求的纸质及电子文件按规定格式收集、整理，向本单位档案部门移交。

1.3.3 勘察、设计单位档案管理职责

勘察、设计单位负责收集、整理勘察、设计阶段产生的可行性研究报告、设计基础资料、初步设计、概算、审定概算、施工图设计、设计交底、变更文件、竣工图（含电子版）。

设计变更单（盖章签字手续完备）标明竣工图卷册号与图号，与竣工图一致。

负责向建设管理单位移交上述文件材料。

1.3.4 监理单位档案管理职责

项目总监负责对通信技改项目档案资料监督、检查的组织领导。监理部设专职资料员。

开工阶段负责建立通信技改项目档案管理组织，检查审核施工单位档案管理组织、制度及归档计划。

加强对档案管理的中间控制，负责在施工各阶段对设计、施工单位的资料进行监督、检查。

工程监理（监造）在监理过程中产生的文件和委托监理汇总的文件，由监理负责收集、整理、移交归档。

负责收集对通信技改项目质量、进度和技改资金使用等进行控制的监理文件。

负责完成监理大纲、监理规划、监理实施细则、监理月报、监理旁站方案及审批、监理旁站记录等文件的编制。

负责监督、检查项目施工全过程文件材料的完整、准确和系统。

负责审核施工单位、设计单位竣工文件、竣工图的完整、准确性。

按照文件材料归档范围和档案管理的要求整理、组卷、编目，向建设管理单位移交。

1.3.5 施工单位档案管理职责

施工单位要设专（兼）职资料员负责通信技改施工过程中资料管理工作。

依据通信技改里程碑计划，结合技改工程各环节的特点，制定通信技改项目档案归档计划，坚持档案与技改项目同步进行的原则。

施工单位负责收集其承包项目在开工前和施工过程中形成的施工组织设计、技术交底、安全措施，建筑、安装的开、复工报告，图纸会检、工程变更文件、施工记录、试验报告、原材料及构件质量证明、质量检查及评定、设备开箱文件、设备调试文件、设备出厂工艺等文件材料。

负责向设计单位提供竣工草图及全部变更设计文件，作为设计单位编制竣工图的依据。

负责将上述文件材料及竣工图按照档案管理要求，全部整理、组卷、编目，向建设管理单位移交。

负责施工过程资料的收集、整理、移交，完成各阶段档案资料的预立卷，对施工资料的真实性、完整性负责。

建立档案管理网络，负责制定档案管理制度。

与通信技改项目同步实行档案管理，审核、验收各单位移交的竣工档案，对项目档案的完整、准确、系统和有效利用负责。

按合同约定的范围，收集、整理本单位在通信技改项目中形成的各类载体文件。

将各单位形成的项目文件汇总、整理，提交监理单位审查，向建设单位移交。

配合建设单位完成项目档案专项验收工作。

1.3.6 物资采购供应单位档案管理职责

负责收集、整理设计、监理、施工、设备（材料）等采购（含招投标）过程中形成的文件材料及订货合同、技术协议，设备监造大纲、设备监造计划、设备监造报告、设备监造记录等。

符合合同和《电网建设项目文件归档与档案整理规范》（DL/T 1363—2014）要求提交全部资料，并提供技术维护手册电子版。

按照档案管理要求整理、组卷、编目，向项目法人或建设管理单位移交。

1.3.7 运行单位档案管理职责

负责收集、保管通信技改项目在生产技术准备和试运行中形成的文件材料，按照档案管理要求整理、组卷、编目，向建设管理单位移交。

负责接收与运行、检修有关的项目档案。

负责通信技改工作中形成文件材料的收集、整理、归档和提供利用等各项工作。

1.4 档案质量要求

通信技改项目归档文件材料应齐全、完整、准确，符合其形成规律；分类、组卷、排列、编目应规范、系统。归档文件材料应以原件和合同正本归档。根据项目档案归档范围所确定的内容，结合项通信技改项目的实际情况，将通信技改项目全过程中应该归档的文件材料全部归档。文件材料之间相互支撑，不可缺少，形成闭环。归档文件材料的内容真实反映建设项目的实际情况和建设过程，文件原件归档，并做到图物相符，技术数据准确可靠，签字、盖章手续完备，文件材料形成的日期与工程建设同步。通信技改项目文件材料应根据《科学技术档案案卷构成的一般要求》（GB/T 11822—2008）及附录 D，做到分类准确，组卷合理，案卷封面、卷内目录、备考表等编制规范。

归档文件材料应字迹清晰，图表整洁，签字盖章手续完备。字迹应符合耐久性要求，不能用易褪色的书写材料（红色墨水、纯蓝墨水、圆珠笔、复写纸、铅笔等）和打印材料（易褪色染料）书写、印制。

归档的项目文件应为原件、正本。凡本单位的发文、主送或抄送本单位的收文，都要求以原件归档；合同、协议及工程启动验收签证书等需双方或多方履行签字手续的文件，签字方均应以正本归档。

各种原材料出厂证明、质保书、出厂试验报告、复测报告要齐全、完整；证明材料字迹清楚、内容规范、数据准确，以原件归档；光缆、网线等主要材料的使用都应编制跟踪台账，说明在工程项目中的使用场合、位置，使其具有可追溯性。所购材料供应商无法提供出厂原件只提供复印件的，复印件应字迹清楚、内容规范、数据准确并加盖最终供货商的印章，并注明采购时间、采购数量、批号等，主要原材料应编制跟踪台账，说明其用在通信技改项目的具体部位。通过原材料的跟踪台账可清晰的掌握所购原材料使用情况和具体部位，便于原材料使用情况的追溯。

各类记录表格必须符合规范要求，表格形式应统一。各项记录填写必须真实可靠、字迹清楚，数据填写详细、准确，不得漏缺项，没有内容的项目要划掉。

设计变更、施工质量处理、缺陷处理报告等，应有闭环交代的详细记录（包括调查报告，分析、处理意见，处理结论及消缺记录，复检意见与结论等）。

外文或少数民族文字材料，若有汉译文的应与汉译文一并归档；无译文的外文材料应将题名、卷内章节目录译成中文，经翻译人、审校人签署的译文稿与原文一起归档。

通信技改项目档案移交包括电子档案，在移交纸质文件的同时，应移交同步形成的电子、音像文件。各参建单位应整理档案信息的著录、编目，并进行电子文件的移交。设计院移交的电子版竣工图应为.GWF 或.TIF 格式。

通信技改项目归档的电子文件应符合《电子文件归档与电子档案管理规范》（GB/T 18894—2016）的要求。电子文件整理时应写明电子文件的载体类型、设备环境特征；载体上应贴有标签，标签上应注明载体序号、档号、保管期限、密级、存入日期等；归档的磁性载体应是只读型。

通信技改项目移交的录音、录像文件应保证载体的有效性，内容的系统性和整理的科学性。声像材料整理时应附文字说明，对事由、时间、地点、人物、背景、作者等内容进行著录，并同时移交电子文件。

1.5 档案保管期限、归属与流向

档案的归属与流向有利于通信技改项目后续工作和管理，满足安全保管和有效利用的需要。

通信技改项目文件材料的归档范围、保管期限、归属与流向，依据 DA/T 28—2018，并结合通信技改项目档案管理的实际情况进行划分。

建设管理单位应保存通信技改项目的全套档案，也可委托建设单位或运行单位保存项目的全套档案。建设管理单位与运行单位非同一单位时，建设管理单位除保存该项目形成的全套档案外应增加运行、检修等需利用的有关档案。

建设管理单位与运行单位为同一单位时，运行单位保管两套项目档案。若非同一单位时，建设管理单位保管项目法人委托保管的全套项目档案，并向运行单位移交与生产运行相关的两套项目档案。

通信技改项目文件材料的归档范围、保管期限、归属与流向，设计、监理、施工、采购（含招标）、物资供应、调试等单位除保管自身形成的档案，还应适当增加项目档案的制作和移交份数。

凡是涉及城市建设且造成较大影响的通信技改项目，建设管理单位应在项目竣工验收后 3 个月内按照国家档案局《城市建设档案归属与流向暂行办法》（国档发〔1997〕20 号）、建设部《城市建设档案管理规定》（建设部令第 90 号），向城市建设档案馆报送与城市规划、建设及其管理有关的项目档案。

2 档案编制管理

2.1 项目文件编制基本要求

2.1.1 项目文件的收集

项目文件产生于通信技改项目全过程，其形成、积累和管理应列入通信技改项目计划和有关部门及人员的职责范围、工作标准或岗位责任制，并有相应的检查、控制及考核措施。

2.1.2 各阶段文件的收集及其责任

（1）项目准备阶段。

建设单位各机构负责收集、积累和整理通信技改项目前期文件以及设备、工艺和涉外文件；勘察、设计单位负责收集、积累勘察、设计文件，并按规定向建设单位档案部门提交有关设计基础资料和设计文件。

（2）项目施工阶段。

施工单位负责其承包项目的全部文件的收集、积累、整理；项目监理单位负责收集、积累项目监理文件。建设单位委托的项目监理单位，负责监督、检查项目建设中文件的收集、积累和其完整、准确度，审核、签认竣工文件，并向建设单位提交有关专项报告、验证材料及其他监理文件。

（3）项目试运行阶段。

试运行单位负责收集、积累在生产技术准备和试运行中形成的文件；项目器材供应、财务管理单位或部门应负责收集、积累所承建项目的器材供应和财务管理中形成的文件。

2.1.3 收集范围

反映与通信技改项目有关的重要职能活动、具有查考利用价值的各种载体的文件，应收集齐全归入通信技改项目档案项目文件归档范围和保管期限。

2.1.4 收集时间

各类文件应按文件形成的先后顺序或项目完成情况及时收集。引进技术、设备文件应首先由建设单位或接受委托的承包单位登记、归档，再行译校、复制和分发使用。

2.1.5 项目文件质量要求

通信技改项目文件格式、表格必须符合规范要求，形式应统一。各项记录填写必须真实可靠、字迹清楚，数据填写详细、准确，不得漏项，没有内容的项目要划掉。编制的项目文件应字迹清楚，图样清晰，图表整洁，需要签字、签章、审批的，手续应完备。

设计变更、施工质量处理、缺陷处理报告等，应有闭环交代的详细记录（包括调查报告，分析、处理意见、处理结论及消缺经历、复检意见与结论等）。

项目文件的纸张大小一般为 A4 幅面，装订边为 2.5 厘米，小于 A4 幅面纸的应粘贴在 A4 纸上。

项目文件的载体及书写、制成和装订材料应符合 GB/T 11822 的规定。

项目文件的图纸幅面应符合 GB/T 14689 的规定。

非纸质载体文件归档时，整理单位应编制文字说明与纸质载体一起移交。

归档的电子文件应包括相应的背景信息和元数据，并采用 GB/T 18894—2016 要求的格式。

录音、录像文件应保证载体的有效性。

长期存储的电子文件应使用不可擦除型光盘。

施工与验收记录应符合国家现行有关标准规定的格式。

需整改闭环或回复的项目文件，执行单位应在执行完后按要求编制相应的闭环文件。

原材料质量证明文件，应按原材料的种类、进货批次等特征，结合原材料管理台账分类编制跟踪记录。

施工单位应根据设计变更，编制对应的设计变更执行报验文件。

同一批次招标的设备涉及多个建设单位的，合同中应明确由设备厂家给每个建设单位各提供一套设备文件原件。

2.2 竣工文件编制基本要求

通信技改项目施工及调试完成后，施工单位、监理单位应根据工程实际情况和行业、企业规定、标准以及合同规定的要求编制项目竣工文件。

竣工文件由施工单位负责编制，监理单位负责审核。主要内容有：施工综合管理文件测量文件、原始记录及质量评定文件、材料质量保证书及复试文件、测试（调试）及随工检查记录、土建及安装工程总量表、工程说明、竣工图、重要工程质量事故报告等。

根据项目文件归档范围及实际情况，进一步收集所缺少的重要文件；文件数量未满足合同或协议规定份数的，应按要求复制补齐。

根据附录 D 及建设项目实际情况，进一步收集所缺少的重要文件，文件数量未满足合同或协议规定份数的。应按要求复制补齐。

对施工文件、施工图及设备技术文件的准确性和更改情况进行核实，并按要求修改或补充标注到相应的文件上。

项目文件不得使用不耐久字迹材料，凡因不可控制原因造成的易褪色材料（复写纸、热敏纸等）形成的并需要永久或长期保存的文件，应附一份复印件。

竣工验收文件，应包含对合同中有关文件编制和移交要求条款的检查项。

2.3 竣工图编制基本要求

通信技改项目在项目竣工时要编制竣工图。项目竣工图应由施工单位负责编制，如行业主管部门规定设计单位编制或施工单位委托设计单位编制竣工图的，应明确规定施工单位和监理单位的审核和签认责任。

竣工图应完整、准确、清晰、规范，修改到位。真实反映项目竣工验收时的实际情况。

（1）凡新建、扩建、改建的建设项目，在项目竣工后都应编制竣工图。

（2）竣工图的编制工作由项目建设管理单位负责组织协调。

（3）竣工图编制单位依据设计变更通知单、工程联络单、设计更改等有关文件以及现场施工验收记录、调试记录等制作全套竣工图。

（4）竣工图编制深度应与施工图的编制深度一致；编制应规范、修改要到位，真实反映工程验收时的实际情况，字迹清晰，整洁。竣工图的批准人、校核人、编制人员应在竣工图上签字，不得由他人代签、不得用名章代替签名、不得用打印代替签名。竣工图图章应使用红色印泥，盖在标题栏附近空白处。

（5）竣工图均应编制竣工图总说明。对有修改内容的竣工图卷册，还应编制分册说明，其内容应包括修改原因、修改内容及提供文件材料的单位等。

（6）按施工图施工没有变动的图纸，由设计单位在施工图上加盖竣工图章，并在蓝图目录上签署竣工图的编制日期。设计院加盖的竣工图图章样式及尺寸见图 4-1。

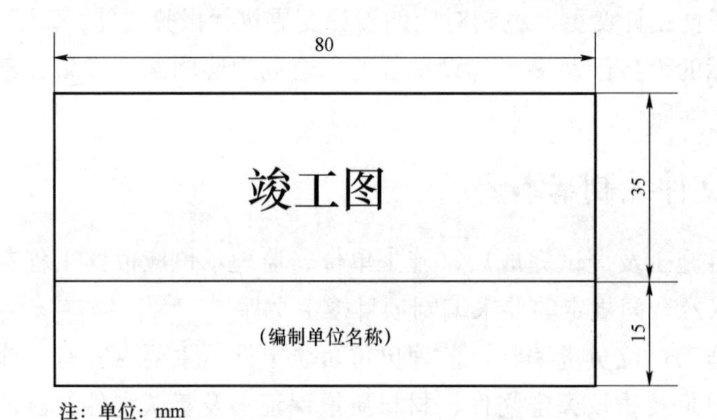

图 4-1　设计院加盖的竣工图图章样式及尺寸

（7）竣工图目录应重新编制，图标栏施工阶段改为竣工阶段，并由竣工图批准人、校核人、编制人签字，签署竣工图的编制日期，由施工单位和监理单位审核无误后，加盖竣工图章。施工、监理单位加盖的竣工图图章样式及尺寸见图 4-2。

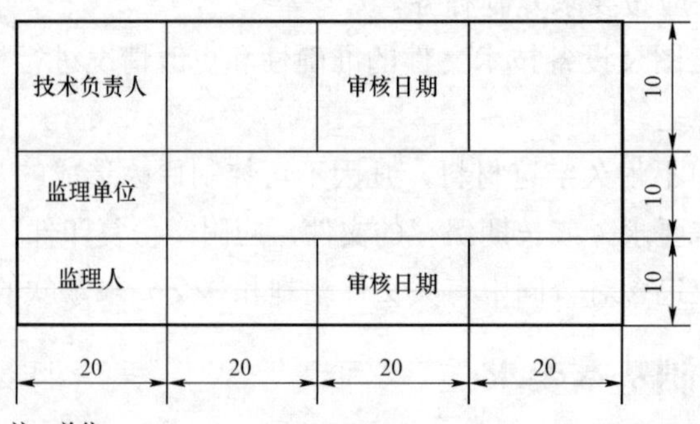

图 4-2　施工、监理单位加盖的竣工图图章样式及尺寸

（8）在建设过程中发生修改的施工图由设计院重新编制竣工图，其图标栏中的设计阶段应由施工阶段改为竣工阶段。图纸编号按原施工图图号，其中设计阶段代字“S”改为“Z”，由批准人、校核人、编制人在图标栏上签字，签署竣工图的编制日期。竣工图编制单位不需要加盖竣工图图章，由施工单位、监理单位审核无误后加盖竣工图章并签认。施工和监理单位加盖的竣工图章样式见图 4－2。

竣工图章的内容应填写齐全、清楚，不得代签。

（9）发生设计变更的施工图，由施工单位按照设计变更通知单、工程联系单等对施工图进行修改，编制 3 套竣工草图，加盖竣工草图图章（见图 4－3），将现场情况如实反映到图纸上，经施工、监理单位盖章签字后，一套移交设计单位编制竣工图，一套在工程投运前交现场使用，另一套由施工单位自行存档。施工单位同时编制竣工草图移交清单，提交监理、设计单位审核、签字后，向建设管理单位移交。

<table>
<tr><td>编制
单位</td><td colspan="2"></td><td>10</td></tr>
<tr><td colspan="3">竣工草图</td><td>13</td></tr>
<tr><td>编制人</td><td>技术
负责人</td><td>编制日期</td><td>10</td></tr>
<tr><td></td><td></td><td></td><td>10</td></tr>
<tr><td colspan="2">监理单位名称</td><td>监理人</td><td>10</td></tr>
<tr><td colspan="2"></td><td></td><td>10</td></tr>
<tr><td>25</td><td>25</td><td>30</td><td></td></tr>
</table>

注：单位：mm

图 4－3　施工、监理单位加盖的竣工草图图章样式及尺寸

（10）设计单位重新绘制有修改内容的竣工图，监理单位应进行审查，并在其卷册编制说明上加盖竣工图审查章。竣工图审查章式样应符合图 4－4 的要求。

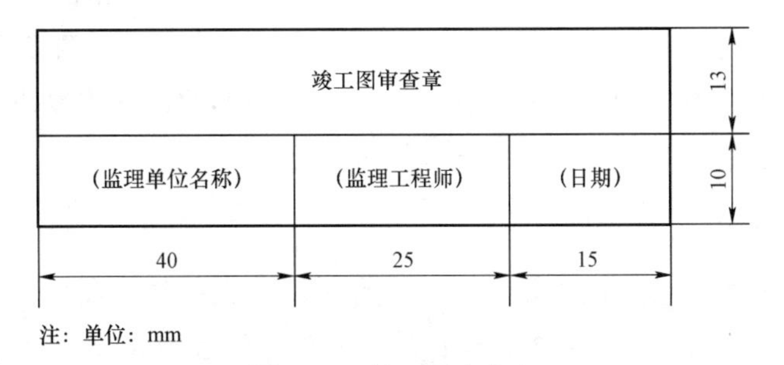

图 4－4　竣工图审查章

（11）涉及结构形式、工艺、平面布置、项目等重大改变及圈面变更面积超过 35%的。应重新绘制竣工图。重绘图按原图编号，尾加注“竣”字。或在新图图标内注明“竣工阶段”并签署工图章。

（12）建设单位应负责或委托有资质的单位编制项目总平面图和综合管线竣工图。

（13）竣工图图幅应按 GB/T 10609.3 要求统一折叠。

（14）编制竣工图总说明及各专业的编制说明，叙述竣工图编制原则、各专业目录及编制情况。

2.3.1 竣工图的更改方法

文字、数字更改一般是杠改；线条更改一般是划改；局部图形更改可以圈出更改部位在原图空白地重新绘制。

利用施工图更改，应在更改处注明更改依据文件的名称、日期、编号和条款号。

无法在图纸上表达清楚的，应在标题栏上方或左边用文字说明。

图上各种引出说明应与图框平行，引出线不交叉，不遮盖其他线条。

有关施工技术要求或材料明细表等有文字更改的，应在修改变更处进行杠改。当更改内容较多时，可采用注记说明。

新增加的文字说明，应在其涉及的竣工图上作相应的添加和变更。

2.3.2 竣工图章的使用

竣工图章内容、尺寸如图 4－1 所示。

所有竣工图应由编制单位逐张加盖并签署竣工图章。竣工图章中的内容填写应齐全、清楚，不得代签。

由设计单位编制竣工图的，可在新图中采用竣工图标，并按要求签署竣工图标。竣工图标的内容格式由行业统一规定。

竣工图章应使用红色印泥，盖在标题栏附近空白处。

2.3.3 竣工图的审核

竣工图编制完成后，监理单位应督促和协助竣工图编制单位检查其竣工图编制情况发现不准确或短缺时要及时修改和补齐。

竣工图内容应与施工图设计、设计变更、洽商、材料变更，施工及质检记录相符合。

竣工图按单位工程、装置或专业编制，并配有详细编制说明和目录。

竣工图应使用新的或干净的施工图，并按要求加盖并签署竣工图章。

一张更改通知单涉及多图的，如果图纸不在同一卷册的，应将复印件附在有关卷册中或在备考表中说明。

2.3.4 竣工图套数

项目竣工图一般为两套，由建设单位向运行单位移交；建设项目主管单位或上级主管机关需要接收的，按主管机关的要求办理；涉及城市建设且造成较大影响的通信技改项目，应根据《城市建设档案归属与流向暂行办法》第五条的规定，另编制一份与城市建设、规划及其管理有关的主要建筑物及综合管线竣工图。

2.3.5 编制竣工图的费用

编制竣工图所需的费用应在项目建设投资中解决。由建设单位或有关部门在与承包单位签订合同时确定。

施工单位应向建设单位提交两套属于职责范围内形成的竣工文件，其费用由施工单位负责。

建设单位主管部门要求增加套数或行业主管部门要求由设计单位负责编制竣工图的，费用由建设单位负责。

因修改需重新绘图的，除含同规定外，应由设计单位负责绘制新图的费用。

2.4 合同要求

通信技改项目中各方应以合同形式约定竣工图编制和提交的责任。可在施工合同或设计合同中明确，也可单独签订竣工图编制合同。

由施工单位编制竣工图的，应在设计合同中明确留作竣工图用的施工图套数（包括必须套数和主管机关要求套数），以及因修改增加新图的责任。凡由设计单位编制竣工图的，可单独签订竣工图编制合同。

施工合同中应明确施工单位提交建设单位档案的名称、内容、版本、套数、时间、费用、质量要求及违约责任。

监理合同中应明确监理单位对竣工文件审核和向建设单位提交监理档案的责任。

3 档案文件整理

3.1 项目文件的整理

通信技改项目文件整理范围符合《归档文件整理规则》(DA/T 22—2015)。

通信技改项目所形成的全部项目文件在归档前应根据国家有关规定，并按档案管理要求，由文件形成单位进行整理。

建设单位各机构形成或收到的有关技改项目的前期文件、设备技术文件、竣工试运行文件及验收文件，应根据文件的性质、内容，分别按年度、项目的单项或单位工程整理。

勘察、设计单位形成的基础材料和项目设计文件，应按项目或专业整理。

施工技术文件应按单项工程的专业、阶段整理；检查验收记录、质量评定及监理文件按单位工程整理。

设备、技术、工艺、专利及商检索赔文件应由承办单位整理；现场使用的译文及安装调试形成的非标准图、竣工图、设计变更、试运行及维护中形成的文件，工程事故处理文件由施工单位整理。

项目文件收集应完整、系统，其内容真实、准确，与工程实际相符。对已破损的文件应予修裱，字迹模糊或易褪变的文件应予复制。收集的所有项目文件应为原件或具有凭证作用的文件。

建设单位或受其委托的档案保管单位应保存全套项目文件，其他参建单位保存承担任务范围相关的文件。

3.2 档案分类

项目文件按来源、建设阶段、专业性质和特点等进行分类。

3.2.1 类目设置

(一) 一级类目设置

根据 DL/T 1363—2014 相关规定，通信技改工程项目档案一级类目设为“8 基本建设”。

(二) 二级类目设置

二级类目设置是对一级类目的细分，按项目类别划分。通信技改工程项目档案二级类目设为“81”。

(三) 三级类目设置

三级类目的设置是对二级类目的细分。

81 类－88 类的三级类目按阶段或流程设置，类目名称相对固定。设置方法如下（“×”代表“1－8”)：

“8×0”表示项目准备；

“8×1”表示项目设计；

“8×2”表示项目管理或项目建设管理；

“8×3”表示项目土建施工，用“8×3”表示项目施工时，“8×4”空置；

“8×4”表示安装施工；

“8×5”表示项目测试或调试；

“8×6”表示监理；

“8×7”表示启动及竣工验收；

“8×8”表示项目竣工图；

“8×9”表示其他。

（四）四级类目设置

8类四级类目按专业内容、特点设置。

3.2.2 档号组成

档号由项目代号、分类号、案卷顺序号三组代号构成，一般由阿拉伯数字标识。各组代号之间用“－”分隔。

81通信工程档案号编制方法：

档号由项目代号（包含第一至四位年度、第五至六位项目顺序号两部分）、分类号、案卷顺序号组成。

其中，年度为工程的竣工年度；分类号由2～4位阿拉伯数字组成，用0－9标识；案卷顺序号是最低一级类目下的案卷排列流水编号，用两位阿拉伯数字01－99标识。

例如：某通信技改项目，年度为2018年、项目顺序号05、类目为811、第10号案卷，其档案号为：201805－8110－10。见图4－5。

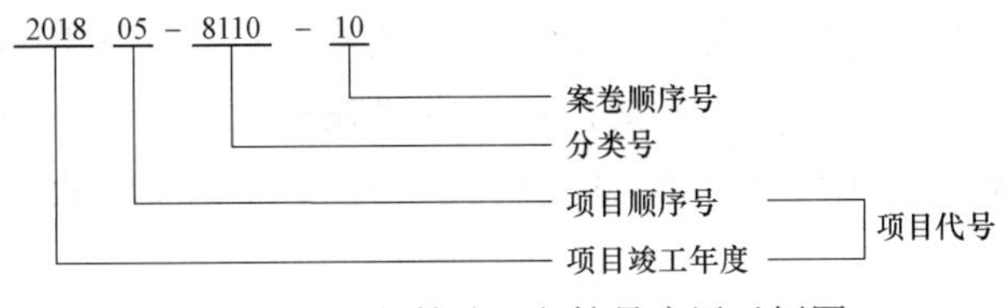

图4－5 通信技改工程档号应用示例图

3.3 组卷

3.3.1 组卷原则

组卷应遵循文件形成规律和成套性特点，保持文件之间的有机联系，分类科学，组卷合理，区分不同价值，便于保管利用。

通信技改项目施工文件按阶段、结构组卷；项目竣工图按设备、光缆等顺序组卷；设备文件按类型、台件等组卷；管理性文件按问题、时间或项目依据性、基础性、竣工验收文件组卷；监理文件按文种组卷。

组卷应根据卷内文件的内容和数量组成一卷或多卷，卷内文件内容应相对独立完整。

案卷的厚度宜参照 GB/T 11822 的规定，按实际情况确定。

独立成册、成套的项目文件，应保持其原貌，不宜拆散重新组卷。

3.3.2 组卷方法

通信技改项目前期、建设管理、竣工验收等管理性文件，应按阶段、问题结合来源、时间顺序组卷。

设计文件应分阶段，按卷册顺序组卷，设计变更文件应按时间顺序组卷。

施工文件应按类型组卷。

调试文件应按类型组卷。

质量监督文件应按阶段组卷。

监理文件应按类型，结合时间、文种等特征组卷。

原材料质量证明文件应按种类及进货时间顺序组卷。

设备文件应按台套组卷。

3.3.3 排列

案卷应按分类类目设置顺序依次排列。

卷内文件排列应按文件的形成规律、问题、重要程度、时间、阶段顺序排列。

项目前期、施工管理、项目竣工阶段形成的文件，卷内文件应印件在前，定稿在后；正文在前，附件在后；批复在前，请示在后；译文在前，原文在后；审批文件在前，报审文件在后；文字在前，图纸在后排列。

施工图、竣工图，应按卷册顺序排列；卷内文件按图号顺序排列。

设计变更文件应按编号顺序排列。设计变更排列在前，执行情况记录排列在后。

施工文件按综合管理、原材料质量证明、施工记录及相关试验报告、质量验收顺序排列。工程文件应按开工报审、施工记录及相关试验报告、质量验收等排列。施工记录应按施工工序或程序排列，强制性条文执行记录排在相应施工记录之后。施工质量验收文件应按检验质量验收顺序排列，质量验收记录应报验单、验收表在前，支撑性记录附后。

监理文件应按管理文件、监理日志、监理工程师通知单及回复单、记录、月报、会议文件、总结记录等顺序排列，卷内文件按问题、时间顺序排列。

调试、试验文件应按管理文件、调试记录、报告、调试质量验收文件顺序排列，强制性条文执行记录排在相应调试记录之后。

原材料质量证明文件应按材料种类、时间顺序排列，卷内文件按质量跟踪记录、原材料进场报审表、出厂质量证明文件、材料复试等顺序排列。

设备文件应分类型、台件按质量证明文件、设备技术文件及随机图纸顺序排列，卷内文件应文字在前，图纸在后。

3.4 编目

3.4.1 卷内文件页号编写

（一）档案编号

归档项目文件应依分类方案和排列顺序逐件编号，在文件首页的空白位置加盖归档章并填写档案号、页数、保管期限等内容。

（二）页号编写

应在有效内容的页面上编写文件页号。页号位置，单面的，在文件右下角；双面的，正面在右下角，反面在左下角；图纸页号，应编写在图标栏外右下角。

应按装订形式分别编写页号。按卷装订的，卷内文件应从“1”开始连续编写页号；按件装订的，每份文件从“1”编写页号，件与件之间页号不连续。

装订成册的图样或印刷成册的项目文件，已有页号的，不必另行编写页号。

图纸目录按一件编页号、图纸一张为一件编页号、说明书一册为一件。

施工图、竣工图不另行编写页号。

3.4.2 卷内目录编制

（一）卷内目录编制内容

（1）序号，用阿拉伯数字表示，应依次标注文件在卷内排列的顺序。

（2）文件编号，应填写文件的发文字号或编号、图样的图号、通知单编号、合同号等。

（3）责任者，应填写文件形成单位的全称或规范的简称或第一责任人；合同文件应填写主要责任方或合同各方；报验文件宜填写报验责任单位。

（4）文件题名，即文件标题。文件标题应准确、完整，没有标题或标题不规范的，可自拟标题，外加“[]”号。

（5）日期，应填写文件形成的日期。

（6）页数（号），应按装订形式分别编写；装订成卷的，应填写每份文件起始页号，最后一个文件填写起止页号；按件装订的，应按件填写每份文件的总页数。

（7）备注，根据需要，注释文件需说明的情况。

（二）卷内目录编制要求

卷内目录应排列在卷内文件之前，不编写页号。

竣工图或印刷成册的项目文件，卷册中有目录的，可不重新编写卷内目录，以原目录代替；卷册中无目录的，应编制卷内目录。

案卷信息和卷内信息录入至档案信息管理平台，并进行卷内目录、备考表、案卷目录、案卷封面、背脊的打印。

3.4.3 案卷封面编制

案卷封面可采取外封面和内封面两种形式，由建设单位或接收单位统一规定。

案卷封面编制内容及要求包括以下内容。

（1）案卷题名，应简明、准确地揭示卷内文件的内容并符合下列要求：

a）案卷题名主要包括项目名称、代字、代号及结构、部件、阶段的代号和名称等。

b）项目名称应与核准项目名称保持一致，应由建设单位统一规定，可填写全称，也可填写规范简称。

c）归档的外文资料的案卷题名应译成中文。

（2）立卷单位，应填写案卷整理单位的全称。

（3）起止日期，应填写卷内文件形成的年、月、日，年度应填写四位数字。

（4）保管期限，同一案卷内文件保管期限不同的，应从长。

（5）密级，应依据国家有关保密规定，按项目已确定的密级填写卷内文件的最高密级。

（6）档号，应按本规范填写。

3.4.4 备考表编制

备考表应填写案卷（盒、册）内文件的总件数（总页数）以及需要说明的情况。备考表排列在卷（盒、册）内文件之后，不编写页号。

备考表编制内容及要求如下：

（1）说明，填写卷内、盒内或册内项目文件缺损、修改、补充、移出、销毁等情况。

（2）立卷人及日期，负责整理项目文件的责任人签名和完成立卷的日期。

（3）检查人及日期，负责案卷质量检查人的签名和填写日期。

（4）互见号，应填写反映同一内容而载体不同的档号，同时应注明其载体形式。

3.4.5 案卷目录编制

案卷目录应填写序号、档号、案卷题名、总页数等内容。

档号、案卷题名、保管期限的填写同本办法案卷封面编制要求。

3.4.6 案卷脊背编制

案卷脊背可根据需要填写档号、案卷题名或主题词、保管期限、正副本等内容。

案卷脊背应按建设单位统一规定，由立卷单位填写。

3.5 案卷装订

案卷装订应结实、整齐，载体及装订材料符合档案保护要求。

案卷装订可采用整卷装订，也可按件单份装订。按件装订的文件，应在每份文件首页上方空白处加盖档号章，按 GB/T 11822 规定填写。图纸可不装订，在图标附近的空白处加盖档号章。

案卷装订应保持卷内文件内容的相对独立、完整，装订厚度应按实际情况确定。

对有破损的文件，应先修补后装订；对非标准 A4 纸文件，宜粘贴或折叠后装订；外文材料应保持原有的装订形式。

文字装订可采用整卷装订与单份文件装订两种形式。文件材料采用单份文件装订，图纸可不装订。但同一项目应统一。

案卷内不允许有金属物。

单份文件装订时，应在卷内每份文件首页右上方加盖、填写档号章。档号章内容有：档号、序号。档号章样式及尺寸见图4－6。

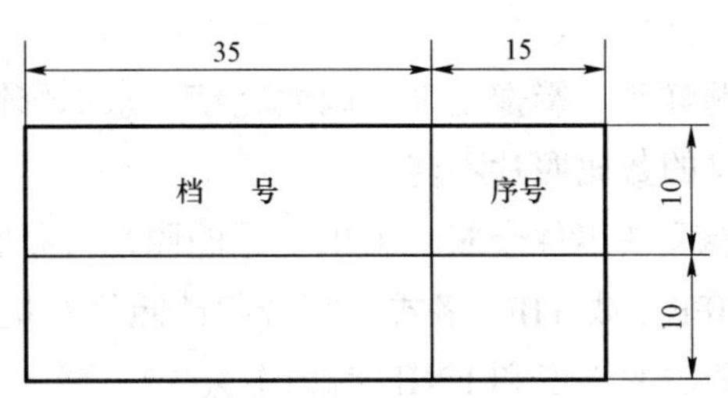

图4－6　档号章样式及尺寸

外文资料应保持原来的案卷及文件排列顺序、文号及装订形式。

竣工图的图纸目录及每一张图纸都应加盖档号章并填写档号、序号。

竣工图图样按A4（297mm×210mm）尺寸折叠，标题栏外露。

装订的案卷应采用棉绳三孔一线左侧装订或使用装订包装订，也可采用不锈钢钢钉进行装订（永久保存的除外）。装订的案卷厚度一般不超过40mm。

3.6　卷盒、表格规格及其制成材料

卷皮、卷内表格规格和制成材料应符合GB/T 11822规定。

案卷装具宜根据案卷的厚度选择。

档案盒、卷皮及卷内备考表采用无酸纸制作。

档案盒外表尺寸为305mm×220mm，厚度分别为20、30、40、50、60mm。

案卷表格（卷内目录、分类目录、备考表）规格为297mm×210mm。

3.7　编制检索工具

采用档案软件管理项目档案的，应将案卷和卷内文件题名等信息逐条录入数据库，编制机读目录；建有全文数据库的，应实现全文检索。

建设单位应编制档案案卷目录或全引目录，可根据利用需求编制各类专题目录，提供查询。

3.8　照片收集与整理

3.8.1　照片收集

（一）收集范围

建设单位应将通信技改项目原始记录、重大事件及活动中拍摄的照片列入收集范围，定期收集。

参建单位应将通信技改项目过程中拍摄的工程照片（隐蔽工程、关键节点、重要工序、设备缺陷、安全质量过程控制等）及时收集。

（二）收集要求

照片应与通信技改项目进度同步形成。各单位应及时收集，在工程竣工后与纸质档案一起向建设单位移交。

选择收集的照片应主题鲜明、影像清晰、画面完整、未加修饰剪裁。经过添加、合成、挖补等改变画面内容处理过的数码照片不能归档。

同一组照片，应选择能反映事件全貌、突出主题的照片进行收集。

归档的数码照片应为 JPEG 或 TIFF 格式，符合归档照片质量要求转换成 JPEG 或 TIFF 格式进行归档的，应保证分辨率不变和 EXIF 信息不丢失。

数码照片可通过网络或存储到符合要求的脱机载体上进行收集。

具有永久保存价值的数码照片，应转换出一套纸质照片同时归档。

3.8.2 照片整理

（一）一般规定

照片整理，应按 GB/T 11821 的要求，保持照片之间的有机联系，区分不同的价值，便于保管和利用。

（二）分类、组卷、排列

照片宜参照项目纸质文件按问题进行分类、组卷，案卷排列在纸质文件该分类的最后。

建设单位形成的照片档案宜按问题、专题排列装册。

施工单位形成的照片档案应按单位工程排列装册。

监理单位形成的照片档案应按专题排列装册。

3.8.3 编号、编目

照片宜参照项目纸质文件，依照分类方案和排列顺序逐张整理编写档案号。

纸质照片档案应按张编目，填写题名、照片号、光盘号（底片号）、参见号、时间、摄影者、文字说明。

（1）题名，应填写照片的主题内容。同一组照片的题名，应反映是同一事件（活动）或工程进度、质量的主题内容。

（2）照片号应是固定和反映每张照片的分类和排列顺序的数字代码。

（3）光盘号（底片号），应填写光盘内数码照片编号或照片底片编号。照片编号应与光盘上电子照片编号相一致。

（4）参见号，应填写与照片有对应联系的其他载体档案的档号。

（5）时间，是指拍摄的具体时间，应用 8 位阿拉伯数字表示。

（6）摄影者，应填写拍摄人的姓名。

（7）文字说明，应准确，简明揭示照片画面的内容。文字说明包括人物、时间、地点、事由等要素。纸质照片应逐张编写文字说明。

每册照片档案填写要求与纸质文件本规范相同。

数码照片可参照纸质照片进行编目，其文字说明可采用 TXT 文件形式保存；该组文件夹内所有照片的文字说明应保存在一个 TXT 文件中；该组照片的组说明应保存在该组照片上一层级文件夹下。

3.8.4 装订

纸质照片应按分类、照片号装册。册内应按照片号顺序排列。

数码照片采用建立层级文件夹的形式进行分类存储。

3.9 电子文件的收集与整理

3.9.1 电子文件收集

通信技改项目有关单位宜参照归档范围，制定各项目电子文件收集的具体实施细则，收集各项目需要归档的电子文件。

收集电子文件的同时应收集其形成的技术环境、相关软件、版本、数据类型、格式、被操作数据、检测数据等相关信息

电子文件应脱机存储在耐久性好、可长期存储的只读光盘、一次性写入光盘，归档光盘要求参照 DA/T 38。

电子文件格式按国家相关规定执行。扫描电子文件宜为 TIFF 或双层 PDF 格式。

3.9.2 电子文件整理

电子文件分类应与纸质文件保持一致，按 GB/T 18894 规定进行整理。

参照分类，根据文件类目建立层级文件夹。

存储载体宜按“项目代号—光盘顺序号”编号。

存储载体应进行标识，注明编号、保管期限、制作日期等信息。

4 档案审查移交

4.1 项目档案的整理

全部项目档案的汇总整理应由建设单位负责进行或组织。其内容包括：

（1）根据专业主管部门的建设项目档案分类编号规则以及项目实际情况，设计、制定统一的项目档案分类编号体系。

（2）依据项目档案分类编号体系对全部项目档案进行统一的分类和编号；运行单位需要按企业档案统一进行分类和编号的，建设单位（并责成设计、施工及监理单位）可用铅笔临时填写档案号。

（3）对全部项目档案进行清点、编目，并编制项目档案案卷目录及档案整理情况说明。

（4）负责贯彻执行国家及本行业的技术规范及各种技术文件表格。

4.2 项目档案验收

项目档案验收是项目竣工验收的重要组成部分。

国家重点工程和需创建国家优质工程的建设项目，均应进行项目档案专项验收。项目档案专项验收应按国家现行有关标准的规定进行，建设单位应组织参建单位按验收要求进行自检。

凡档案验收不合格的建设项目，验收组应提请项目建设管理单位于项目竣工验收前，限期对存在问题进行整改，并安排项目档案的复查工作。整改后复查仍不合格的，项目档案验收不予通过。未经档案验收或档案验收不合格的项目，不得进行项目竣工验收。

4.3 项目档案审查移交

项目建设单位，在完成各自职责范围内工作后 1 个月内，向项目建设管理单位移交通信技改项目归档文件材料。

在项目竣工投产后 3 个月内，向运行单位移交属于运行单位应当归档保管的项目档案。

各施工、监理、调试、调度等单位在项目竣工投产后 1 个月内，根据档案管理要求，将整理规范的项目档案向建设管理单位移交。

设计单位在完成可研、初设、施工图设计等工作并通过审查、审批后 1 个月内，将上述文件材料向建设管理单位移交。

在项目竣工投产后 2 个月内将竣工图提交施工、监理单位审核签章。

施工、监理单位在收到竣工图半个月内完成审核签署工作，由监理组织施工单位向建设管理单位移交。

物资采购供应单位在完成设计、监理、施工、设备（材料）等采购（含招标）及签订合同、技术协议、设备监造协议等工作后 1 个月内，由物资管理部门（招投标管理中心）负责组织上述单位向项目建设管理单位移交。

运行单位在项目竣工投产后 3 个月内，向建设管理单位移交在生产技术准备和试运行中形成的文件材料。

通信技改项目档案的移交工作应在竣工投产后 3 个月内完成。建设管理单位应编制 2 份移交清册，分别与档案保管单位办理项目档案移交手续，交接双方按照移交清单认真核对、逐卷交接，完毕后双方在移交清册上签字，交接双方各存一份，以备查考。

4.4 档案移交审查要求

通信技改项目归档文件应完整、成套、系统，应记述和反映建设项目的规划、设计、施工和竣工验收的全过程，真实记录和准确反映项目建设过程和竣工时的实际情况，图物相符、技术数据可靠、签字手续完备。

施工单位完成通信技改项目施工文件（含竣工图）案卷整理后，经监理单位对文件的完整、正确情况和案卷质量进行审查后向建设单位移交。监理单位完成的项目监理文件整理后，向建设单位移交。移交时由施工、监理单位分别填写工程归档移交清单、档案移交（接收）登记簿，交接双方签字确认。

建设单位负责将整理、汇总完毕的全部项目档案，向建设管理单位移交。移交时填写通信技改项目档案移交清单，档案移交（接收）登记簿、全引目录，交接双方签字确认。

纸质档案移交同时应通过档案信息管理系统移交电子目录和电子文件。

第五部分

评　价　机　制

1 项目前期评价

1.1 评价方法

项目前期包括规划、项目储备和项目计划，并结合电网和通信技术的发展及时进行滚动和调整。主要对项目前期工作进行评价，在构建指标、确定权重的基础上对通信技改项目实施前的综合评价。

公司项目建设管理单位负责本项目建设单位、监理项目部、施工项目部建设的业务指导、监督检查，在工程投产前，完成对直管工程项目建设单位、监理项目部、施工项目部建设开展情况的综合评价；并指导、核查地市建设管理单位对项目建设单位、监理项目部、施工项目部管理及考核评价工作的开展情况。通过组织开展监督、竞赛交流等活动，提升本单位建设单位标准化管理水平。

1.2 评价标准

通信技改项目分限额以上和限额以下两类。单项通信技改项目投资规模在1500万元及以上的为限额以上项目，按照基本建设程序进行管理；单项通信技改项目投资规模在1500万元以下的为限额以下项目，按照技改程序进行管理。农网通信改造项目不受投资规模限定（不分限额以上和限额以下），严格按照国家及公司有关农村电网升级改造管理办法执行。项目储备管理严格按照国家及公司相关文件执行。项目前期评价综合评价表见附录E中PJ1。

1.3 评价结果应用

根据有关规程和规定，评价项目可行性研究报告质量、项目评审的合理性、项目立项的合规性以及项目决策的科学性等，合理编制工程建设进度计划。工程建设进度计划编制应以电网基建投资计划为依据，充分考虑电网规划、项目前期、工程前期工作、招标采购及物资生产供应合理周期及电网实际运行情况等因素，落实合理工期、均衡投产等要求。

2 项目进度评价

2.1 评价方法

评价项目进度控制水平，以计划工期为基准，运用主观赋权法和客观赋权法相结合进行偏差分析，找出发生偏差原因。建设单位在工程建成投运后一个月内，按照项目进度综合评价表（见附录E中PJ2）的评价内容和评价标准，负责完成对建设单位标准化工作开展情况及其取得的实际效果进行综合评价，并及时将评价结果上报建设管理单位。在项目建设工程中，项目建设管理单位适时对所属项目建设单位、监理项目部、施工项目部工作开展情况及其实际效果进行过程评价。

项目建设管理单位执行年度工程建设进度计划，按期上报工程开工、投产项目，定期分析项目进展情况并开展进度纠偏；因外部条件等原因造成不能按计划开工、投产工程，提出进度计划调整申请并报上级管理部门批准后实施。

2.2 评价标准

根据《基建管理综合评价办法》，组织落实电网项目标准化开工管理，审核设计、监理、施工等单位各项方案、措施、细则。项目建设管理单位对项目建设单位、监理项目部、施工项目部的具体评价内容及标准见项目进度综合评价表，评价表内各检查子项的标准分是该项工作评价的最高得分，同时也是检查扣分的上限。

2.3 评价结果应用

对项目建设单位、施工项目部、监理项目部工作开展情况及其取得的实际效果进行评价，按照工程合同相关条款，将项目进度评价结果作为工程结算和参建单位资信评价的依据。

3 质量管理评价

3.1 评价方法

按照国家及公司相关规定，通信工程设计质量评价范围主要包括初步设计、施工图设计、现场服务、设计变更、竣工图设计五个部分，评价结果由初步设计 65%、施工图设计 20%、现场服务 5%、设计变更 5%、竣工图设计 5%的权重系数加权计算组成。

项目建设单位配合项目建设管理单位完成对设计单位的施工图设计、设计变更、现场服务和竣工图设计四个部分的质量评价，施工图设计质量评价在收到全部施工图后 20 个工作日内完成，设计变更、现场服务、竣工图设计质量评价在工程施工过程中及时完成，并在收到工程竣工图后 20 个工作日完成全部评价工作，并及时将评价结果上报建设管理单位。

项目建设单位质量管理按项目建设流程可分为项目策划、建设施工、工程验收和总结评价四个阶段管理内容。工程投产后，组织编制监理工作总结（见附录 C 中 TJXM2），接受项目建设管理单位的综合评价。项目建设单位负责项目建设管理总结中的质量管理部分的编制，总结工程质量管理中好的经验和存在的问题，分析、查找存在问题的原因，提出工作改进措施。参与建设管理单位组织的工程达标投产考核和优质工程自检工作，组织参建单位配合公司完成优质工程复检、核检工作。

3.2 评价标准

对施工、监理、设计单位下达工程质量通病防治任务书（见附录 C 中 TQZL1），填写项目管理策划文件（质量通病防治任务书）管控记录表。

通信工程项目质量管理评价满分 100 分，具体评价指标及评价标准依据质量管理评价表（见附录 E 中 PJ3），评价表内各评价子项的标准分是该项工作评价的最高得分，同时也是检查扣分的上限。

3.3 评价结果应用

根据竣工验收结果和设备投运后的状态评价情况，全面评价工程质量和设备质量，总结工程质量管理中好的经验和存在的问题，分析查找存在问题的原因，提出改进措施。

4 安全评价

4.1 评价方法

根据项目实施过程中发生设备故障或人身伤亡、引起其他设备故障停运次数等指标，对照安全管理有关规定，评价项目实施过程安全管理水平。从设备可靠性和在电网安全运行中的重要性等方面对项目实施后设备存在的安全问题进行分析（包括设备运行年限、设备故障及状态检修情况和设备状态评价结果等），从设备本身安全性和对电网安全重要性以及人身安全等方面进行安全评价。

4.2 评价标准

根据国家及公司相关规定要求评价项目运行前后设备可靠性和在电网安全运行中的重要性等方面对设备存在的安全问题进行分析（包括设备运行年限、设备故障及状态检修情况和设备状态评价结果等），并结合相关安全指标（如技术改造后发生设备故障或人身伤亡指标）变化进行深入评价。

根据国家及公司相关规定项目安全文明施工标准化管理评价报告（见附录 B 中 AQ6），建设管理单位或建设单位组织有关专家、工程参建各方，按评价时段要求做好安全文明施工标准化管理评价工作。

根据国家及公司相关规定要求，建设单位组织项目设计单位对施工、监理项目部进行项目作业安全风险评价。

4.3 评价结果应用

根据安全评价表（见附录 E 中 PJ4），监督责任单位进行问题整改闭环，定期总结分析，及时提出改进安全文明施工工作的建议，配合公司做好安全文明施工标准化管理评价的抽查工作。

5 技术管理评价

5.1 评价方法

根据参建单位编制的项目管理中技术管理制度、特殊施工技术方案等项目技术文件或方案，开展施工图编制至竣工图移交阶段的设计质量评价。根据技术管理评价表（见附录 E 中 PJ5）中的评价指标及标准，监理项目部和施工项目部完成技术管理评价。

5.2 评价标准

监理项目部对施工图进行预检，形成预检意见，参加施工过程中重要（关键）环节的施工技术交底会，根据工程不同阶段和特点，对现场监理人员进行岗前教育培训和技术交底，组织审查专项施工方案，审查意见明确、准确，有针对性，及时反馈施工项目部，并监督方案在现场的有效执行。

施工项目部对施工图进行预检，形成预检意见，建立技术标准执行清单并及时进行更新，编制施工方案（措施）、作业指导书并履行审批程序，审批后进行技术交底，监督技术方案在现场的实际执行，提出设计变更时，编写设计变更联系单，履行设计变更审批手续，严格执行审批后的设计变更。设计变更单执行完毕后，填写设计变更执行报验单并履行报验手续。

5.3 评价结果应用

依托通信工程技改项目的研究进度、阶段成果和质量水平，按时报送研究项目实施情况，配合研究项目验收，对项目的技术管理内容进行归纳和整理，为工程总结和综合评价提供参考依据。

6 项目后评价

6.1 评价方法

根据项目特点，项目后评价工作分为两种形式，即单一项目后评价和同类项目后评价。项目后评价评价方法主要分为逻辑框架法和对比法（见附录 E 中 PJ6）。

（1）逻辑框架法。通过投入、产出、直接目的和宏观影响四个层面对项目进行分析和总结。

（2）对比法。根据项目实际情况，对照项目立项时所确定的目标，找出偏差和变化，分析原因，得出结论和经验教训。技改项目后评价对比法包括前后对比、有无对比和横向对比：

1）前后对比法是项目实施前后相关指标的对比，用以直接估量项目实施的相对成效。

2）有无对比法是指在项目周期内“有项目”（实施项目）相关指标的实际值与“无项目”（不实施项目）相关指标的预测值对比，用以度量项目真实的效益、作用及影响。

3）横向对比法是同一行业内同类项目相关指标的对比，用以评价项目的绩效或竞争力。

6.2 评价标准

在生产技术改造项目计划审核阶段，公司综合项目规模、重要性、典型性等因素选择具有示范性或对其他项目具有借鉴和指导作用的项目实施后评价，并明确评价报告上报时间。对于公司选定的后评价项目，各级单位应全面加强资料收集，整理完整的、涵盖项目全过程（从项目申报至评价截止日期）的基础资料，委托具有相应资质的第三方工程技术咨询机构或组织专家组开展评价工作，并按照规定时间将评价报告行文上报公司总部。生产技术改造项目后评价报告模板见附录 E 中 PJ7。

（1）效能评价。

论述项目运行后在提升输电能力、设备等效利用率和节能环保水平、适应电网发展等方面的效果，并结合相关效能指标（如技术改造后生产能力变化以及可用率、装置动作正确率、电压合格率、装置投入率、主保护运行率、录波完好率及二氧化硫减排指标、二氧化碳减排指标、站用电指标、线损率指标等）变化进行深入评价。

（2）经济效益评价。

按照资产全寿命周期成本（LCC）计算方法，对项目技术方案的初始投入成本、运维成本、检修成本、故障成本、退运处置成本等进行全面计算归集，采用成本比较法或成本–效益比较法对项目实施的经济效益进行评价。

（3）社会效益评价。

仅对社会有影响的项目进行社会效益评价，主要评价内容包括占地补偿、树木赔偿、带动社会经济发展、推动产业技术进步等。

（4）环境影响评价。

仅对环境存在较大影响的项目进行环境影响评价，主要评价内容包括项目环境达标情况、项目环境保护设施建设情况以及对环境和生态保护方面相关规定的执行情况等。

（5）退役设备再利用评价。

根据项目可研阶段对拆除设备的再利用方案，评价退役设备再利用工作。一是对退役设备拆除过程中采取的保护措施进行评价，并结合拆除后设备技术鉴定情况对可研阶段再利用评估工作进行评价。二是根据退役设备再利用及运行情况，评价项目可研阶段再利用方案的合理性和可操作性。

6.3 评价结果应用

评价项目投运后的生产运行情况以及与标准规定的性能指标偏差，并从效能、经济效益、社会效益、环境影响、退役设备再利用方面评价改造目标的实现程度。对不同类型项目和不同对象，采取多种形式进行反馈和交流，在公司系统共享后评价成果，完善相关制度标准。各级单位应根据项目后评价报告所提出的对策和建议，督促项目实施单位落实整改意见，提出改进措施，对项目立项、实施过程、效益和改造目标等进行全面、系统、客观的分析和评价，以全面总结经验，提高投资决策和项目管理水平。

7 监理评价

7.1 评价方法

在建设任务完成后，按照监理项目部相关评价表（见附录E）的评价内容和评价标准，接受并配合建设单位对监理项目部的综合评价。

7.2 评价标准

监理项目部综合评价主要包括监理项目部标准化建设、策划管理、项目管理、安全管理、质量管理、进度管理等，具体评价内容及评价标准见附录E，评价表内各检查子项的标准分是该项工作评价的最高得分，同时也是检查扣分的上限。

7.3 评价结果应用

（1）按照工程监理合同相关条款，将综合评价结果作为工程结算的依据。

（2）按照国家及公司相关规定，监理项目部综合评价得分即为监理承包商本工程指标评价得分，将评价结果与承包商资信评价予以挂钩落实。

附录A

名　词　术　语

1. 省级公司

省级公司是公司直属建设分公司及省、直辖市、自治区公司的简称。

2. 地市公司

地市公司是省级电力公司下属的地市级公司的简称。

3. 县级公司

县级公司是地市级供电公司下属的县级公司的简称。

4. 建设管理单位

建设管理单位是指受项目法人单位委托对电网项目进行建设管理的各级单位。

5. 总监理工程师

由工程监理单位法定代表人书面任命，负责履行建设工程监理合同、主持项目监理机构工作的注册监理工程师。

6. 施工项目经理

施工单位法定代表人在建设工程项目上的授权委托代理人。

7. 施工分包

施工分包指施工承包商将其承包工程中专业工程或劳务作业发包给其他具有相应资质等级的施工单位完成的活动。

8. 施工分包

施工承包商将其承包工程中专业工程或劳务作业发包给其他具有相应资质等级的施工单位完成的活动。

9. “三通一标”

“通用设计、通用设备、通用造价、标准工艺”的简称。

10. “两型三新”

“两型三新”是“资源节约型、环境友好型和新技术、新材料、新工艺”的简称。

11. “两型一化”

“两型一化”是“资源节约型、环境友好型和工业化”的简称。

12. 标准工艺

标准工艺是对国家电网有限公司输变电工程质量管理、工艺设计、施工工艺和施工技术等方面成熟经验、有效措施的总结与提炼而形成的系列成果，由输变电工程“工艺标准库”“典型施工方法”“标准工艺设计图集”等组成，经公司统一发布、推广应用。

13. 达标投产

达标投产是在输变电工程建成投产后，在规定的考核期内，按照统一的标准，对投产的各项指标和建设过程中的工程安全、质量、工期、造价、综合管理等进行全面考核和评价的工作。

14. 工程量管理

工程量管理是工程项目实施过程中，依据设计图纸、工程设计变更和经审核确认的工程联系单等，按照《电力建设工程工程量清单计价规范》的工程量计算规则，对施工工程量进行的计算、统计和审核等管理工作。

15. 工程概算

工程概算是工程初步设计概算的简称，是编制工程投资计划、招标、施工图预算、工程结算的重要依据。在初步设计阶段，应根据初步设计文件、定额和费用计算有关规定编制概算。

16. 批准概算

批准概算是批复的工程概算的简称，是工程建设的投资限额，原则上不做调整。

17. 监理规划

在监理单位与建设管理单位签订委托监理合同之后，由总监理工程师主持编制，经监理单位技术负责人书面批准，用来指导监理项目部全面开展监理工作的指导性文件。

18. 监理实施细则

根据批准的监理规划，由专业监理工程师编写，并经总监理工程师书面批准，针对工程项目中某一专业或某一方面监理工作的操作性文件。

19. 监理例会

在工程实施过程中，由监理项目部主持的，由有关单位参加的针对工程质量、造价、进度、合同管理及安全监理与环境保护等事宜定期召开的会议。

20. 设计变更

设计变更是指工程初步设计批复后至工程竣工投产期间内，因设计或非设计原因引起的对初步设计文件或施工图设计文件的改变。

21. 重大设计变更

重大设计变更是指改变了初步设计审定的设计方案、主要设备选型、工程规模、建设标准等原则意见，或单项设计变更投资变化超过 20 万元的设计变更。

22. 一般设计变更

一般设计变更是指除重大设计变更以外的设计变更。

23. 现场签证

现场签证是在施工过程中除设计变更外，其他涉及工程量增减、合同内容变更以及合同约定发承包双方需确认事项的签认证明。

24. 重大签证

重大签证是指单项签证投资增减额超过 10 万元的签证。

25. 一般签证

一般签证是指除重大签证以外的签证。

26. 工程计量

根据设计文件及施工承包合同中关于工程量计算的规定，项目监理机构对承包单位申报的已完成的合格工程的工程量进行的核验。

27. 文件审查

对施工单位编制的报审文件进行审查，并签署意见的监理活动。

28. 旁站

在关键部位或关键工序施工过程中，监理人员在现场进行的全过程监督活动。

29. 巡视

对正在施工的部位或工序在现场进行定期或不定期的监督活动。

30. 平行检验

利用一定的检查或检测手段，在施工单位自检的基础上，按照一定的比例独立进行的检查或检测活动。

31. 见证

由监理人员现场监督某工序全过程完成情况的活动。

32. 签证

对重要施工设施在投入使用前和重大工序转接前进行的检查及确认活动。

33. 费用索赔

根据承包合同的约定，合同一方因另一方原因造成本方经济损失，通过监理工程师向对方索取费用的活动。

34. 风险识别

识别风险因素的存在并确定其特性的过程。风险识别首先要确定风险因素的存在，然后确定风险因素的性质，即应识别出不同作业活动或设备风险因素的种类与分布，以及伤害或产生损失的方式、途径和性质。

35. 风险评估

评估风险大小以及确定风险是否容许的全过程。

36. 风险管理

运用系统的观念和方法研究风险与环境之间的关系，运用安全系统工程的理念识别、评价、量化、分析风险，并在此基础上有效控制风险，用经济合理的方法来综合处置风险，以实现大安全保障和经济的科学管理方法。

37. 安全文明施工标准化管理

通过落实相关各方管理责任、开展全过程管理和进行量化评价考核，实现输变电工程安全制度执行标准化、安全设施标准化、个人防护用品标准化、现场布置标准化、作业行为规范化和环境影响小化，确保施工安全。

38. 安全文明施工费

安全文明施工费是安全生产费、文明施工费和环境保护费三部分费用的总称。安全生产费是指企业按照规定标准提取在成本中列支，专门用于完善和改进企业或者项目安全生产条件的资金。文明施工费是指施工现场按照文明施工、绿色施工要求采取的文明保障措施所发生的费用。环境保护费是指施工现场为达到环保部门要求所需要的各项费用。

39. 工程结算

工程结算是指对工程发承包合同价款进行约定和依据合同约定进行工程预付款、工程进度款、工程竣工价款结算的活动。工程结算范围包括工程建设全工程中的建筑工程费、安装工程费、设备购置费和其他费用。

40. 竣工决算

竣工决算是综合反映基本建设工程投资情况、工程概预算执行情况、建设成果和财务状况的总结性文件，是正确核定新增资产价值的重要依据。

41. 工程审计

检查工程会计凭证、会计账簿、会计报表以及其他与财务收支有关的资料和资产，监督财务收支真实、合法和效益的行为。工程审计是工程结算的监督行为，是审计部门的职责。

42. 依托工程基建新技术研究项目

依托工程基建新技术研究项目是指解决工程建设过程中的技术难点，研究成果具有普及推广应用价值，依托输变电工程开展的专题研究项目。

附录 B

基本规程规范和标准配置

表 B－1　　　　　　　　　　法律、法规及其他要求清单

序号	名　　称	颁发部门	实施日期
一	国家法律法规		
1	《中华人民共和国安全生产法》	全国人大常委会	2002－11－1
2	《中华人民共和国电力法》	全国人大常委会	1996－4－1
3	《中华人民共和国建筑法》（2011 年修订）	全国人大常委会	1998－3－1
4	《中华人民共和国合同法》	全国人大常委会	1999－10－1
5	《中华人民共和国招标投标法》	全国人大常委会	2000－1－1
6	《中华人民共和国劳动法》	全国人大常委会	1995－1－1
7	《中华人民共和国劳动合同法》	全国人大常委会	2013－7－1
8	《中华人民共和国食品安全法》	全国人大常委会	2009－6－1
9	《中华人民共和国环境保护法（2002 年修订）》	全国人大常委会	1989－12－26
10	《中华人民共和国环境噪声污染防治法》	全国人大常委会	1989－12－26
11	《中华人民共和国大气污染防治法》	全国人大常委会	2000－9－1
12	《中华人民共和国放射性污染防治法》	全国人大常委会	2003－10－1
13	《中华人民共和国固体废物污染环境防治法（2004 年修订）》	全国人大常委会	1996－4－1
14	《中华人民共和国水污染防治法（2008 年修订）》	全国人大常委会	1984－11－1
15	《中华人民共和国档案法（1996 年修订）》	全国人民代表大会	1987－9－5
16	《中华人民共和国消防法（2009 年修订）》	全国人大常委会	1998－9－1
17	《中华人民共和国宪法（2004 年修正）》	全国人大常委会	1982－12－4
18	《中华人民共和国刑法（2011 年修正）》	全国人大常委会	1979－7－1
19	《中华人民共和国道路交通安全法》（2011 年修订）	全国人大常委会	2004－5－1
20	《中华人民共和国治安管理处罚法》（2012 年修订）	全国人大常委会	2006－3－1
二	国务院、部级法律法规		
1	《中华人民共和国工程建设标准强制性条文（电力工程部分）》（2011 年版）	建设部	2006－9－1
2	《建设工程质量管理条例》	国务院	2000－1－30
3	《建设项目环境保护管理条例》	国务院	1998－11－29

续表

序号	名　称	颁发部门	实施日期
4	《企业安全生产费用提取和使用管理办法》	财政部	2012－2－14
5	《建筑起重机械安全监督管理规定》	建设部	2008－6－1
6	《劳动防护用品监督管理规定》	国家安全生产监督管理总局	2005－9－1
7	《起重机械安全监察规定》	国家质量监督检验检疫总局	2007－6－18
8	《生产安全事故报告和调查处理条例》	国务院	2007－6－1
9	《实施工程建设强制性标准监督规定》	建设部	2000－8－25
10	《特种设备安全监察条例（2009 年修订）》	国务院	2003－6－1
11	《特种设备质量监督与安全监察规定》	国家质量技术监督局	2000－10－1
12	《自然灾害类突发公共事件专项应急预案》	国务院	2006－1－10
13	《关于印发〈危险性较大的分部分项工程安全管理办法〉的通知》	住房和城乡建设部	2009－5－13
14	《中华人民共和国工程建设标准强制性条文（房屋建筑部分）》（2013 年版）	住房和城乡建设部	2013
三	相关公司级要求		
1	《国家电网公司安全生产工作规定》	国家电网有限公司	2003－10－8
2	《国家电网公司电网电力安全工器具管理规定（试行）》	国家电网有限公司	2005－8－9
3	《国家电网公司电力安全工作规程（变电部分）》Q/GDW 1799.1—2013	国家电网有限公司	2013－11－6
4	《电力安全工作规程（线路部分）》	国家电网有限公司	2009－8－1
5	《国家电网公司基建质量管理规定》国网（基建/2）112—2014	国家电网有限公司	2014－4－1
6	《国家电网公司输变电工程结算管理办法》国网（基建/3）114—2014	国家电网有限公司	2014－4－1
7	《国家电网公司基建安全管理规定》国网（基建/2）173—2014	国家电网有限公司	2014－4－1
8	《国家电网公司基建技术管理规定》国网（基建/2）174—2014	国家电网有限公司	2014－4－1
9	《国家电网公司基建技经管理规定》国网（基建/2）175—2014	国家电网有限公司	2014－4－1
10	《国家电网公司输变电工程施工安全风险识别评估及预控措施管理办法》国网（基建/3）176—2014	国家电网有限公司	2014－4－1
11	《国家电网公司基建新技术研究及应用管理办法》国网（基建/3）178—2014	国家电网有限公司	2014－4－1

续表

序号	名　　称	颁发部门	实施日期
12	《国家电网公司输变电工程进度计划管理办法》国网（基建/3）179—2014	国家电网有限公司	2014－4－1
13	《国家电网公司输变电工程建设单位管理办法》国网（基建/3）180—2014	国家电网有限公司	2014－4－1
14	《国家电网公司输变电工程施工分包管理办法》国网（基建/3）181—2014	国家电网有限公司	2014－4－1
15	《国家电网公司输变电工程优质工程评定管理办法》国网（基建/3）182—2014	国家电网有限公司	2014－4－1
16	《国家电网公司输变电工程设计变更与现场签证管理办法》国网（基建/3）185—2014	国家电网有限公司	2014－4－1
17	《国家电网公司输变电工程标准工艺管理办法》国网（基建/3）186—2014	国家电网有限公司	2014－4－1
18	《国家电网公司输变电工程安全文明施工标准化管理办法》国网（基建/3）187—2014	国家电网有限公司	2014－4－1
19	《国家电网公司输变电工程验收管理办法》国网（基建/3）188—2014	国家电网有限公司	2014－4－1
20	《国家电网公司输变电工程流动红旗竞赛管理办法》国网（基建/3）189—2014	国家电网有限公司	2014－4－1
21	《关于印发〈公司电网建设项目档案管理办法（试行）〉的通知》	国家电网有限公司	2010－2－24

表B－2　　　　标准配置简表

序号	标　准　名　称	标准代号	标准级别
一	施工安全标准		
1	《建设工程施工现场供用电安全规范》	GB 50194—2014	国标
2	《电力建设安全工作规程》	DL 5009	行标
3	《施工现场临时用电安全技术规范（附条文说明）》	JGJ 46—2005	行标
4	《危险化学品重大危险源辨识》	GB 18218—2009	国标
5	《电力通信运行管理规程》	DL/T 544—2012	行标
6	《电力系统光纤通信运行管理规程》	DL/T 547—2010	行标
7	《电力系统通信站过电压防护规程》	DL/T 548—2012	行标
8	《电力通信现场标准化作业规范》	Q/GDW 721—2012	企标
9	《电力通信检修管理规程》	Q/GDW 720—2012	企标
二	施工质量标准		
1	《电力建设工程监理规范》	DL/T 5434—2009	行标

续表

序号	标 准 名 称	标准代号	标准级别
2	《电力建设施工质量验收及评价规程　第 1 部分：土建工程》	DL/T 5210.1—2012	行标
3	《跨越电力线路架线施工规程》	DL/T 5106—2017	行标
4	《通风与空调工程施工质量验收规范》	GB 50243—2002	国标
5	《数据通信网工程实施技术规范》	Q/GDW 11341—2014	企标
6	《光传送网（OTN）通信工程验收规范》	Q/GDW 11349—2014	企标
7	《IMS 行政交换网工程验收要求》	Q/GDW 11440—2015	企标
8	《通信专用电源技术要求、工程验收及运行维护规程》	Q/GDW 11442—2015	企标
9	《数据通信网工程验收测试规范》	Q/GDW 11533—2016	企标
10	《国家电网通信管理系统工程建设　第 1 部分：建设规范》	Q/GDW 1873.1—2013	企标
11	《国家电网通信管理系统工程建设　第 2 部分：验收规范》	Q/GDW 1873.2—2014	企标
12	《电力通信工程专业管理规程》	Q/GDW 1916—2013	企标
13	《电力通信现场标准化作业规范》	Q/GDW 721—2012	企标
14	《电力系统通信光缆安装工艺规范》	Q/GDW 758—2012	企标
15	《电力系统通信站安装工艺规范》	Q/GDW 759—2012	企标
三	档案信息标准		
1	《建设项目档案管理规范》	DA/T 28—2018	行标

附录 C

标准化管理模板

项目管理部分（前期）

C.1　项目前期部分

C.1.1　项目管理部分

TQXM1：施工项目部组织机构成立通知

关于成立______工程施工项目部的通知

各有关单位、部门：

为确保______工程的顺利完成，按照基建标准化管理的相关要求，成立______工程施工项目部，履行项目管理职责。

其人员组成如下：

项目经理：

项目副经理：

项目经理：

项目安全员：

项目质检员：

项目技术员：

项目造价员：

项目部资料信息员：

材料员：

综合管理员：

特此通知

施工单位（章）：

______年______月______日

注　施工项目部组织结构应发文以文件形式成立，本模板为推荐格式。

TQXM2：监理项目部成立及总监理工程师任命

关于成立________工程监理项目部及______任职的通知

公司各部门：

根据工程建设监理工作的需要，经研究决定：

成立______________工程监理项目部，任命_______为总监理工程师，负责履行本工程监理合同，主持项目监理机构工作。并正式启用“_________________________”印章。

法定代表人：______（签字或签章）

监理单位：______（盖公章）______

日　期：______年___月___日

抄送：（建设管理单位）

注　应以文件形式成立，并经法定代表人签字或签章。本模板为推荐格式。

TQXM3：施工项目部主要管理人员资格报审表

施工项目部主要管理人员资格报审表

工程名称：　　　　　　　　　　　　　　　　　　　　　　　　编号：TQXM3－LN××－×××

<table>
<tr><td colspan="4">致____监理项目部：
现报上本项目部主要施工管理人员名单及其资格证件，请查验。工程进行中如有调整，将重新统计并上报。</td></tr>
<tr><td>姓名</td><td>岗位</td><td>证件名称</td><td>有效期至</td></tr>
<tr><td></td><td></td><td></td><td></td></tr>
<tr><td></td><td></td><td></td><td></td></tr>
<tr><td></td><td></td><td></td><td></td></tr>
<tr><td></td><td></td><td></td><td></td></tr>
<tr><td></td><td></td><td></td><td></td></tr>
<tr><td></td><td></td><td></td><td></td></tr>
<tr><td></td><td></td><td></td><td></td></tr>
<tr><td colspan="4">附件：相关资格证件

施工项目部（章）：
项目经理：______________
日　　期：______________</td></tr>
<tr><td colspan="4">监理项目部审查意见：

监理项目部（章）：
总监理工程师：____________
日　　　期：____________</td></tr>
</table>

注　本表一式_____份，由施工项目部填报，建设单位、监理项目部各一份，施工项目部存_____份。

填写、使用说明

（1）主要施工管理人员包括：项目经理、总工、专职质检员、专职安全员等。

（2）按有关规定，项目经理、项目经理、专职质检员、专职安全员必须经过相关培训，持证上岗。

（3）施工项目部应对其报审的复印件进行确认，并注明原件存放处。

（4）监理项目部审查要点：

1）主要施工管理人员是否与投标文件一致。

2）人员数量是否满足工程施工管理需要。

3）更换项目经理是否经建设管理单位书面同意。

4）应持证上岗的人员所持证件是否有效。

TQXM4：项目管理实施规划报审表

项目管理实施规划报审表

工程名称：　　　　　　　　　　　　　　　　　　编号：SXMB2－LN××－×××

<table>
<tr><td>致________________________监理项目部：
我方已根据施工合同的有关规定完成了________________________工程项目管理实施规划（施工组织设计）的编制，并经我单位主管领导批准，请予以审查。
附件：项目管理实施规划/施工组织设计

施工项目部（章）：
项目经理：____________
日　　期：____________</td></tr>
<tr><td>监理项目部审查意见：

监理项目部（章）：
总监理工程师：____________
专业监理工程师：____________
日　　期：____________</td></tr>
<tr><td>建设单位审批意见：

建设单位（章）：
项目负责人：____________
日　　期：____________</td></tr>
</table>

注　本表一式______份，由施工项目部填报，建设单位、监理项目部各一份，施工项目部存______份。

填写、使用说明

（1）项目管理实施规划（施工组织设计）应由项目经理组织编制，施工单位相关职能管理部门审核，施工企业技术负责人批准。文件封面的落款为施工单位名称，并加盖施工单位章。

（2）监理项目部应从文件的内容是否完整，施工进度计划是否满足合同工期，是否能够保证施工的连续性、紧凑性、均衡性；总体施工方案在技术上是否可行，经济上是否合理，施工工艺是否先进，能否满足施工进度计划要求，安全文明施工、环保措施是否得当；施工现场平面布置是否合理，是否符合工程安全文明施工总体策划，是否与施工进度计划相适应、是否考虑了施工机具、材料、设备之间在空间和时间上的协调；资源供应计划是否与施工进度计划和施工方案相一致等方面进行审查，提出监理意见。

附件：

________工程

项目管理实施规划/施工组织设计

施工单位（章）

______年_____月_____日

批　准：（企业技术负责人）　　＿＿年＿＿月＿＿日

审　核：（企业安全管理部门）　　＿＿年＿＿月＿＿日

（企业质量管理部门）　　＿＿年＿＿月＿＿日

（企业技术管理部门）　　＿＿年＿＿月＿＿日

编　写：（项目经理）　　＿＿年＿＿月＿＿日

（主要编写人员）　　＿＿年＿＿月＿＿日

目　　录

（不限于）

8.3 施工现场消防总体布置

8.4 工地管理方案与制度

9 施工方法与资源需求计划

9.1 劳动力需求计划及计划投入的施工队伍

9.2 施工方法及主施工机具选择

9.3 施工机具需求计划

9.4 材料、消耗材料需求计划

9.5 资金需求计划

10 施工管理与协调

10.1 技术管理及要求

10.2 物资管理及要求

10.3 资金管理及要求

10.4 作业队伍及管理人员管理及要求

10.5 协调工作（参建方、外部）

10.6 分包计划与分包管理

10.7 计划、统计和信息管理

10.8 资料管理

11 标准工艺施工

11.1 标准工艺实施目标及要求

11.2 标准工艺及技术控制措施

11.3 工艺标准、施工要点及实施效果

11.4 标准工艺成品保护措施

12 创优策划

12.1 施工创优目标

12.2 施工创优管理措施

13 施工新技术应用

13.1 采用新设备

13.2 采用新工艺

13.3 采用新材料

14 主要技术经济指标

14.1 项目技术经济指标

14.2 降低成本计划与措施

TQXM5：施工进度计划报审表

施工进度计划报审表

工程名称：　　　　　　　　　　　　　　　　　　　　　　　　编号：TQXM5－LN××－×××

<table>
<tr><td>
致________________________________监理项目部：
现报上________________________工程施工进度计划，请审查。
附件：____________工程施工进度计划（横道图）

施工项目部（章）：
项目经理：____________
日　　期：____________
</td></tr>
<tr><td>
监理项目部审查意见：

监理项目部（章）：
总监理工程师：__________
专业监理工程师：________
日　　　　期：________
</td></tr>
<tr><td>
建设单位审批意见：

建设单位（章）：
项目负责人：__________
日　　期：__________
</td></tr>
</table>

注　本表一式____份，由施工项目部填报，建设单位、监理项目部各一份，施工项目部存____份。

TQXM6：施工进度调整计划报审表

施工进度调整计划报审表

工程名称： 编号：TQXM6－LN××－×××

<table>
<tr><td>致________________监理项目部：
现报上________________工程施工进度调整计划，请审查。
附件：________________施工进度调整计划

施工项目部（章）：
项目经理：________
日　　期：________</td></tr>
<tr><td>监理项目部审查意见：

监理项目部（章）：
总监理工程师：________
专业监理工程师：________
日　　　期：________</td></tr>
<tr><td>建设单位审批意见：

建设单位（章）：
项目负责人：________
日　　期：________</td></tr>
</table>

注　本表一式______份，由施工项目部填报，建设单位、监理项目部各一份，施工项目部存______份。

TQXM7：文件审查记录表

文件审查记录表

工程名称：　　　　　　　　　　　　　　　　　　　　　　编号：

<table>
<tr><td colspan="2">文件名称</td><td colspan="2">（写文件全称）</td></tr>
<tr><td colspan="2">送审单位</td><td colspan="2">（文件编制单位）</td></tr>
<tr><td>序号</td><td colspan="2">监理项目部审查意见</td><td>施工项目部反馈意见</td></tr>
<tr><td></td><td colspan="2"></td><td></td></tr>
<tr><td></td><td colspan="2"></td><td></td></tr>
<tr><td></td><td colspan="2"></td><td></td></tr>
<tr><td></td><td colspan="2"></td><td></td></tr>
<tr><td></td><td colspan="2"></td><td></td></tr>
<tr><td></td><td colspan="2"></td><td></td></tr>
<tr><td></td><td colspan="2"></td><td></td></tr>
<tr><td></td><td colspan="2"></td><td></td></tr>
<tr><td colspan="3">总监理工程师：＿＿＿＿＿
日　期：＿＿＿年＿＿月＿＿日</td><td>项目经理：＿＿＿＿＿
日　期：＿＿＿年＿＿月＿＿日</td></tr>
<tr><td colspan="2">监理复查意见</td><td colspan="2">总监理工程师：＿＿＿＿＿
日　期：＿＿＿年＿＿月＿＿日</td></tr>
</table>

注　1. 施工项目部按监理的审查意见逐条回复，采纳监理意见应说明具体修改部位，不采纳时应说明原因。

2. 本表一式两份，监理、施工项目部各存 1 份。

TQXM8：监理策划文件报审表

监理策划文件报审表

工程名称：　　　　　　　　　　　　　　　　　　　　　　　　编号：

<table>
<tr><td>致________（建设单位）：
我方已完成__________的编制，并已履行我公司内部审批手续，请审批。
附：监理策划文件

监理项目部（章）
总监理工程师：________
日　期：____年___月___日</td></tr>
<tr><td>建设单位审批意见：

建设单位（章）：
项目负责人：________
日　　期：________</td></tr>
</table>

注　本表一式__份，由监理项目部填写，建设单位存一份、监理项目部存___份。

TQXM9：监理规划

____________工程
监　理　规　划

批准（公司技术负责人）____________　_____年____月____日

审核（公司职能部门）______________　_____年____月____日

编制（总监理工程师）______________　_____年____月____日

（监理公司名称）
（加盖监理公司公章）
_______年_______月

目 录

C.1.2 安全管理部分

TQAQ1：施工安全管理及风险控制方案报审表

安全管理部分（前期）

施工安全管理及风险控制方案报审表

工程名称：　　　　　　　　　　　　　　　　　　　　　　　编号：TQAQ1－LN××－×××

<table>
<tr><td>
致____________________监理项目部：
现报上____________________工程施工安全管理及风险控制方案，请审查。
附件：_____工程施工安全管理及风险控制方案

施工项目部（章）：
项目经理：________________
日　　期：________________
</td></tr>
<tr><td>
监理项目部审查意见：

监理项目部（章）：
总监理工程师：____________
专业监理工程师：__________
日　　　　期：__________
</td></tr>
<tr><td>
建设单位意见：

建设单位（章）：
项目负责人：______________
日　　　期：______________
</td></tr>
</table>

注　本表一式____份，由施工项目部填报，建设单位、监理项目部、施工项目部各存____份。

TQAQ2：主要施工机械/工器具/安全防护用品（用具）报审表

主要施工机械/工器具/安全防护用品（用具）报审表

工程名称：　　　　　　　　　　　　　　　　　　　　　　　　编号：TQAQ2－LN××－×××

致____________________监理项目部：

现报上拟用于本工程的主要施工机械/工器具/安全防护用品（用具）清单及其检验资料，请查验。工程进行中如有调整，将重新统计并上报。

器具名称	检验证编号	数量	检验单位	有效期至

附件：相关检验证明文件

施工项目部（章）：
项目经理：____________
日　　期：____________

监理项目部审查意见：

监理项目部（章）：
专业监理工程师：____________
日　　　　期：____________

注　本表一式____份，由施工项目部填报，建设单位、监理项目部各一份，施工项目部留存____份。

填写、使用说明

（1）施工项目部在进行开工准备时，或拟补充进场主要施工机械或工器具或安全用具时，应将机械、工器具、安全用具的清单及检验、试验报告、安全准用证等报监理项目部查验。

（2）施工项目部应对其报审的复印件进行确认，并注明原件存放处。

（3）工作要点：

1）主要施工机械设备/工器具/安全用具的数量、规格、型号是否满足项目管理实施规划（施工组织设计）及本阶段工程施工需要。

2）机械设备定检报告是否合格，起重机械的安全准用证是否符合要求。

3）安全用具的试验报告是否合格。

TQAQ3：大中型施工机械进场/出场申报表

大中型施工机械进场/出场申报表

工程名称： 编号：TQAQ3－LN××－×××

<table>
<tr><td>致____________监理项目部：
根据工程实际施工需要及工程量完成情况，我单位拟于______年____月____日将____________施工机械进/出场，请予以确认。

施工项目部（章）：
项目经理：__________
日　　期：__________</td></tr>
<tr><td>监理项目部审查意见：

监理项目部（章）：
总监理工程师：__________
日　　　期：__________</td></tr>
</table>

注　本表一式____份，由施工项目部填报，建设单位、监理项目部各一份，施工项目部留存____份。

填写、使用说明

（1）施工项目部在大、中型机械设备进场或出场前，应将此事件向监理项目部申报。

（2）监理项目部对进场申报的审查要点：

1）拟进场设备是否与投标承诺一致。

2）是否适合现阶段工程施工需要。

3）拟进场设备检验、试验报告/安全准用证等是否已经报审合格。

（3）工作要点：

1）拟出场设备的工作是否已经完成；

2）后续施工是否不再需要使用该设备。

TQAQ4：安全文明施工设施配置计划申报单

安全文明施工设施配置计划申报单

工程名称：　　　　　　　　　　　　　　　　　　　　　　　　编号：TQAQ4－LN××－×××

序号	安全设施名称	规　格	数量	备注
1				
2				
3				
4				
5				
6				
7				
8				
9				
10				
11				
12				
13				
14				
15				
16				
17				
18				
19				
20				

申报单位：______ 日期：______ 总监理师：______ 日期：______ 建设单位：______ 日期：______

注　该表由施工项目部分阶段编制，经监理项目部审核、建设单位批准，作为整个工程安全文明施工设施配置的依据。

TQAQ5：安全监理工作方案

____________工程

安 全 监 理 工 作 方 案

批准（总监理工程师）____________ ____年____月____日

审核（总监理工程师代表或专业监理工程师）____________ ____年____月____日

编制（安全监理工程师）____________ ____年____月____日

____________监理项目部

（加盖监理项目部公章）

______年______月

目　录

编写说明：

1. 编制依据：与本方案相关的国家、行业有关法律、法规、规程规范，以及公司有关标准、制度和办法；经审批的监理规划和建设单位安全文明施工总体策划等。

2. 安全管理监理工作目标：根据监理规划和安全文明施工总体策划，制订安全管理监理工作分解目标，包括文明施工目标，且该目标的级别应高于上述两个文件。

3. 安全管理组织机构及工作职责：图表形式表述安全监理组织机构和工作职责。

4. 安全管理工作控制要点：按照“四通一平”、土建工程和电气安装工程分别描述。

5. 安全管理方法及措施：从安全工作策划（包括自身编审及施工报审文件审查等）、安全风险及应急管理、重要设施及重大工序转接、安全通病防治控制措施、安全文明施工管理、安全旁站及巡视监理工作方法等方面进行描述，其中安全旁站及巡视作为重要控制手段，列表细化安全旁站及巡视范围、计划及内容。

C.1.3 质量管理部分

TQZL1：质量通病防治措施报审表

质量管理部分（前期）

质量通病防治措施报审表

工程名称：　　　　　　　　　　　　　　　　　　　　编号：TQZL1－LN××－×××

致________________监理项目部： 现报上________________质量通病防治措施报审表，请审查。 附件：质量通病防治措施 施工项目部（章）： 项目经理：__________ 日　　期：__________
监理项目部审查意见： 监理项目部（章）： 总监理工程师：__________ 专业监理工程师：__________ 日　　　期：__________
建设单位审批意见： 建设单位（章）： 项目负责人：__________ 日　　期：__________

注　本表一式____份，由施工项目部填报，建设单位、监理项目部各____份、施工项目部存____份。

附件：

质量通病防治措施

工程名称：

<table>
<tr><td>建设单位</td><td colspan="3"></td></tr>
<tr><td>施工单位</td><td></td><td>单位工程</td><td></td></tr>
<tr><td>监理单位</td><td></td><td>开工日期</td><td></td></tr>
<tr><td>工程地点</td><td></td><td>竣工日期</td><td></td></tr>
</table>

序号	防治项目	主要措施
1		
2		
3		
4		
5		
6		
7		

施工项目经理：　　　　　　　　年　月　日

施工项目经理：　　　　　　　　年　月　日

注　本表一式____份，由施工项目部填报，建设单位、监理项目部各______份、施工项目部存______份。

TQZL2：施工质量验收及评定范围划分报审表

施工质量验收及评定范围划分报审表

工程名称：　　　　　　　　　　　　　　　　　　　　　　　编号：TQZL2－LN××－×××

致________________________________监理项目部： 现报上____________________工程施工质量验收及评定范围划分表，请审查。 附件：1. 土建工程施工质量验收及评定范围划分表 2. 电气安装工程施工质量验收及评定范围划分表 施工项目部（章）： 项目经理：____________ 日　　期：____________
监理项目部审查意见： 总监理工程师：__________ 专业监理工程师：________ 日　　　期：________
建设单位审批意见： 建设单位（章）： 项目负责人：__________ 日　　期：____________

注　本表一式____份，由施工项目部填报，建设单位、监理项目部各____份，施工项目部存____份。

填写、使用说明

（1）施工项目部在工程开工前，应对承包范围内的工程进行单位、分部、分项、检验批施工质量验收及评定范围项目划分，并将划分表报监理项目部审查。

（2）监理项目部应结合各单位、分部、分项工程的施工特点，明确划分原则。

（3）专业监理工程师审查要点：

1）施工质量验收及评定项目划分是否准确、合理、全面。

2）三级验收责任是否落实。

（4）总监理工程师审查同意后，报建设单位审批。

TQZL3：计量器具台账

计 量 器 具 台 账

工程名称：　　　　　　　　　　　　　　　　　　　编号：TQZL3－LN××－×××

序号	编号	名称	型号 规格	调入 日期	校验有效 期证书	发放人	领用人 领用日期	归还 日期	备注

注　由施工项目部填报，施工项目部存____份。

TQZL4：主要测量计量器具/试验设备检验报审表

主要测量计量器具/试验设备检验报审表

工程名称：　　　　　　　　　　　　　　　　　　　　　　　　编号：TQZL4－LN××－×××

致＿＿＿＿＿＿＿＿＿＿＿＿＿＿＿＿监理项目部：

现报上拟用于本工程的主要测量、计量器具、试验设备及其检验证明，请查验。工程进行中如有调整，将重新统计并上报。

附件：测量、计量器具及试验设备检验证明复印件

施工项目部（章）：
项目经理：＿＿＿＿＿＿
日　　期：＿＿＿＿＿＿

器具名称	编号	检验证编号	检验单位	有效期

监理项目部审查意见：

监理项目部（章）：
专业监理工程师：＿＿＿＿＿＿
日　　　　期：＿＿＿＿＿＿

注　本表一式＿＿＿份，由施工项目部填报，监理项目部＿＿＿份，施工项目部存＿＿＿份。

TQZL5：试验（检测）单位资质报审表

试验（检测）单位资质报审表

工程名称：　　　　　　　　　　　　　　　　　　　　　　　　编号：TQZL5－LN××－×××

致________________________监理项目部： 根据工程需要，经我公司审查，________________试验（检测）单位可提供材料（仪表）试验（检测），请予批准。 附件：1. 试验室的资质等级及其试验范围 2. 法定计量部门对试验设备出具的计量检定证明 3. 本工程的试验项目及其要求 4. 实验室管理制度 5. 试验人员资质 施工项目部（章）： 项目经理：__________ 日　期：__________
监理项目部审查意见： 监理项目部（章）： 专业监理工程师：________ 总监理工程师：________ 日　　期：________

注　本表一式_____份，由施工项目部填报，监理项目部_____份，施工项目部存_____份。

填 写、使 用 说 明

（1）施工单位在工程开工前，应将采用的施工单位的试验室资质向监理部进行报审。附本工程的试验项目及其要求，拟委托试验室的资质等级及其试验范围、法定计量部门对该试验室试验设备出具的计量检定证明、试验室管理制度、试验人员的资格证书。

（2）施工单位的试验室是指施工单位自有的试验室或委托的试验室。

（3）监理项目部审查要点：

1）拟委托的试验单位资质等级是否符合建设单位的要求，是否通过计量认证。

2）试验资质范围是否包括拟委托试验的项目。

3）试验设备计量检定证明。

4）试验人员资质是否符合要求。

TQZL6：乙供主要材料供货商资质报审表

乙供主要材料供货商资质报审表

工程名称：　　　　　　　　　　　　　　　　　　　　　　　　编号：TQZL6－LN××－×××

<table>
<tr><td>致________________监理项目部：
经我项目部审查，________________生产的________________________，符合国家标准和技术规范以及设计的要求，拟在本工程中采用，现报上该企业有关资料，请审批。
附件：资质证明文件

施工项目部（章）：
项目经理：____________
日　　期：____________</td></tr>
<tr><td>监理项目部审查意见：

监理项目部（章）：
总监理工程师：____________
日　　　　期：____________</td></tr>
<tr><td>建设单位审批意见：

建设单位（章）：
项目负责人：____________
日　　　期：____________</td></tr>
</table>

注　本表一式_____份，由施工项目部填报，建设单位、监理项目部各_____份，施工项目部存_____份。

填写、使用说明

（1）施工项目部在进行乙供主要材料、设备采购前，应将拟采购供货的生产厂家的资质证明文件报监理项目部审查。

（2）主要材料、设备的范围以设计文件中的相关说明为准。

（3）资质证明文件一般包括营业执照、生产许可证、产品（典型产品）的检验报告、企业质量管理体系认证或产品质量认证证书（如果需要）等，新产品应有型式试验报告、鉴定证书等，特种设备应有安全许可证等。报审表应在附件中详列资料名称。

（4）监理项目部审查要点：

1）供货商资质证明文件是否齐全。

2）供货商资质是否符合有关要求。

（5）根据施工承包合同，材料供货商资质需要报建设单位批准的，应报建设单位审批；不需要报审的，由总监理工程师填写“免签”字样。

TQZL7：监理实施细则

______工程

监 理 实 施 细 则

批准（总监理工程师）______ ____年____月____日

审核（总监理工程师代表或专业监理工程师）______ ____年____月____日

编制（专业监理工程师）______ ____年____月____日

______监理项目部

（加盖监理项目部公章）

______年______月

目　录

编写说明：

1. 监理项目部应结合工程特点、施工环境、施工工艺等编制专业监理实施细则，明确监理工作要点、监理工作流程、监理工作方法及措施，达到规范和指导监理工作的目的。

2. 监理实施细则可随工程进展编制，但应在相应工程开始施工前完成，并经总监理工程师审批后实施。

3. 监理实施细则可根据建设工程实际情况及监理项目部工作需要增加其他内容。

4. 当工程发生变化导致原监理实施细则所确定的工作流程、方法和措施需要调整时，专业监理工程师应对监理实施细则进行补充、修改。

TQZL8：质量旁站方案

____________工程
质 量 旁 站 方 案

批准（总监理工程师）______________ ____年____月____日

审核（总监理工程师代表或专业监理工程师）______________ ____年____月____日

编制（专业监理工程师）______________ ____年____月____日

____________监理项目部

（加盖监理项目部公章）

______年______月

目　录

编写说明：

1. 旁站是监理项目部对关键部位和关键工序的施工质量实施建设工程监理的方式之一。

2. 监理旁站范围及内容中应列表细化具体的旁站作业点。

TQZL9：质量通病防治控制措施

____________工程

质量通病防治控制措施

批准（总监理工程师）____________________ ____年____月____日

审核（总监理工程师代表或专业监理工程师） ____年____月____日

编制（专业监理工程师）____________________ ____年____月____日

____________监理项目部

（加盖监理项目部公章）

______年______月

目　　录

编写说明：

根据《公司输变电工程质量通病防治工作要求及技术措施》（基建质量〔2010〕19 号）的要求，制订质量通病防治工作的监理预控和检查专项措施。

C.1.4 技术管理部分

TQJS1：图纸预检记录

技术管理部分（前期）

图 纸 预 检 记 录

编号：TQJS1－LN××－×××

图纸名称			
审核人		审核日期	

注　本表参加施工图会检时，提交给监理项目部。

TQJS2：一般施工方案（措施）报审表

一般施工方案（措施）报审表

工程名称： 编号：TQJS2－LN××－×××

<table>
<tr><td>致________________________监理项目部：
现报上________________________工程施工方案（措施），请审查。
附件：

施工项目部（章）：
项目经理：__________
日　　期：__________</td></tr>
<tr><td>专业监理工程师审查意见：

专业监理工程师：__________
日　　　　期：__________</td></tr>
<tr><td>总监理工程师审查意见：

监理项目部（章）：
总监理工程师：__________
日　　　期：__________</td></tr>
</table>

注　本表一式______份，由施工项目部填报，监理项目部、施工项目部各存______份。

填写、使用说明

（1）此表用于常规施工方案的报审。

（2）施工项目部在分部工程动工前，应编制该分部工程主要施工工序的施工方案（措施、作业指导书），并报监理项目部审查，文件的编、审、批人员应符合国家、行业规程规范和公司规章制度要求。

（3）专业监理工程师审查要点：

1）文件的内容是否完整，编制质量好坏。

2）该施工方案（措施、作业指导书）制定的施工工艺流程是否合理，施工方法是否得当，是否先进，是否有利于保证工程质量、安全、进度。

3）安全危险点分析或危险源辨识、环境因素识别是否准确、全面，应对措施是否有效。

4）质量保证措施是否有效，针对性是否强，工程创优措施是否落实。

TQJS3：特殊（专项）施工技术方案（措施）报审表

特殊（专项）施工技术方案（措施）报审表

工程名称：　　　　　　　　　　　　　　　　　　　　　　　　编号：TQJS3－LN××－×××

<table>
<tr><td>致______________________________监理项目部：
现报上______________________工程特殊（专项）施工技术方案（措施），请审查。
附件：工程特殊（专项）施工技术方案（措施）
专家论证报告（如有）

施工项目部（章）：
项目经理：__________
日　　期：__________</td></tr>
<tr><td>监理项目部审查意见：

监理项目部（章）：
总监理工程师：__________
专业监理工程师：__________
日　　　　期：__________</td></tr>
<tr><td>建设单位审批意见：

建设单位（章）：
项目负责人：__________
日　　　期：__________</td></tr>
</table>

注　本表一式______份，由施工项目部填报，建设单位、监理项目部、施工项目部各存______份。

填写、使用说明

（1）此表用于非常规施工方案的报审。

（2）特殊（专项）施工方案应由施工项目部项目经理负责编制，施工单位相关管理部门审核，企业技术负责人批准，并附安全验算结果；超过一定规模的危险性较大的分部分项工程专项施工方案还须附专家论证报告。

（3）监理项目部审查要点参照一般施工方案“专业监理工程师审查要点”，对于超过一定规模的危险性较大的分部分项工程专项施工方案，还须审查施工单位是否根据论证报告已修改完善专项方案。

此表用于非常规施工方案的报审。主要包括危险性较大的分部分项工程专项施工方案。

附件：

专家论证报告

编号：TQJS3－LN××－×××

<table>
<tr><td>工程名称</td><td colspan="3"></td></tr>
<tr><td>总承包单位（章）</td><td></td><td>项目负责人</td><td></td></tr>
<tr><td>分包单位</td><td></td><td>项目负责人</td><td></td></tr>
<tr><td>专项方案名称</td><td colspan="3"></td></tr>
<tr><td colspan="4">专家一览表</td></tr>
<tr><td>姓名</td><td>工作单位</td><td>职称</td><td>专业</td></tr>
<tr><td></td><td></td><td></td><td></td></tr>
<tr><td></td><td></td><td></td><td></td></tr>
<tr><td></td><td></td><td></td><td></td></tr>
<tr><td></td><td></td><td></td><td></td></tr>
<tr><td></td><td></td><td></td><td></td></tr>
<tr><td colspan="4">专家论证意见：
（专项方案内容是否完整、可行；专项方案计算书和验算依据是否符合有关标准规范；安全施工的基本条件是否满足现场实际情况等。）

论证结论：□同意通过　□按专家意见修改后同意通过　□修改后重新审查</td></tr>
<tr><td>专家签名</td><td colspan="3">组长：
专家：
年　月　日</td></tr>
</table>

填写、使用说明

（1）此表用于超过一定规模的危险性较大的分部分项工程专项施工方案的专家论证。

（2）专家组成员应当由符合相关专业要求、具备高工职称的5名及以上单数专家组成。该项目参建各方的人员不得以专家身份参加专家论证会。

TSJS4：交底记录

交 底 记 录

工程名称：　　　　　　　　　　　　　　　　　　　　编号：TSJS3－LN××－×××

<table>
<tr><td>项目名称</td><td></td><td>交底单位</td><td></td></tr>
<tr><td>交底主持人签名</td><td></td><td>交底日期</td><td></td></tr>
<tr><td>交底级别</td><td colspan="3">□公司级　□项目部级　□施工队级</td></tr>
<tr><td colspan="4">接受交底人签名：</td></tr>
<tr><td colspan="4">交底作业项目：</td></tr>
<tr><td colspan="4">主要交底内容：</td></tr>
<tr><td>交底人签名</td><td colspan="3"></td></tr>
</table>

注　1. 本表适用于技术、安全、质量等交底，主要交底内容栏体现具体的交底内容。
2. 本表由交底人填写。
3. 本表涉及被交底单位各留存一份。

TQJS5：监理项目部技术标准目录清单

监理项目部技术标准目录清单

工程名称：　　　　　　　　　　　　　　　　　　　　　　　　　　　　　第　页共　页

序号	文件编号	文　件　名　称	说明

TQJS6：技术标准问题及标准间差异汇总表

技术标准问题及标准间差异汇总表

工程名称：

<table>
<tr><td rowspan="2">序号</td><td>标准名称</td><td colspan="3"></td></tr>
<tr><td>条款</td><td>原文内容</td><td>问题及差异</td><td>建议</td></tr>
<tr><td></td><td></td><td></td><td></td><td></td></tr>
<tr><td></td><td></td><td></td><td></td><td></td></tr>
<tr><td></td><td></td><td></td><td></td><td></td></tr>
<tr><td></td><td></td><td></td><td></td><td></td></tr>
</table>

监理项目部（章）

专业监理工程师：

总监理工程师：

日　　　期：

注　由监理项目部编制，汇总后向建设单位报送。

TQJS7：施工图预检记录表

施 工 图 预 检 记 录 表

工程名称： 编号：

图纸名称：		
序号	预 检 记 录	备 注
参与人员签名： 日 期：______年___月___日		

注 1. 该表格用于监理项目部对施工图的预检。

2. 图纸名称填写每一次预检审查图纸名称及相应的卷册号，不需一册一份记录。

3. 对于设计中有不符合强制性条文的，应于注明违反条款。

4. 在施工图会检和交底前将该记录提供建设单位。

5. 对监理项目部提出的建议和意见进行跟踪，会检纪要中明确的内容在备注中说明。

TQJS8：施工图会检纪要

施 工 图 会 检 纪 要

编号：

工程名称： 签发：

<table>
<tr><td>会议地点</td><td></td><td>会议时间</td><td></td></tr>
<tr><td>会议主持人</td><td colspan="3"></td></tr>
<tr><td colspan="4">会检图册：</td></tr>
<tr><td colspan="4">本次会议内容：</td></tr>
</table>

会签意见： 建设单位（章） 项目负责人：	会签意见： 监理项目部（章） 总监理工程师：	会签意见： 设计单位（章） 设总：	会签意见： 施工项目部（章） 项目经理：

注 会检纪要由监理项目部起草，经建设单位项目负责人签发后执行。

C.1.5 造价管理部分

TQZJ1：资金使用计划报审表

资金使用计划报审表

工程名称：　　　　　　　　　　　　　　　　　　　　　　编号：TQZJ1－LN××－×××

<table>
<tr><td>致______________________（监理项目部）：
根据本工程的进度计划，我单位已编制完成________________年（或季）资金使用计划，特此上报，请予审批。
附件：1. 编制说明
2. 资金使用计划（根据清单报价子目计算的工程款使用计划）

施工项目部（章）：
项目经理：______________
日　　期：______________</td></tr>
<tr><td>监理项目部审查意见：

监理项目部（章）：
专业监理工程师：__________
总监理工程师：__________
日　　　期：__________</td></tr>
<tr><td>建设单位审查意见：

建设单位（章）：
项目负责人：__________
日　　期：__________</td></tr>
</table>

注　本表一式_____份，由施工项目部填报，建设单位、监理项目部、施工项目部各存档_____份。

TQZJ2：工程预付款报审表

工程预付款报审表

工程名称：　　　　　　　　　　　　　　　　　　　　　　编号：TQZJ2－LN××－×××

<table>
<tr><td>致____________________________________监理项目部：
我单位已与工程建设管理单位签订施工承包合同，且已提供了履约保函，现申请支付预付款______元，其中安全文明施工费______________元，请审核。

施工项目部（章）：
项目经理：____________
日　　期：____________</td></tr>
<tr><td>监理项目部审查意见：

监理项目部（章）：
总监理工程师：__________
专业监理工程师：__________
日　　　　期：__________</td></tr>
<tr><td>建设单位审批意见：

建设单位（章）：
项目负责人：__________
日　　期：__________</td></tr>
</table>

注　本表一式____份，由施工项目部填报，建设单位、监理项目部各____份、施工项目部存____份。

TQZJ3：工程监理费付款报审表

工程监理费付款报审表

工程名称： 编号：

<table>
<tr><td>致：____________（建设单位）
根据__________合同约定，现申请支付________万元费用共计________万元，占合同金额的________%。
截至本次付款前，我单位累计已收到款项________万元，占合同金额的_____%。
请予审核。
附件：监理费付款计算表

监理项目部（章）
总监理工程师：________
日　期：______年___月___日</td></tr>
<tr><td>建设单位审核意见：

建设单位（章）：
项目负责人：________
日　　期：________</td></tr>
<tr><td>建设管理单位审批意见：

建设管理单位（章）
项目负责人：__________
日　期：______年___月___日</td></tr>
</table>

注　本表一式__份，由监理项目部填写，建设单位存一份，监理项目部存__份。

C.2 项 目 施 工 部 分

项目管理部分（施工）

C.2.1 项目管理部分

TSXM1：施工月报

施 工 月 报

工程名称________ 月次________ 月报开始时间________ 结束时间________ 施工单位________

工程基本信息

项目名称		单位工程	
工程类型		建管单位	
施工单位性质		计划投产日期	
实际开工日期		项目部地点（省、市、县/区）	
工程规模			

工程各阶段工作重心比例

开工准备	%	变电土建/线路基础/电缆通道	%
变电安装/线路组塔	%	变电调试/线路架线/电缆敷设	%

本月工程进度情况

序号	单位工程	任务名称	计划日期		实际日期		工程总量	单位	本月计划完成		本月实际完成		累计完成		
			开始	结束	开始	结束			完成量	百分比	完成量	百分比	完成量	计划百分比	实际百分比

下月工程进度情况

序号	单位工程	任务名称	计划日期		实际日期		工程总量	单位	下月计划完成	
			开始	结束	开始	结束			完成量	百分比

本月安全情况及其下月重点工作计划

日常工作
[安全交底、培训、检查、事故（件）、整改、例会活动等施工情况]

下月重点工作计划
（安全交底、培训、检查、整改、例会活动等计划）

风险作业列表

序号	本月风险作业内容及部位	风险等级	施工地点	风险时段			风险控制情况及采取的措施	联系人姓名及电话			
				计划开始时间	实际开始时间	实际结束时间		施工项目经理	电话	施工负责人	电话
		只列四级及以上									

序号	预判下月风险作业内容及部位	风险等级	施工地点	计划开始时间	风险预控措施	联系人姓名及电话			
						施工项目经理	电话	施工负责人	电话
		只列四级及以上							

本月质量情况及其下月重点工作计划

本月质量情况
（质量培训、检查、事件、整改、例会、专项活动等施工情况）
下月重点工作计划
（质量培训、检查、整改、例会、专项活动等施工情况）

物资管理情况

本月物资到货情况
（物资到货日期、到货数量、到货比例、是否满足施工要求及原因等情况）
下月物资供货计划
（物资计划申请到货日期、到货数量等）

遗留的困难和问题及其相应对策

注　1. 本报表在每月 23 日前报送监理项目部和建设单位。

2. 该报审资料上传基建管理信息系统。

TSXM2：工程开工令

工 程 开 工 令

工程名称： 编号：

<table>
<tr><td>致：________________（施工项目部）
经审查，本工程已具备施工合同约定的开工条件，现同意你方开始施工，开工日期为：______年___月___日。

附件：开工报审表

监理项目部（章）
总监理工程师：____________
日 期：______年___月___日</td></tr>
</table>

注 本表一式__份，由监理项目部填写，建设单位、施工项目部各存一份，监理项目部存__份。

TSXM3：工程开工报审表

工程开工报审表

工程名称：　　　　　　　　　　　　　　　　　　　　　　　　　　编号：TSXM3－LN××－×××

<table>
<tr><td>致＿＿＿＿＿＿＿＿＿＿＿＿监理项目部：
我方承担建设的＿＿＿＿＿＿＿＿＿＿＿＿＿＿＿＿工程，已完成开工前各项准备工作，特申请于＿＿＿＿年＿＿月＿＿日开工，请审查。
□ 项目管理实施规划（施工组织设计）已审批；
□ 施工图会检已进行；
□ 各项施工管理制度和相应的施工方案已制定并审查合格；
□ 工程施工安全管理及风险控制方案满足要求；
□ 技术交底已进行；
□ 施工人力和机械已进场，施工组织已落实到位；
□ 物资、材料准备能满足连续施工的需要；
□ 计量器具、仪表经法定单位检验合格；
□ 特殊工种作业人员能满足施工需要。
施工项目部（章）：
项目经理：＿＿＿＿＿
日　　期：＿＿＿＿＿</td></tr>
<tr><td>监理项目部审查意见：
监理项目部（章）：
总监理工程师：＿＿＿＿＿＿＿
日　　期：＿＿＿＿＿＿＿</td></tr>
<tr><td>建设管理单位（建设单位）审批意见：
□ 工程已经核准
建设管理单位（章）：
项目负责人：＿＿＿＿＿
分管领导：＿＿＿＿＿＿＿</td></tr>
</table>

注　本表一式＿＿＿份，由施工项目部填报，建设单位、监理项目部各一份，施工项目部＿＿＿份。

填写、使用说明

（1）监理部审查确认后在框内打“√”。

（2）建设单位审查确认后在“□ 工程已经核准”打“√”。

监理项目部审查要点：

1）工程各项开工准备是否充分。

2）相关的报审是否已全部完成，未核准项目原则上不允许开工。

3）是否具备开工条件。

TSXM4：工程开工报告

工 程 开 工 报 告

<table>
<tr><td colspan="2">工程名称</td><td></td><td>建设范围</td><td colspan="2"></td></tr>
<tr><td colspan="2">建设单位</td><td></td><td>设计单位</td><td colspan="2"></td></tr>
<tr><td colspan="2">施工单位</td><td colspan="4"></td></tr>
<tr><td colspan="2">监理单位</td><td colspan="4"></td></tr>
<tr><td colspan="2">计划开工日期</td><td>年　月　日</td><td>计划竣工日期</td><td colspan="2">年　月　日</td></tr>
<tr><td>主要工程量</td><td colspan="5"></td></tr>
<tr><td>开工条件</td><td colspan="5">1. 设计交底与施工图审查（已完成）
2. 进度安全管理开工前部分（已完成）
3. 技术管理开工前部分（已完成）
4. 监理管理开工前部分（已完成）</td></tr>
<tr><td colspan="2">施工单位
（印章）

负责人：

年　月　日</td><td>监理单位
（印章）

负责人：

年　月　日</td><td>运行单位
（印章）

负责人：

年　月　日</td><td colspan="2">建设单位
（印章）

负责人：

年　月　日</td></tr>
</table>

TSXM5：工程复工申请表

工程复工申请表

工程名称：　　　　　　　　　　　　　　　　　　　　　　编号：TSXM5－LN××－×××

<table>
<tr><td>致________________________________监理项目部：
第_________号工程暂停令指出的_____________________工程停工因素现已全部消除，具备复工条件。特报请审查，请予批准复工。
附件：复工申请报告

施工项目部（章）：
项目经理：_________
日　　期：_________</td></tr>
<tr><td>监理项目部审查意见：

监理项目部（章）：
总监理工程师：_________
日　　期：_________</td></tr>
</table>

注　本表一式_____份，由施工项目部填报，建设单位、监理项目部各一份，施工项目部存_____份。

填写、使用说明

（1）施工项目部在接到《工程暂停令》后，针对监理部指出的问题，采用整改措施，整改完毕，就整改结果逐项进行自查，并应写出自查报告，报监理项目部。

（2）监理项目部审查要点：

1）整改措施是否有效。

2）停工因素是否已全部消除。

3）是否具备复工条件。

（3）本文件必须由总监理工程师签字。

TSXM6：工作联系单

工 作 联 系 单

工程名称：　　　　　　　　　　　　　　　　　　　　编号：TSXM6－LN××－×××

致： 　　事由 　　内容   　　　　　　　　　　　　　　　　　　施工项目部（章）： 　　　　　　　　　　　　　　　　　　项目经理：__________ 　　　　　　　　　　　　　　　　　　日　　期：__________
意见：   　　　　　　　　　　　　　　　　　　监理项目部（章）： 　　　　　　　　　　　　　　　　　　总监理工程师：__________ 　　　　　　　　　　　　　　　　　　日　　期：__________

注　本表一式______份，由施工项目部填写，建设单位、监理项目部各存一份，施工项目部存______份。

TSXM7：会议纪要（附件：签到表）

会 议 纪 要

编号：TSXM7－LN××－×××

工程名称：　　　　　　　　　　　　　　　　　　　　　　签发：

<table>
<tr><td>会议地点</td><td></td><td>会议时间</td><td></td></tr>
<tr><td>会议主持人</td><td colspan="3"></td></tr>
<tr><td colspan="4">会议主题：</td></tr>
<tr><td colspan="4">上次会议问题落实情况：</td></tr>
<tr><td colspan="4">本次会议内容：</td></tr>
<tr><td>主送单位</td><td colspan="3"></td></tr>
<tr><td>抄送单位</td><td colspan="3"></td></tr>
<tr><td>发文单位</td><td></td><td>发文时间</td><td></td></tr>
</table>

附件：

＿＿＿＿＿＿会 议 签 到 表

姓　名	工作单位	职务/职称	电　话

TSXM8：通用报审表

<table>
<tr><td colspan="2" align="center">________报审表</td></tr>
<tr><td>工程名称：</td><td align="right">编号：TSXM8－LN××－×××</td></tr>
<tr><td colspan="2">致____监理项目部：
我单位已完成了____________________工作，现报审，请予以审核。
附件：

施工项目部（章）：
项目经理：________
日　　期：________</td></tr>
<tr><td colspan="2">监理项目部审查意见：

监理项目部（章）：
总/专业监理工程师：_____
日　　期：____________</td></tr>
</table>

注　本表一式____份，由施工项目部填报，建设单位、监理项目部各一份，施工项目部存____份。

填写、使用说明

（1）此报验申请表为通用表，用于本模板中未包含的施工项目部其他工作的报审。

（2）使用过程中，表号不变（即使是不同性质工作的报验），同一施工项目部按使用次序统一编流水号。

（3）如果该项工作还需要报建设单位审批，则参照其他表式增加“项目部审批意见”栏。

TSXM9：监理通知回复单

监理通知回复单

工程名称：　　　　　　　　　　　　　　　　　　　　　　编号：TSXM9－LN××－×××

<table>
<tr><td>致 ____________________________________监理项目部：
　　我方接到编号为________________的监理通知后，已按要求完成了 ____________________工作，现报上，请予以复查。
　　详细内容：
　　附件：

施工项目部（章）：
项目经理：__________
日　　期：__________</td></tr>
<tr><td>监理项目部复查意见：

监理项目部（章）：
总/专业监理工程师：__________
日　　期：__________________</td></tr>
</table>

注　本表一式______份，由施工项目部填报，建设单位、监理项目部各一份，施工项目部存______份。

填写、使用说明

（1）本表为《监理通知单》的闭环回复单。

（2）如《监理通知单》所提出内容需整改，施工项目部应对整改要求在规定时限内整改完毕，并以书面材料报监理。

TSXM10：工程复工令

工 程 复 工 令

工程名称：

<table>
<tr><td>致：__________（施工项目部）
我方发出的编号为____________________《工程暂停令》，要求暂停施工的__________________部分（工序），经查已具备复工条件。经建设单位同意，现通知你方于_____年_____月_____日_____时起恢复施工。
附件：证明文件资料

监理项目部（章）
总监理工程师：__________
日　期：　　年　月　日</td></tr>
</table>

注　本表一式三份，监理项目部、施工项目部和建设单位各一份。

TSXM11：监理通知单

监 理 通 知 单

工程名称：　　　　　　　　　　　　　　　　　　　　　　　　编号：

<table>
<tr><td>致：

事由

内容

监理项目部（章）
总/专业监理工程师：________
日　期：______年___月___日</td></tr>
</table>

注　本表一式___份，由监理项目部填写，建设单位、施工项目部各存一份，监理项目部存__份。

TSXM12：会议纪要

会 议 纪 要

编号：

工程名称：　　　　　　　　　　　　　　　　　　　　签发：

<table>
<tr><td>会议地点</td><td colspan="2"></td><td>会议时间</td><td></td></tr>
<tr><td>会议主持人</td><td colspan="4"></td></tr>
<tr><td colspan="5">会议主题：</td></tr>
<tr><td colspan="5">上次会议问题落实情况：</td></tr>
<tr><td colspan="5">本次会议内容：</td></tr>
<tr><td>主送单位</td><td colspan="4"></td></tr>
<tr><td>抄送单位</td><td colspan="4"></td></tr>
<tr><td>发文单位</td><td colspan="2"></td><td>发文时间</td><td></td></tr>
</table>

注　会议纪要由监理项目部起草，经总监理工程师签发后下发。

________会议签到表

姓　名	工作单位	职务/职称	电　话

TSXM13：工程暂停令

<table>
<tr><td colspan="2" align="center">工 程 暂 停 令</td></tr>
<tr><td>工程名称：</td><td align="right">编号：</td></tr>
<tr><td colspan="2">致__________（施工项目部）：
由于__________原因，现通知你方必须于______年___月___日____时起，对本工程的__________部位（工序）实施暂停施工，并按下述要求做好各项工作：

监理项目部（章）
总监理工程师：__________
日　期：______年___月___日</td></tr>
<tr><td colspan="2">建设单位意见：

建设单位（章）：
项目负责人：__________
日　　期：__________</td></tr>
</table>

注　本表一式___份，由监理单位填写，建设单位、施工项目部各存一份，监理项目部存__份。

TSXM14：监理报告

监 理 报 告

工程名称：

<table>
<tr><td>
致：__________（主管部门）
由____________________（施工单位）施工的__________________（工程部位），存在安全事故隐患。我方已于_____年_____月_____日发出编号为_______的《监理通知单》/《工程暂停令》，但施工单位未整改/停工。
特此报告。
附件：□监理通知单
□工程暂停令
□其他

监理项目部（章）
总监理工程师：____________
日　期：______年____月____日
</td></tr>
</table>

注　本表一式四份，主管部门、建设管理单位、工程监理单位、项目监理机构各一份。

TSXM15：质量/安全活动记录

质量/安全活动记录

工程名称： 编号：

活动时间	
活动地点	
主持（交底）人	
内容：	
参加人（签字）	

注 本表适用监理人员交底、学习、培训记录使用，监理项目部自存。

TSXM16：监理检查记录表

监理检查记录表

工程名称：　　　　　　　　　　　　　　　　　　　　　　　　　　　　　　编号：

<table>
<tr><td>施工单位</td><td></td><td>监理单位</td><td></td></tr>
<tr><td>检查时间</td><td></td><td>检查地点</td><td></td></tr>
<tr><td>检查类型</td><td colspan="3">□巡视　　□定期　　□专项</td></tr>
<tr><td>施工及检查情况简述</td><td colspan="3"></td></tr>
<tr><td>存在问题</td><td colspan="3"></td></tr>
<tr><td>整改要求</td><td colspan="3"></td></tr>
<tr><td>检查人</td><td></td><td>施工项目部签收人/日期</td><td></td></tr>
<tr><td>整改情况</td><td colspan="3">整改负责人：　　　　日期</td></tr>
<tr><td>复查意见</td><td colspan="3">复查人：　　　　日期</td></tr>
</table>

注　1. 如存在问题已签发监理通知单，“整改要求”中应注明监理通知单的编号，“整改情况”和“复检意见”可不填写。

2. 施工单位填写整改情况时，应对照问题逐一描述。

3. 定期、专项检查时可根据需要附检查纲要。

TSXM17：监理日志

监 理 日 志

工程名称：

本册编号：

填写人：

专 业：

监理项目部：________________________________

起止日期：____年___月___日至____年___月___日

监 理 日 志

第　页共　页

年　月　日 星期：	天气：白天： 夜间：	气温：最高　℃ 最低　℃
工作内容、遇到问题及其处理		

注　1. 本表由专业监理工程师汇总填写，填写的主要内容包括：

（1）天气和施工环境情况。

（2）当日施工进展情况。

（3）当日监理工作情况，包括旁站、巡视、见证取样、平行检验等情况。

（4）当日存在的问题及处理情况。

（5）其他有关事项。

2. 在填写本表时，内容必须真实，力求详细。须使用蓝黑或碳素钢笔填写，字迹工整、文句通顺。

3. 本表式为推荐表式，各监理单位可根据自己的管理体系设计本单位的监理日志表式，但应包括本表式要求的主要内容。

TSXM18：监理月报

编号：

监 理 月 报

工程名称：______________________________

_____年____月 第____期

总监理工程师：__________

监理项目部（章）

报告日期：_____年____月____日

监　理　月　报

1　本月工程实施情况

2　本月监理工作情况

2.1　工程进度控制方面的工作情况

2.2　工程质量控制方面的工作情况

2.3　安全生产管理方面的工作情况

2.4　工程计量与工程款支付方面的工作情况

2.5　合同其他事项的管理工作情况

3　工程存在问题及建议

4　下月监理工作重点

4.1　在工程管理方面的监理工作重点

4.2　在项目监理机构内部管理方面的工作重点

C.2.2 安全管理部分

TSAQ1：安全文明施工设施进场验收单

安全文明施工设施进场验收单

安全管理部分（施工）

工程名称：　　　　　　　　　　　　　　　　　　　　　编号：TSAQ1－LN××－×××

序号	安全设施名称	规格	数量	进场日期
1				
2				
3				
4				
5				
6				
7				
8				
9				
10				
11				
12				
13				
14				
15				
16				
17				
18				
19				

施工项目部：_______ 日期：_____ 总监理师：______ 日期：_____ 建设单位：_______ 日期：_____

注　安全文明施工设施进场时，由施工项目部填写此表，建设单位和监理项目部参照已批准的《安全文明施工设施配置计划申报单》进行审查验收。

TSAQ2：安全管理台账目次

（包括以下内容，但不限于）

TSAQ2－1：应有并做好以下账、表、册、卡

1. 安全法律、法规、标准及制度等有效文件清单
2. 安全管理文件收发、学习记录（参照 TJXM1 执行）
3. 安全教育培训记录、安全考试登记台账
4. 安全工作例会记录、安全活动记录
5. 安全检查整改通知单、安全检查整改报告及复检单
6. 安全施工作业票
7. 特种作业人员及安全管理人员登记表
8. 施工人员登记表
9. 重要设施安全检查签证记录
10. 特种设备安全检验合格证
11. 施工人员体检登记台账
12. 安全工器具台账及检查试验记录
13. 安全工器具及用品发放登记台账
14. 安全文明施工费使用审核记录
15. 现场应急处置方案及演练记录
16. 安全奖励登记台账
17. 各类事故及惩处登记台账、违章及处罚登记台账
18. 安全罚款通知单
19. 施工机具安全检查记录表
20. 施工安全固有风险识别、评估及预控措施清册
21. 施工安全风险动态识别、评估及预控措施台账
22. 施工作业风险现场复测单
23. 施工风险管控动态公示牌
24. 变电工程安全施工作业票目次

TSAQ2－2：施工队（班组）应有并做好以下账、表、册、卡

1. 安全活动记录
2. 安全施工作业票
3. 施工机具安全检查记录表
4. 安全工具（防护用品）检查记录
5. 有关安全与环境的法律法规、规程、规定、措施、文件、安全简报、事故通报等。

注　按照以上要求建立台账，如遇有公司及上级新规定时，应及时补充、调整并加以完善。

安全法律、法规、标准及制度等有效文件清单

表号：SAQB－TZH－001

项目名称：　　　　　　　　　　　　　　　　　　　　编号：

序号	法律法规、标准、制度名称	颁布机关（部门）	颁布时间	实施时间	备注
1					
2					
3					
4					
5					
6					
7					
8					
9					
10					
11					
12					
13					
14					
15					

编制：　　　　　　　　　　审核：　　　　　　　　　　批准：

安 全 教 育 培 训 记 录

表号：SAQB－TZH－002

项目名称：　　　　　　　　　　　　　　　　　　　　　　编号：

工程名称		培训日期	
培训地点		培训课时	
主讲人		受培训人数	
培训组织人		受培训单位	
培训的主要内容：			

填写人：　　　　　　　　　　　　　　　　　　　　　　日期：

安全考试登记台账

表号：SAQB－TZH－003

项目名称：　　　　　　　　　　　　　　　　　　　　编号：

序号	姓　名	岗位/工种	考试时间	考试内容	成绩	备　注

填表人：　　　　　　　　　　　　　　　　　　　　　　　　日期：

安全工作会议（例会）记录

表号：SAQB－TZH－004

项目名称：　　　　　　　　　　　　　　　　　　　　　　编号：

会议地点				会议时间	年　月　日
会议主持人		记录人		到会人数	
会议主要议题					
参加会议人员单位、姓名、职务（见会议签到表）					
会议记录：					

安 全 活 动 记 录

表号：SAQB－TZH－005

项目名称：　　　　　　　　　　　　　　　　　编号：

<table>
<tr><td>主持人</td><td></td><td>时间</td><td>年　月　日　时至　时</td></tr>
<tr><td>记录人</td><td></td><td>地点</td><td></td></tr>
<tr><td>应参加人数</td><td></td><td colspan="2" rowspan="2">缺席人员名单：</td></tr>
<tr><td>实参加人数</td><td></td></tr>
<tr><td colspan="4">活动内容：</td></tr>
<tr><td colspan="4">问题反馈及落实措施：</td></tr>
<tr><td colspan="4">批复意见：</td></tr>
</table>

安全检查整改通知单

表号：SAQB－TZH－006

项目名称：　　　　　　　　　　　　　　　　　编号：

主送： 存在问题的单位及地点： 检查时间：　　　年　月　日 存在问题及处理意见：   检查人员（签字）：   被通知单位（或部门、施工队）负责人（签字）：

注　隐患及问题照片附后，一页不够可多页。

安全检查整改报告及复检单

表号：SAQB－TZH－007

项目名称：　　　　　　　　　　　　　　　　　　　　　编号：

<table>
<tr><td>对存在问题的整改结果：

被检查单位（或部门、施工队）：__________
负责人（签字）：__________
申请复检日期：__________</td></tr>
<tr><td>整改验证结果及意见：

整改验证人（签字）：__________
复检确认日期：__________</td></tr>
</table>

注　留存整改后照片作附件，一页不够可多页。

安全施工作业票A

表号：SAQB－TZH－008

编号：

工程名称			
施工班组（队）		作业地点	
作业内容及部位		开工时间	
施工人数		完工时间	
主要风险：			
作业过程预控措施及落实： 1. 2. 3. 4. 5. 6.			是　否 □　□ □　□ □　□ □　□ □　□ □　□

续表

<table>
<tr><td colspan="4">作业分工：</td></tr>
<tr><td colspan="4">作业前检查</td></tr>
<tr><td colspan="4">是　否
施工人员着装是否规范、精神状态是否良好　□　□
施工安全防护用品（包括个人）、用具是否齐全和完好　□　□
现场所使用的工器具是否完好且符合技术安全措施要求　□　□
是否编制技术安全措施　□　□
施工人员是否参加过本工程技术安全措施交底　□　□
施工人员对工作分工是否清楚　□　□
各工作岗位人员对存在的风险、风险源是否明白　□　□
预控措施是否明白　□　□</td></tr>
<tr><td colspan="4">备注：</td></tr>
<tr><td colspan="4">作业人员签名</td></tr>
<tr><td colspan="4"></td></tr>
<tr><td>工作负责人</td><td></td><td>审核人（安全、技术）</td><td></td></tr>
<tr><td>安全监护人</td><td></td><td>签发人（施工队长）</td><td></td></tr>
<tr><td>签发日期</td><td colspan="3"></td></tr>
</table>

安全施工作业票 B

表号：SAQB－TZH－009

编号：

<table>
<tr><td>工程名称</td><td colspan="3"></td></tr>
<tr><td>施工班组（队）</td><td></td><td>作业地点</td><td></td></tr>
<tr><td>作业内容及部位</td><td></td><td>开工时间</td><td></td></tr>
<tr><td>施工人数</td><td></td><td>风险等级</td><td></td></tr>
<tr><td colspan="4">主要风险：</td></tr>
<tr><td colspan="4">工作分工：</td></tr>
<tr><td colspan="4">作业前检查</td></tr>
<tr><td colspan="4">是 否
施工人员着装是否规范、精神状态是否良好 □ □
施工安全防护用品（包括个人）、用具是否齐全和完好 □ □
现场所使用的工器具是否完好且符合技术安全措施要求 □ □
是否按平面布置图要求进行施工作业现场布置 □ □
是否编制技术安全措施 □ □
施工人员是否参加过本工程技术安全措施交底 □ □
施工人员对工作分工是否清楚 □ □
各工作岗位人员对存在的风险、风险源是否明白 □ □
预控措施是否明白 □ □</td></tr>
<tr><td colspan="4">参加作业人员签名：</td></tr>
<tr><td colspan="4">备注：</td></tr>
<tr><td>工作负责人</td><td></td><td>审核人（安全、技术）</td><td></td></tr>
<tr><td>安全监护人</td><td></td><td>签发人（施工项目经理）</td><td></td></tr>
<tr><td>签发日期</td><td colspan="3"></td></tr>
<tr><td>监理人员</td><td></td><td>建设单位</td><td></td></tr>
</table>

安全施工作业票使用说明

（1）需要办理安全施工作业票的项目施工前，由施工负责人填写，经施工项目部技术员和安全员审查，风险等级较低的作业由施工队长签发，风险等级较高的作业项目，由施工项目经理签发。施工负责人通过宣读作业票的方式向全体作业人员交底，作业人员签名后实施。

（2）一张施工作业票只能填写同一作业地点的同一类型作业内容，并可连续使用至该项作业任务完成。

（3）施工周期超过一个月或重复施工的施工项目，应重新交底；如人员、机械（机具）、环境等条件发生变化，应完善措施，重新报批，重新办理作业票，重新交底。

特种作业人员登记台账

表号：SAQB－TZH－010

项目名称：　　　　　　　　　　　　　　　　　　　　　　编号：

序号	姓　名	年龄	性别	工种	证件编号	发证单位	所属单位	有效期至

填写人：　　　　　　　　　　　　　　　　　　　　　　　填表日期：

填写、使用说明

（1）在工程开工或相关工作开展前，填写本表。

（2）施工项目部应对留存的复印件进行确认，并注明原件存放处。

（3）特种作业是指电工作业、焊接与热切割作业、企业内机动车辆作业、高处作业、爆破作业、起重、机械作业等，特种作业人员必须经过有关政府主管部门培训取证。

（4）有效期：填写下一次应复审的年、月、日。

安全管理人员登记表

表号：SAQB－TZH－011

项目名称：　　　　　　　　　　　　　　　　　　　　　　　编号：

序号	姓　名	性别	证书类型	职务	发证单位	证书编号	备　注

填表人：　　　　　　　　　　　　　　　　　　　　填表时间：　　年　月　日

填写、使用说明

（1）安全管理人员包括项目负责人、专职安全员、兼职安全员以及分包单位项目负责人、专职安全员、兼职安全员等。

（2）按有关规定，安全管理人员必须经过相关培训，持证上岗。

（3）施工项目部应对留存安全管理资格证书复印件进行确认，并注明原件存放处。

施 工 人 员 登 记 表

表号：SAQB－TZH－012

项目名称：　　　　　　　　　　　　　　　　编号：

序号	姓名	岗位	年龄	体检	安全考试成绩	身份证号	进场/出场日期

填写人：　　　　　　　　　　　　　　　　填表日期：

重要设施安全检查签证记录

表号：SAQB－TZH－014

项目名称： 编号：

<table>
<tr><td>重要设施
名称</td><td colspan="2"></td><td>计划使用时间</td><td>年 月 日</td></tr>
<tr><td>作业负责人</td><td colspan="2"></td><td>计划停用时间</td><td>年 月 日</td></tr>
<tr><td colspan="2">检查内容</td><td colspan="2">检查标准及要求</td><td>检查结果</td></tr>
<tr><td colspan="2"></td><td colspan="2"></td><td></td></tr>
<tr><td colspan="2"></td><td colspan="2"></td><td></td></tr>
<tr><td colspan="2"></td><td colspan="2"></td><td></td></tr>
<tr><td colspan="2"></td><td colspan="2"></td><td></td></tr>
<tr><td colspan="2"></td><td colspan="2"></td><td></td></tr>
<tr><td colspan="2"></td><td colspan="2"></td><td></td></tr>
<tr><td colspan="2"></td><td colspan="2"></td><td></td></tr>
<tr><td colspan="2"></td><td colspan="2"></td><td></td></tr>
<tr><td colspan="2"></td><td colspan="2"></td><td></td></tr>
<tr><td colspan="2"></td><td colspan="2"></td><td></td></tr>
<tr><td colspan="2"></td><td colspan="2"></td><td></td></tr>
<tr><td colspan="2"></td><td colspan="2"></td><td></td></tr>
<tr><td colspan="2"></td><td colspan="2"></td><td></td></tr>
<tr><td colspan="5">施工项目部检查结论：

施工项目经理：
年 月 日</td></tr>
<tr><td colspan="5">监理项目部核查结论：

专业监理工程师：
年 月 日</td></tr>
</table>

注 重要设施包括大中型起重机械、整体提升脚手架或整体提升工作平台、模板自升式架设设施，脚手架，施工用电、水、气等力能设施，交通运输道路和危险品库房等；每一处重要设施填写一张表。

施工人员体检登记台账

表号：SAQX－TZH－015

项目名称：　　　　　　　　　　　　　　　　　　　　　　　　编号：

序号	姓名	性别	年龄	职务/工种	体检医院	体检结果	体检日期	备注

填写人：　　　　　　　　　　　　　　　　　　　　　　　　填表日期：

安全工器具登记台账

表号：SAQB－TZH－016

项目名称：　　　　　　　　　　　　　　　　　　　　编号：

序号	名称	规格型号	数量	质量验证	下次检验日期	存放位置	备注

填写人：　　　　　　　　　　　　　　　　　　　　填表日期：

填 写、使 用 说 明

（1）质量验证填写“合格”或“不合格”。

（2）有效期：填写下一次应检验、试验日期。

安全工器具及用品领用登记台账

表号：SAQB－TZH－017

项目名称：　　　　　　　　　　　　　　　　　　　编号：

领取日期	名称	规格	数量	质量验证	领取单位	领取人	发放人

安全工器具检查试验登记台账

表号：SAQB－TZH－018

项目名称： 编号：

名　称	型号规格	数量	周期　检查试验							
			日期	地点	检试方法	检试数	合格率	不合格品处理	下次检验日期	试验负责人

填写人： 填表日期：

现场应急处置方案演练记录

表号：SAQB－TZH－019

项目名称：　　　　　　　　　　　　　　　　　　　　　　编号：

处置方案名称		起止时间	
演练类型		演练地点	
总指挥		参加人数	
参演单位			
演练目的、内容：			
演练实施情况记录（可另附详细记录）：			
预案演练效果评价：			
存在问题及改进措施：			
备注：			

填写人：　　　　　　　　　　　　　　　　　　　　　　填表日期：

安 全 奖 励 登 记 台 账

表号：SAQB－TZH－020

项目名称：　　　　　　　　　　　　　　　　　　　　　　编号：

序号	日期	受奖单位或个人	奖励单位	奖励事由	奖励方式	备注

填写人：　　　　　　　　　　　　　　　　　　　　　　填表日期：

注　奖励方式包括荣誉、物资或奖励金额。

各类事故及惩处登记台账

表号：SAQB－TZH－021

项目名称：　　　　　　　　　　　　　　　　　　编号：

序号	事故名称	被惩处的单位或个人	惩处事由	批准单位或批准人	惩处方式					备注
					罚款	通报	下浮工资	处分	其他	

填写人：　　　　　　　　　　　　　　　　　　填表日期：

违章及处罚登记台账

表号：SAQB－TZH－022

项目名称：　　　　　　　　　　　　　　　　　　　　编号：

序号	违章情况	被罚款单位或个人	罚款依据	批准单位或批准人	罚款金额	备注

填写人：　　　　　　　　　　　　　　　　　　　　填表日期：

安 全 罚 款 通 知 单

表号：SAQB－TZH－023

项目名称：　　　　　　　　　　　　　　　　　　编号：

<table>
<tr><td>被处罚单位</td><td></td><td>检查时间</td><td></td></tr>
<tr><td colspan="4">罚款事由：
经______________检查，发现违反：

因上述原因，根据《________________》的规定，对你单位罚款总计___________元，按有关规定将所罚款项交公司（分公司）财务部门办理。</td></tr>
<tr><td rowspan="2">被处罚人（签字）</td><td rowspan="2"></td><td>受罚单位负责人</td><td></td></tr>
<tr><td>罚款单签发人</td><td></td></tr>
<tr><td>备　注</td><td colspan="3">1. 本单一式三份，一份送被检查单位，一份送经营和财务部门负责办理，一份留存。
2. 对被处罚人拒绝在整改通知单上签字的，应在整改通知单的相关栏目中注明情况。
3. 对分包单位的罚款应从安全文明施工保证金中予以扣除。</td></tr>
</table>

施工机具安全检查记录表

表号：SAQB－TZH－024

项目名称：　　　　　　　　　　　　　　　　　　　　　　编号：

序号	机具名称	型号规格	数量	定期检查						备注
				日期	地点	检查方法	检查数	合格率	检查人员	

填写人：　　　　　　　　　　　　　　　　　　　　　　填表日期：

施工安全固有风险识别、评估及预控措施清册

表号：SAQB－TZH－025

项目名称：　　　　　　　　　　　　　　　　　　　　　　　　编号：

序号	工序	作业内容及部位	风险可能产生的后果	固有风险评定 D_1	固有风险级别	预控措施

施工安全风险动态识别、评估及预控措施台账

表号：SAQB－TZH－026

项目名称：　　　　　　　　　　　　　　　　　　　　　　　　编号：

序号	工序	作业内容及部位	风险可能产生的后果	固有风险评定 D_1	固有风险级别	预控措施	项目动态风险评定			项目补充预控措施
							动态调整系数 K	调整后风险值 D_2	动态风险级别	

施工作业风险现场复测单

表号：SAQB－TZH－027

项目名称：　　　　　　　　　　　　　　　　　　　　　　编号：

<table>
<tr><td>复测地点</td><td></td><td>日期时间</td><td></td><td>复测结论</td></tr>
<tr><td>复测人员</td><td colspan="3">（签字）</td><td rowspan="2"></td></tr>
<tr><td colspan="4">现场内容（画简易图或插入照片）</td></tr>
<tr><td colspan="4" rowspan="2"></td><td>现场主要安全风险及补充预控措施</td></tr>
<tr><td></td></tr>
</table>

填表说明：此表于作业前，施工项目部组织安全员、技术员、施工负责人，对三级及以上的风险作业现场进行实地勘测；明确填写作业的现场实际情况（现场内容栏填写：地形、地貌、土质、交通、周边环境、临边、临近带电或跨越等情况；复测结论填写：包含实际测量的具体数值、现场施工布置、可采用的施工方法等；补充预控措施：填写针对此现场复测情况应采取的补充预控措施，不必将原有的控制措施再填入）。

施工风险管控动态公示牌

表号：SAQB－TZH－028

工程名称：　　　　　　　　　　　　　　　　　　　　　编号：

作业时间	作业地点	作业内容	主要风险	风险等级（颜色区别）	工作负责人	现场监理人

注　本公示牌是在施工、监理项目部悬挂（合署办公可只在施工项目部悬挂）。三、四、五级风险分别使用“黄、橙、红”色区别。

TSAQ3：安全旁站监理记录表

安全旁站监理记录表

工程名称：　　　　　　　　　　　　　　　　　　　　　　　　编号：

<table>
<tr><td colspan="2">现场工作内容</td><td colspan="3"></td></tr>
<tr><td colspan="2">作业地点</td><td colspan="3"></td></tr>
<tr><td colspan="2">作业项目
主要危险分析</td><td colspan="3">（分析本作业存在的主要危险点及可能造成的危害）</td></tr>
<tr><td rowspan="3">施工
现场
安全
文明
施工
评价</td><td>组织
管理</td><td colspan="3">（描述现场人员配置及到岗、工作票签发及安全技术交底情况等）</td></tr>
<tr><td>平面
布置</td><td colspan="3">（描述施工作业区平面布置总体情况，各类施工机械、工器具、危险品库等的设置是否符合安全文明施工标准化管理规定的要求）</td></tr>
<tr><td>安全
措施</td><td colspan="3">（安全防护用品和安全设施的投入、使用情况，重点核对安全保证措施的执行情况）</td></tr>
<tr><td rowspan="2">现场
主要
问题</td><td colspan="2">（现场出现的各类违反安全文明施工管理的现象以及各类事故隐患等）</td><td rowspan="2">监理
有关
措施</td><td>（针对现场情况，提出的监理指令）</td></tr>
<tr><td colspan="2">整改结果</td><td>复验意见：</td></tr>
<tr><td rowspan="2">旁站
时间</td><td>开始</td><td>年　月　日　时　分</td><td rowspan="2">对应
作业</td><td>（开始旁站时现场作业现状）</td></tr>
<tr><td>结束</td><td>年　月　日　时　分</td><td>（结束旁站时现场作业现状）</td></tr>
</table>

旁站监理人员（签名）：　　　　　　　　　　　　　　　　　作业负责人（签名）：

注　1. 记录由旁站监理人员填写。

2.“施工现场安全文明施工评价”中的三项工作各工程可结合本项目的特点和控制要求，在相关工作实施前对表格中的具体内容进行固化，宜采用勾选或填空的方式形成旁站记录，但应力求全面，避免漏项。

C.2.3 质量管理部分

TSZL1：乙供工程材料/设备进场报审表

质量管理部分（施工）

乙供工程材料/设备进场报审表

工程名称：　　　　　　　　　　　　　　　　　　　　　编号：TSZL1－LN××－×××

<table>
<tr><td>致________________________________监理项目部：
我方于________年________月________日进场的________工程材料/设备数量如下（见附件），经自检合格，现将出厂质量证明文件报上，拟用于下述部位：
____
____
请予以审核。
附件：1. 数量清单
2. 质量证明文件
3. 自检结果
4. 复试报告

施工项目部（章）：
项目经理：____________
日　　期：____________</td></tr>
<tr><td>监理项目部审查意见：

监理项目部（章）：
总/专业监理工程师：________
日　　期：________</td></tr>
</table>

注　本表一式_____份，由施工项目部填报，监理项目部_____份，施工项目部存_____份。

填写、使用说明

（1）本表式用于工程的材料、设备的质量通用报审（下同）。使用时，表头不做修改，填写内容中将材料/设备任选一，其他删除不写。

（2）质量证明文件一般包括产品出厂合格证、检验、试验报告等。

（3）监理项目部除进行文件审查外，还应对实物质量进行验收。

（4）对于有复试要求的材料，施工项目部应在材料进场，将有关质量证明文件报监理项目部审查合格后，按有关规定，在现场经监理工程师见证，进行取样送试，并在试验合格后将试验报告报监理项目部查验。

（5）监理项目部审查或验收不合格，应要求施工项目部立即将不合格产品清出工地现场。

TSZL2：产品检验记录

产 品 检 验 记 录

项目部名称： 编号：TSZL2－LN××－×××

检验单位		工程名称		合同号		检验地点	
检验依据		生产厂家		供货单位			

序号	物资名称	规格型号	计量单位	进货数量	抽样比率或数量	到货日期	合格证及质量文件	包装形式

检验结果： 检验人： 年 月 日
结论： 质检员： 年 月 日

注 由施工项目部填报，施工项目部存______份。

TSZL3：甲供主要设备开箱申请表

甲供主要设备开箱申请表

工程名称：　　　　　　　　　　　　　　　　　　　　　　编号：SZLB－LN××－×××

<table>
<tr><td>
致____监理项目部：
本工程____________设备已按合同供货计划进场，并保管于____________地点（仓库），为确认设备质量，现申请开箱抽检。
附件：拟开箱设备清单

施工项目部（章）：
项 目 总 工：__________
日　　　　期：__________
</td></tr>
<tr><td>
监理项目部意见：

监理项目部（章）：
专业监理工程师：__________
日　　　　期：__________
</td></tr>
</table>

注　1. 本表一式______份，由施工项目部填报，建设单位、监理项目部各一份，施工项目部存______份。

2. 本表式用于工程的设备、材料通用开箱申请通用报审表（下同），根据实际情况分别采用，使用时，表头不做修改，填写内容中将设备/材料任选一，其他删除不写。

TSZL4：材料试验委托单

材料试验委托单

工程名称：　　　　　　　　　　　　　　　　　　　　　　　　编号：TSZL4－LN××－×××

工程名称			
委托单位			
委托项目			
工程使用部位		送检材料 名称规格	
代表批量		送检数量	
生产厂家		供销部门	
合格证号		批　　号	
进场日期		取样地点	
要求试验内容：			
委托日期		要求提供报告日期	
取样人 年　月　日	见证人 年　月　日	送检人 年　月　日	试验单位存档号
试验单位意见		经办人	

说明：

（1）本表不做硬性统一要求，如试验（检测）机构要求采用其统一印制的材料试验委托单时可以予以采用。

（2）抽样按有关规定进行。委托单位及有关人员对试样的代表性、真实性负有法定责任。

（3）试验报告按照国家、行业、地方标准进行试验，若无相应标准时，可采取响应标准进行试验。

（4）试验结果即代表批量，并对试验数据及结论负有法定责任。

（5）报告内容填写、签章齐全，书写规整清晰，涂改无效。

（6）经试验不合格者应及时书面通知有关单位，并建立不合格试验项目台账，以备查考。

注　由施工项目部填报，施工项目部存______份。

TSZL5：工程材料/设备缺陷通知单

工程材料/设备缺陷通知单

工程名称： 编号：TSZL5－LN××－×××

<table>
<tr><td>致____________________________________监理项目部：
在__________________过程中，发现__________材料/设备存在质量缺陷，请协调处理。
附件：__________材料/设备缺陷照片及说明

施工项目部（章）：
项目经理：______________
日　　期：______________</td></tr>
<tr><td>监理项目部审查意见：

监理项目部（章）：
总/专业监理工程师：________
日　　期：______________</td></tr>
<tr><td>材料/设备供货单位处理意见：

供货单位（章）：
代　　表：______________
日　　期：______________</td></tr>
<tr><td>建设单位审批意见：

建设单位（章）：
项目经理：______________
日　　期：______________</td></tr>
</table>

注 本表一式_____份，由施工项目部填报，建设单位、监理项目部、材料/设备供货单位各_____份，施工项目部存_____份。

TSZL6：设备（材料）缺陷处理报验表

设备（材料）缺陷处理报验表

工程名称：　　　　　　　　　　　　　　　　　　　　　　　　编号：TSZL6－LN××－×××

<table>
<tr><td>致________________________________监理项目部：
现报上第________号设备缺陷通知单中所述____________设备存在质量缺陷的处理情况报告，请审查。
附件：设备缺陷修复后照片及报告

设备供货单位：　　　　　　　　　　　　　　施工项目部（章）：
代　　表：________　　　　　　　　　　　　项目经理：____________
日　　期：________　　　　　　　　　　　　日　　期：____________</td></tr>
<tr><td>监理项目部审查意见：

监理项目部（章）：
总监理工程师：________
专业监理工程师：________
日　　　　期：________</td></tr>
<tr><td>建设单位意见：

建设单位（章）：
项目负责人：________
日　　期：________</td></tr>
</table>

注　本表一式____份，由施工项目部填报，建设单位、监理项目部各一份，施工项目部存____份。

TSZL7：特殊工种/特殊作业人员报审表

特殊工种/特殊作业人员报审表

工程名称：　　　　　　　　　　　　　　　　　　　　　　编号：TSZL7－LN××－×××

<table>
<tr><td colspan="5">致________________________________监理项目部：
　　现报上本工程特殊工种作业人员名单及其资格证件，请查验。工程进行中如有调整，将重新统计并上报。
　　附件：特殊工种作业人员资格证件复印件

施工项目部（章）：
项目经理：________________
日　　期：________________</td></tr>
<tr><td>姓名</td><td>工种</td><td>证件编号</td><td>发证单位</td><td>有效期至</td></tr>
<tr><td></td><td></td><td></td><td></td><td></td></tr>
<tr><td></td><td></td><td></td><td></td><td></td></tr>
<tr><td></td><td></td><td></td><td></td><td></td></tr>
<tr><td></td><td></td><td></td><td></td><td></td></tr>
<tr><td></td><td></td><td></td><td></td><td></td></tr>
<tr><td></td><td></td><td></td><td></td><td></td></tr>
<tr><td></td><td></td><td></td><td></td><td></td></tr>
<tr><td colspan="5">监理项目部审查意见：

监理项目部（章）：
专业监理工程师：__________
日　　　　期：__________</td></tr>
</table>

注　本表一式______份，由施工项目部填报，监理项目部______份，施工项目部存______份。

填写、使用说明

（1）施工项目部在进行工程开工或相关工程开展前，应将特殊工种/特殊作业人员名单及上岗资格证书报监理项目部查验。

（2）施工项目部应对其报审的复印件进行确认，并注明原件存放处。

（3）工作要点：

1）特殊工种/特殊作业人员的数量是否满足工程施工需要。

2）特殊工种/特殊作业人员的资格证书是否有效。

TSZL8：工程质量通病防治工作总结

工程质量通病防治工作总结

工程名称：　　　　　　　　　　　　　　　　　　　　编号：TSZL8－LN××－×××

<table>
<tr><td>建设单位</td><td colspan="2"></td><td>结构层次</td><td></td></tr>
<tr><td>单位工程名称</td><td colspan="2"></td><td>建筑面积</td><td></td></tr>
<tr><td>施工单位</td><td colspan="2"></td><td>开工日期</td><td></td></tr>
<tr><td>监理单位</td><td colspan="2"></td><td>竣工日期</td><td></td></tr>
<tr><td>序号</td><td colspan="2">防治项目</td><td colspan="2">主要措施及防治结果</td></tr>
<tr><td>1</td><td colspan="2"></td><td colspan="2"></td></tr>
<tr><td>2</td><td colspan="2"></td><td colspan="2"></td></tr>
<tr><td>3</td><td colspan="2"></td><td colspan="2"></td></tr>
<tr><td>4</td><td colspan="2"></td><td colspan="2"></td></tr>
<tr><td>5</td><td colspan="2"></td><td colspan="2"></td></tr>
<tr><td>6</td><td colspan="2"></td><td colspan="2"></td></tr>
<tr><td>7</td><td colspan="2"></td><td colspan="2"></td></tr>
<tr><td colspan="3">项目技术负责人：

项目经理：

年　月　日</td><td colspan="2">总监理工程师：

年　月　日</td></tr>
</table>

附件：______份。

TSZL9：过程质量检查表

过 程 质 量 检 查 表

工程名称：　　　　　　　　　　　　　　　　　　　　　　编号：TSZL9－LN××－×××

施工项目		施工负责人	
检查人		检查日期	
检查 项目			
检查 意见			

注　由施工项目部填报，存______份。

TSZL10：工程质量问题处理单

工程质量问题处理单

分部（单位）工程名称：

序号	存在问题	处置要求	处置 负责人	处置时间	复检人	复检结论、 数据、时间

检验单位　　检验人：　　被检单位负责人：　　检验日期：　年　月　日

注　由施工项目部填报，施工项目部存______份。

TSZL11：工程安全/质量事件报告表

工程安全/质量事件报告表

工程名称：　　　　　　　　　　　　　　　　　　　　　　　　编号：TSZL11－LN××－×××

<table>
<tr><td>致______________________________监理项目部：
______年______月______日在________________发生______________事件，特此报告。
附件：1. 事件情况报告
　　　2. 事件现场照片

施工项目部（章）：
项目经理：__________
日　　期：__________</td></tr>
<tr><td>监理项目部意见：

监理项目部（章）：
总监理工程师：__________
日　　期：__________</td></tr>
<tr><td>建设单位审批意见：

建设单位（章）：
项目负责人：__________
日　　期：__________</td></tr>
</table>

注　本表一式______份，由施工项目部填报，建设单位、监理项目部各______份，施工项目部存______份。

TSZL12：工程安全/质量事件处理方案报审表

工程安全/质量事件处理方案报审表

工程名称：　　　　　　　　　　　　　　　　　　　　　　编号：TSZL12－LN××－×××

致____________________监理项目部： ______年____月____日在________发生的________事件，我公司已于______月____日以____上报你处；经过详细的调查和研究，现将事件详细情况及处理方案报上，请审查。 附件：事件处理方案 施工项目部（章）： 项目经理：________ 日　　期：________
设计审核意见： 设计项目部（章）： 设计代表：________ 日　　期：________
监理项目部审查意见： 监理项目部（章）： 总监理工程师：________ 专业监理工程师：________ 日　　　　期：________
建设单位审批意见： 建设单位（章）： 项目负责人：________ 日　　期：________

注　本表一式____份，由施工项目部填报，建设单位、设计、监理、施工项目部各存____份。

TSZL13：工程安全/质量事件处理结果报验表

工程安全/质量事件处理结果报验表

工程名称： 编号：TSZL13－LN××－×××

<table>
<tr><td>
致________________________________监理项目部：
______年______月______日在________________发生的______________________事件，我公司现已按批准后的处理方案处理完毕，请审查。
附件：1. 自检验收记录
2. 现场恢复照片

施工项目部（章）：
项目经理：____________
日　　期：____________
</td></tr>
<tr><td>
监理项目部审查意见：

监理项目部（章）：
总监理工程师：__________
专业监理工程师：________
日　　　　期：________
</td></tr>
<tr><td>
建设单位审批意见：

建设单位（章）：
项目负责人：__________
日　　期：__________
</td></tr>
</table>

注　本表一式____份，由施工项目部填报，建设单位、监理项目部各____份，施工项目部存____份。

TSZL14：工程质量问题台账

工程质量问题台账

工程名称：　　　　　　　　　　　　　　　　　　　　编号：TSZL14－LN××－×××

序号	质量问题描述	检查单位（部门）	整改完成情况	备　注

填写、使用说明

（1）质量问题描述栏填写各级检查单位（部门）提出质量问题的文件名称及文件号。

（2）整改完成情况栏填写质量问题整改闭环的记录名称及编号。

TSZL15：调试报告报审表

调 试 报 告 报 审 表

工程名称：　　　　　　　　　　　　　　　　　　　　　　编号：TSZL15－LN××－×××

致______________________________监理项目部： 　　经我公司调整试验，________________项目符合国家标准和技术规范以及设计的要求，现报上调试报告，请审查。 　　附件：____________调试报告 施工项目部（章）： 项目经理：____________ 日　　期：____________
专业监理工程师审查意见： 专业监理工程师：________ 日　　　　期：________
总监理工程师审查意见： 监理项目部（章）： 总监理工程师：________ 日　　　期：________

注　本表由施工项目部填报，监理项目部存____份，施工项目部存____份。

填 写、使 用 说 明

（1）施工承包单位在完成该项目的设备（系统）调试后，应将调试报告报监理项目部审查。

（2）专业监理工程师审查要点：

1）调试项目是否齐全。

2）是否按规范或设备使用说明书的要求完成相关的调试。

3）调试结果是否合格。

（3）调试报告按分册上报，每一分册填报一份调试报告报审表。

TSZL16：公司级专检申请表

公司级专检申请表

编号：TSZL16－LN××－×××

<table>
<tr><td>工程名称</td><td></td><td>施工地点</td><td></td></tr>
<tr><td>施工单位</td><td></td><td>施工日期</td><td></td></tr>
<tr><td colspan="4">一、工程简况：
本项目于____年____月____日开工，计划于____年____月____日竣工，共____个单位工程。
二、验收范围：
列出本工程需验收的单位（分部）工程名称，共____个单位（分部）工程。
三、单位、分部、分项工程的质量验收情况：
简述本工程需验收的单位（分部）、分项工程数量，质量合格率。
四、工程资料情况：
五、实物抽检情况及结果：（附项目级检查记录）
六、存在的问题及整改情况：（附工程质量问题处理单）</td></tr>
<tr><td colspan="4">验收结论及申请验收时间：
经项目部复检，____项目____单位（分部）工程质量符合设计要求，达到验收规范标准，工程资料齐全、填写正确、完整，申请公司于____年____月____日进行专检（本结论为参考填写示例）。

施工项目部（盖章）：
项目经理：
年　月　日</td></tr>
</table>

填写、使用说明

（1）此表为施工项目申请公司级专检复检用。

（2）项目级检查记录应涵盖相应的施工质量检验及评定规程中有关检查评级记录表中的所有项目。

（3）本表为推荐用表，不做强制性要求，如各施工单位内部质量管理体系中有要求时，可以采用体系用表。

TSZL17：监理初检申请表

监理初检申请表

工程名称：　　　　　　　　　　　　　　　　　　　　　　　　编号：TSZL17－LN××－×××

<table>
<tr><td>致________________________监理项目部：
经我公司自检，具备______阶段第______次工程监理初检条件，特此申请，请审查。
附件：公司级专检报告（______阶段）

施工项目部（章）：
项目经理：__________
日　　期：__________</td></tr>
<tr><td>专业监理工程师审查意见：

专业监理工程师：__________
日　　　　期：__________</td></tr>
<tr><td>总监理工程师审查意见：

监理项目部（章）：
总监理工程师：__________
日　　　期：__________</td></tr>
</table>

注　本表一式______份，由施工项目部填报，监理项目部______份，施工项目部存______份。

填写、使用说明

（1）施工项目部按公司规定，完成相应工程的施工，并经班组、项目部、公司三级自检验收合格后，应将自检结果向监理项目部报验，并申请随工验收。

（2）监理初检分基础基本完成、投运前（包括安装调试工程）监理初检。

（3）监理项目部审查要点：

1）申请监理初检的工程是否已经施工单位自检验收合格。

2）自检验收及评定记录是否齐全。

3）其他技术资料是否齐全、合格。

附件：

公 司 级 专 检 报 告

（　　　　　　　　阶段）

项目名称：______________工程

（施工单位公章）

______年____月

一、公司级专检简况			
项目名称		阶　段	
时　间			
检查依据			
检查项目（抽检的各检验批部位）			
公司级专检组织及程序			
公司级专检过程总体描述			
二、工程概况			
本期规模		远景规模	
建设单位		建设管理单位	
监理单位		设计单位	
施工单位			
主要工程形象进度			
三、综合评价			
主要技术资料核查			
工程重点抽查			

续表

四、限期整改项目

五、主要改进建议

六、结论

公司级专检负责人（签名）　　　　　　　　　　年　月　日

七、公司级专检成员名单

序号	姓　名	专　业	职务/职称	参加小组

TSZL18：见证取样统计表

见 证 取 样 统 计 表

工程名称：　　　　　　　　　　　　　　　　　　　　　　编号：

序号	见证取样			报告编号	取样日期	备注
	见证项目	见证人员	取样人员			

注　本表由监理项目部填写，监理项目部自存。

TSZL19：设备材料开箱检查记录表

设备材料开箱检查记录表

编号：

工程名称		开箱日期	
产品来源		合同号	
产品名称		合同数量	
型号规格		到货数量	
制造厂商		总箱（件）数	
厂商国别		到货时间	
唛头号		存放地点	

检查内容	检　查　结　果	
外包装		缺件登记：
外观检查		
铭牌核对		
型号核对		

文件资料名称	检查结果	份数	接收人	日期	结论
质保书或合格证	□有　□无　□不需要				□齐全　□不齐全
原产地证书	□有　□无　□不需要				□齐全　□不齐全
装箱清单	□有　□无　□不需要				□齐全　□不齐全
出厂试验报告	□有　□无　□不需要				□齐全　□不齐全
安装使用说明书	□有　□无　□不需要				□齐全　□不齐全
安装图纸及资料	□有　□无　□不需要				□齐全　□不齐全
备品备件	□有　□无　□不需要				□齐全　□不齐全
开箱检查结论： 开箱负责人（签字）：　　　日期：					
处理意见： 开箱负责人（签字）：　　　日期：					
参加开箱单位及人员签字：					

注　1. 设备材料开箱检查由监理项目部组织，开箱负责人由总监理工程师/专业监理工程师担任。

2. 本表一式______份，由施工项目部填报，建设单位、监理项目部各______份，施工项目部存______份。

TSZL20：旁站监理记录表

旁 站 监 理 记 录 表

工程名称：　　　　　　　　　　　　　　　　　　　　　　编号：

<table>
<tr><td>日期及天气：</td><td>施工单位：</td></tr>
<tr><td colspan="2">旁站监理的部位或工序：</td></tr>
<tr><td>旁站监理开始时间：</td><td>旁站监理结束时间：</td></tr>
<tr><td colspan="2">旁站的关键部位、关键工序施工情况：</td></tr>
<tr><td colspan="2">发现的问题及处理情况：</td></tr>
<tr><td colspan="2">旁站监理人员（签字）：　　　　　　　　　　年　月　日</td></tr>
</table>

注　1. 本表由监理工作人员填写。监理项目部可根据工程实际情况在策划阶段对“旁站的关键部位、关键工序施工情况”进行细化，可细化成有固定内容的填空或判断填写方式，方便现场操作。但表格整体格式不得变动。

2. 如监理人员发现问题性质严重，应在记录旁站监理表后，发出监理工程师通知单要求施工项目部进行整改。

3. 本表一式一份，监理项目部留存。

TSZL21：监理初检方案

____________工程

监 理 初 检 方 案

批准（总监理工程师）______________________ ____年____月____日

审核（总监理工程师代表或专业监理工程师）____ ____年____月____日

编制（专业监理工程师）____________________ ____年____月____日

____________监理项目部

（加盖监理项目部公章）

______年______月

目 录

编写说明：

根据施工项目部提出的工程初检申请，对施工项目部自检验收结果进行审查，编制监理初检方案，根据实际情况，每次监理初检的内容、组织机构及时间安排可以另行用监理工作联系单进行明确，在监理初检方案中可以不予详细描述。

TSZL22：监理初检报告

________________工程

监 理 初 检 报 告

____________监理项目部

（加盖监理项目部公章）

_______年_______月

<table>
<tr><td colspan="4">一、检验概况</td></tr>
<tr><td>工程名称</td><td colspan="3"></td></tr>
<tr><td>初
检
依
据</td><td colspan="3"></td></tr>
<tr><td colspan="4">二、工程概况</td></tr>
<tr><td>项目法人</td><td></td><td>建设管理单位</td><td></td></tr>
<tr><td>设计单位</td><td></td><td>监理单位</td><td></td></tr>
<tr><td>施工单位</td><td></td><td>运行单位</td><td></td></tr>
<tr><td colspan="4">（工程规模概况）</td></tr>
<tr><td>单位工程名称</td><td>开工时间</td><td>完工时间</td><td>备　注</td></tr>
<tr><td></td><td></td><td></td><td></td></tr>
<tr><td></td><td></td><td></td><td></td></tr>
<tr><td></td><td></td><td></td><td></td></tr>
<tr><td></td><td></td><td></td><td></td></tr>
<tr><td></td><td></td><td></td><td></td></tr>
<tr><td></td><td></td><td></td><td></td></tr>
<tr><td></td><td></td><td></td><td></td></tr>
</table>

续表

<table>
<tr><td colspan="2">三、综合评价</td></tr>
<tr><td>质量体系及实施情况</td><td></td></tr>
<tr><td>主要技术资料检查情况</td><td></td></tr>
<tr><td>工程重点抽查情况</td><td></td></tr>
<tr><td colspan="2">四、附件：检验记录等</td></tr>
<tr><td colspan="2">五、主要改进建议</td></tr>
<tr><td colspan="2">六、结论</td></tr>
<tr><td colspan="2">验收负责人（签字）：　　　　　　　　日　期：______年_____月_____日</td></tr>
</table>

TSZL23：工程质量随工验收申请表

工程质量随工验收申请表

工程名称：　　　　　　　　　　　　　　　　　　　　　　　　编号：

<table>
<tr><td>致______________________（建设单位）：
经我监理项目部初步检查验收，____________工程具备_________阶段随工验收条件，特申请验收。
附件 1：监理初检报告
附件 2：施工单位质量专检报告

监理项目部（章）
总监理工程师：__________________
日　　期：_____年___月___日</td></tr>
<tr><td>建设管理单位验收意见：

建设管理单位（章）
项目负责人：____________________
日　　期：_____年_____月_____日</td></tr>
</table>

注　本表一式_____份，由监理项目部填报，建设单位一份，监理项目部存_____份。

TSZL24：工程竣工预验收申请表

工程竣工预验收申请表

工程名称：　　　　　　　　　　　　　　　　　　　　　　　　编号：

<table>
<tr><td>
致________（建设单位）：
由我公司监理的________工程从____年____月____日开工至____年____月____日已全部竣工。
本工程经过施工项目部检查验收、监理初检，所检查项目全部符合设计及国家现行标准要求。
特报请建设单位组织竣工预验收。
附件1：监理初检报告
附件2：施工单位质量专检报告

监理项目部（章）：
总监理工程师：________
日　　期：____年__月__日
</td></tr>
<tr><td>
建设单位审批意见：

建设单位（章）：
项目负责人：________
日　　期：________
</td></tr>
<tr><td>
建设管理单位审批意见：

建设管理单位（章）：
项目负责人：________
日　　期：____年__月__日
</td></tr>
</table>

注　1. 本表一式___份，由监理项目部填写，建设单位存一份、监理项目部存___份。
2. 竣工验收前，由监理项目部填报，建设单位、建设管理单位审批。

C.2.4 技术管理部分

TSJS1：图纸收发登记表

图 纸 收 发 登 记 表

技术管理部分（施工）

工程名称：

编号：TSJS1－LN××－×××　　　　第　页

序号	卷册	卷册名称	接收			发放			
			份数	日期	接收人	份数	日期	单位	领用人
备注									

TSJS2：设计变更收发登记表

设计变更收发登记表

工程名称：

编号：TSJS2－LN××－×××　　　　　　　　　　第　页

<table>
<tr><th rowspan="2">序号</th><th rowspan="2">设计变更编号</th><th rowspan="2">主 题 内 容</th><th>接 收</th><th colspan="3">发 放</th></tr>
<tr><th>接收人/日期</th><th>领取部门</th><th>份数</th><th>领取人/日期</th></tr>
<tr><td></td><td></td><td></td><td></td><td></td><td></td><td></td></tr>
<tr><td></td><td></td><td></td><td></td><td></td><td></td><td></td></tr>
<tr><td></td><td></td><td></td><td></td><td></td><td></td><td></td></tr>
<tr><td></td><td></td><td></td><td></td><td></td><td></td><td></td></tr>
<tr><td></td><td></td><td></td><td></td><td></td><td></td><td></td></tr>
<tr><td></td><td></td><td></td><td></td><td></td><td></td><td></td></tr>
<tr><td></td><td></td><td></td><td></td><td></td><td></td><td></td></tr>
<tr><td></td><td></td><td></td><td></td><td></td><td></td><td></td></tr>
<tr><td></td><td></td><td></td><td></td><td></td><td></td><td></td></tr>
<tr><td></td><td></td><td></td><td></td><td></td><td></td><td></td></tr>
<tr><td></td><td></td><td></td><td></td><td></td><td></td><td></td></tr>
<tr><td></td><td></td><td></td><td></td><td></td><td></td><td></td></tr>
<tr><td></td><td></td><td></td><td></td><td></td><td></td><td></td></tr>
<tr><td></td><td></td><td></td><td></td><td></td><td></td><td></td></tr>
<tr><td></td><td></td><td></td><td></td><td></td><td></td><td></td></tr>
<tr><td></td><td></td><td></td><td></td><td></td><td></td><td></td></tr>
<tr><td></td><td></td><td></td><td></td><td></td><td></td><td></td></tr>
</table>

TSJS3：交底记录

交 底 记 录

工程名称：　　　　　　　　　　　　　　　　　　　　　　　　编号：TSJS3－LN××－×××

<table>
<tr><td>项目名称</td><td></td><td>交底单位</td><td></td></tr>
<tr><td>交底主持人签名</td><td></td><td>交底日期</td><td></td></tr>
<tr><td>交底级别</td><td colspan="3">□公司级　　□项目部级　　□施工队级</td></tr>
<tr><td colspan="4">接受交底人签名：</td></tr>
<tr><td colspan="4">交底作业项目：</td></tr>
<tr><td colspan="4">主要交底内容：</td></tr>
<tr><td>交底人签名</td><td colspan="3"></td></tr>
</table>

注　1. 本表适用于技术、安全、质量等交底，主要交底内容栏体现具体的交底内容。

2. 本表由交底人填写。

3. 本表涉及被交底单位各留存一份。

TSJS4：设计变更执行报验单

设计变更执行报验单

工程名称： 编号：TSJS4－LN××－×××

<table>
<tr><td>致______________________________监理项目部：
我方已完成________号设计变更审批单全部内容的施工，请予以查验。详细情况说明如下：

施工项目部（章）：
项目经理：____________
日　　期：____________</td></tr>
<tr><td>监理项目部审查意见：

监理项目部（章）：
总监理工程师：__________
专业监理工程师：________
日　　期：____________</td></tr>
</table>

注　本表一式____份，由施工项目部填报，监理项目部____份，施工项目部存____份。

填写、使用说明

（1）施工项目部在完成设计变更通知单所列的施工内容后，应报监理项目部查验。

（2）施工项目部应将设计变更通知单涉及的施工部位、施工内容和引起的工程量的变化做详细说明。

（3）监理项目部审查确认设计变更通知单涉及的工程量全部完成，并经监理项目部验收合格后，签署意见。

TSJS5：技术标准问题及标准间差异汇总表

技术标准问题及标准间差异汇总表

工程名称：

施工项目部：________________　　　　编号：TSJS5－LN××－×××

序号	标准名称			
	条款	原文内容	问题及差异	建议
1				
2				
3				
4				
5				
6				

项目经理：____________

项目经理：____________

日　　期：____________

施工项目部（章）：______

注　施工项目部编制后向监理项目部、建设单位报送。

C.2.5 造价管理部分

TSZJ1：工程进度款报审表

造价管理部分（施工）

工 程 进 度 款 报 审 表

工程名称：　　　　　　　　　　　　　　　　　　　　　　编号：TSZJ1－LN××－×××

<table>
<tr><td>致________________________________监理项目部：
我项目部于_____年_____月_____日至_____年_____月_____日共完成合同价款_____元，按合同规定扣除_____%预付款和_____%质量保证金，特申请支付进度款______________元，请予审核。
其中：安全文明施工费本月完成______________元，累计完成______________元，完成总额的_____%。
附件：施工工程完成情况月报

施工项目部（章）：
项目经理：______________
日　　期：______________</td></tr>
<tr><td>监理项目部审核意见：

监理项目部（章）：
总监理工程师：______________
专业监理工程师：______________
日　　　　期：______________</td></tr>
<tr><td>建设单位审批意见：

建设单位（章）：
项目负责人：______________
日　　期：______________</td></tr>
</table>

注　1. 本表一式_____份，由施工项目部填报，建设单位、施工项目部各_____份，监理项目部存_____份。

2. 每月15日前，由施工项目部填报，监理单位审查，报建设单位审批，列入下月资金计划。

附件：

施工工程完成情况月报

工程名称： 年 月 单位：万元

序号	单位工程	投标价格	开工日期	竣工日期	完成投资		本月完成投资				月末形象进度	备注说明
					自上年末累计	自年初累计	合计	建筑	安装	其他		

单位负责人： 审核： 制表人： 报出日期： 年 月 日

注 当月设备就位，设备到货明细在备注栏填写。导线、地线型号及生产厂家在首次报表时填写在备注栏内（可采用A3纸）。

TSZJ2：设计变更联系单

设 计 变 更 联 系 单

工程名称： 编号：TSZJ2－LN××－×××

<table>
<tr><td>
致________________________________（设计单位）：
由于____
____
____
____
原因，兹提出____
等设计变更建议，请予以审核。

附件：变更方案等相关附件（A4 纸，5 号宋体）

负 责 人：________（签　字）________
提出单位：________（盖　章）________
日　　期：________年______月______日
</td></tr>
</table>

注 1. 编号由监理项目部统一编制，作为设计变更联系单的唯一通用表单。
2. 本表仅用于向设计单位提出非设计原因引起的设计变更，作为设计变更审批单、重大设计变更审批单的附件。
3. 本表一式五份（施工、设计、监理、建设单位各一份，建设管理单位存档一份）。

TSZJ3：设计变更审批单

设 计 变 更 审 批 单

工程名称：　　　　　　　　　　　　　　　　　　　　　编号：TSZJ3－LN××－×××

<table>
<tr><td colspan="2">致__________________（监理项目部）：
变更事由：

变更费用：

附件：1. 设计变更建议或方案。
2. 设计变更费用计算书。
3. 设计变更联系单（如有）。
……

设　　总：＿＿＿（签　　字）＿＿＿
设计单位：＿＿＿（盖　　章）＿＿＿
日　　期：＿＿＿年＿＿月＿＿日</td></tr>
<tr><td>监理单位意见

总监理工程师：（签字并盖项目部章）
日期：＿＿＿年＿＿月＿＿日</td><td>施工单位意见

项目经理：（签字并盖项目部章）
日期：＿＿＿年＿＿月＿＿日</td></tr>
<tr><td>建设单位审核意见
专业审核意见：

项目负责人：（签字并盖公章）
日期：＿＿＿年＿＿月＿＿日</td><td>建设管理部门审批意见
建设（技术）审核意见：

技经审核意见：

部门分管领导：（签字并盖公章）
日期：＿＿＿年＿＿月＿＿日</td></tr>
</table>

注　1. 编号由监理项目部统一编制，作为审批设计变更的唯一通用表单。

2. 一般设计变更执行设计变更审批单，重大设计变更执行重大设计变更审批单。

3. 本表一式五份（施工、设计、监理、建设单位各一份，建设管理单位存档一份）。

TSZJ4：重大设计变更审批单

重大设计变更审批单

工程名称：　　　　　　　　　　　　　　　　　　　　　　　编号：TSZJ4－LN××－×××

<table>
<tr><td colspan="6">致________________________（监理项目部）：
变更事由：

变更费用：

附件：1. 设计变更建议或方案。
2. 设计变更费用计算书。
3. 设计变更联系单（如有）。
……

设　　总：________（签　　字）________
设计单位：________（盖　　章）________
日　　期：________年____月____日</td></tr>
<tr><td colspan="2">监理单位意见

总监理工程师：（签字并盖项目部章）
日期：________年____月____日</td><td colspan="2">施工单位意见

项目经理：（签字并盖项目部章）
日期：________年____月____日</td><td colspan="2">建设单位审核意见
专业审核意见：

项目负责人：（签字并盖公章）
日期：________年______月____日</td></tr>
<tr><td colspan="3">建设管理单位审批意见
建设（技术）审核意见：

技经审核意见：
部门主管领导：（签字）
单位分管领导：（签字并盖公章）
日期：________年____月____日</td><td colspan="3">项目法人单位建设部审批意见
建设（技术）审核意见：

技经审核意见：

部门分管领导：（签字并盖公章）
日期：________年____月____日</td></tr>
</table>

注　1. 编号由监理项目部统一编制，作为审批重大设计变更的唯一通用表单。
2. 本表一式五份（施工、设计、监理、建设单位各一份，建设管理单位存档一份）。

TSZJ5：现场签证审批单

现场签证审批单

工程名称：　　　　　　　　　　　　　　　　　　　编号：TSZJ5－LN××－×××

<table>
<tr><td colspan="2">致____________________（监理项目部）：
签证事由：

签证费用：

附件：1. 现场签证方案。
　　　2. 签证费用计算书。
……

项目经理：______（签　字）______
施工单位：______（盖　章）______
日　　期：______年____月____日</td></tr>
<tr><td>监理单位意见：

总监理工程师：（签字并盖项目部章）
日期：______年____月____日</td><td>设计单位意见：

设总：（签字并盖项目部章）
日期：______年____月____日</td></tr>
<tr><td>建设单位审核意见
专业审核意见：

项目负责人：（签字并盖公章）
日期：______年____月____日</td><td>建设管理部门审批意见
建设（技术）审核意见：

技经审核意见：

部门分管领导：（签字并盖公章）
日期：______年____月____日</td></tr>
</table>

注　1. 编号由监理项目部统一编制，作为审批现场签证的唯一通用表单。
　　2. 一般签证执行现场签证审批单，重大签证执行重大签证审批单。
　　3. 本表一式五份（施工、设计、监理、建设单位各一份，建设管理单位存档一份）。

TSZJ6：重大签证审批单

重 大 签 证 审 批 单

工程名称：　　　　　　　　　　　　　　　　　　　　　　　编号：TSZJ6－LN××－×××

<table>
<tr><td colspan="6">致________________（监理项目部）：
签证事由：

签证费用：

附件：1. 现场签证方案。
　　　2. 签证费用计算书。
……

项目经理：______（签　字）______
施工单位：______（盖　章）______
日　期：______年___月___日</td></tr>
<tr><td colspan="2">监理单位意见

总监理工程师：（签字并盖项目部章）
日期：______年___月___日</td><td colspan="2">设计单位意见

设总：（签字并盖项目部章）
日期：______年___月___日</td><td colspan="2">建设单位审核意见
专业审核意见：

项目负责人（签字并盖章）
日期：______年___月___日</td></tr>
<tr><td colspan="3">建设管理单位审批意见
建设（技术）审核意见：

技经审核意见：
部门主管领导：（签字）
单位分管领导：（签字并盖公章）
日期：______年___月___日</td><td colspan="3">项目法人单位建设部审批意见
建设（技术）审核意见：

技经审核意见：

部门分管领导：（签字并盖公章）
日期：______年___月___日</td></tr>
</table>

注　1. 编号由监理项目部统一编制，作为审批重大签证的唯一通用表单。

2. 本表一式五份（施工、设计、监理、建设单位各一份，建设管理单位存档一份）。

TSZJ7：索赔申请表

索 赔 申 请 表

工程名称：　　　　　　　　　　　　　　　　　　　　　　编号：TSZJ7－LN××－×××

致______________________________监理项目部： 根据施工合同条款________________条的规定，由于______________________的______________________原因，我方要求索赔金额（大写）______________________，请审批。 附件：1. 索赔的详细理由及经过说明 2. 索赔金额计算书 3. 证明材料 施工单位（章）： 项目经理：__________ 日　　期：__________
监理项目部审查意见： 监理项目部（章）： 总监理工程师：__________ 专业监理工程师：__________ 日　　期：__________
建设单位审批意见： 建设单位（章）： 项目负责人：__________ 日　　期：__________
建设管理单位审批意见： 建设管理单位（章）： 分管领导：__________ 日　　期：__________

注　本表一式______份，由施工单位填报，建设单位、监理项目部各1份，施工单位存______份。

TSZJ8：工程付款申请汇总表

工程付款申请汇总表

工程名称：　　　　　　　　　　　　　　　　　　　　　编号：

序号	付款申请名称	文件编号	签证日期	施工单位报审金额（万元）	监理审核金额（万元）	建设管理单位批准金额（万元）

注　本表由监理项目部填写，监理项目部自存。

项目管理部分（竣工）

C.3 项目竣工部分

C.3.1 项目管理部分

TJXM1：工程总结

工 程 总 结

一、工程概况

1. 工程规模

2. 主要参建单位（建设、设计、施工、监理）

3. 施工主要进度节点

（1）开、竣工日期。

（2）验收日期（三级自检、监理初检、随工验收、竣工预验收、启动验收日期）。

4. 施工大事记

二、施工管理工作总结

1. 项目管理总结

2. 安全管理总结

3. 质量管理总结

4. 技术管理总结

5. 造价管理总结

三、本项目主要经验与教训

四、工程遗留问题与备忘录

1. 未完成的项目和原因及影响工程功能实用的程度

2. 后续完成计划

注 该报审资料上传基建管理信息系统。

TJXM2：监理工作总结

________________工程

监 理 工 作 总 结

（监理公司名称）

（加盖监理公司公章）

______年______月

批准：（分管领导）　　　　　　年　月　日

审核：（公司职能部门）　　　　年　月　日

编写：（总监理工程师）　　　　年　月　日

目　　录

TJXM3：竣工报告

竣 工 报 告

<table>
<tr><td colspan="2">工程名称</td><td colspan="2"></td><td colspan="2">建设范围</td><td colspan="2"></td></tr>
<tr><td colspan="2">建设单位</td><td colspan="2"></td><td colspan="2">设计单位</td><td colspan="2"></td></tr>
<tr><td colspan="2">施工单位</td><td colspan="6"></td></tr>
<tr><td colspan="2">监理单位</td><td colspan="6"></td></tr>
<tr><td colspan="2">实际开工日期</td><td colspan="2"></td><td colspan="2">实际竣工日期</td><td colspan="2"></td></tr>
<tr><td>完成工程量</td><td colspan="7"></td></tr>
<tr><td colspan="2">施工单位
（印章）

负责人：
年 月 日</td><td colspan="2">监理单位
（印章）

负责人：
年 月 日</td><td colspan="2">运行单位
（印章）

负责人：
年 月 日</td><td colspan="2">建设单位
（印章）

负责人：
年 月 日</td></tr>
</table>

C.3.2 质量管理部分

TJZL1：工程验评记录统计报审表

质量管理部分（竣工）

工程验评记录统计报审表

工程名称：　　　　　　　　　　　　　　　　　　　　编号：

<table>
<tr><td colspan="5">致________（建设单位）：
现报上________工程________质量验评汇总，请查验。</td></tr>
<tr><td colspan="2"></td><td>单位工程</td><td>分部工程</td><td>分项工程</td></tr>
<tr><td rowspan="4">土建工程</td><td>验评总数</td><td></td><td></td><td></td></tr>
<tr><td>合格数</td><td></td><td></td><td></td></tr>
<tr><td>优良数</td><td></td><td></td><td></td></tr>
<tr><td>优良率（%）</td><td></td><td></td><td></td></tr>
<tr><td rowspan="4">电气工程</td><td>验评总数</td><td></td><td></td><td></td></tr>
<tr><td>合格数</td><td></td><td></td><td></td></tr>
<tr><td>优良数</td><td></td><td></td><td></td></tr>
<tr><td>优良率（%）</td><td></td><td></td><td></td></tr>
<tr><td colspan="5">监理项目部（章）
总监理工程师：________
日　　期：____年__月__日</td></tr>
<tr><td colspan="5">建设单位意见：

建设单位（章）：
项目负责人：________
日　　期：________</td></tr>
</table>

注　本表一式__份，由监理项目部填报，建设单位、施工项目部各一份，监理项目部存__份。

TJZL2：工程质量评估报告

________________工程

质 量 评 估 报 告

批准：（公司技术负责人）________________ ____年____月____日

审核：（公司职能部门）________________ ____年____月____日

编写：（总监理工程师）________________ ____年____月____日

__________监理项目部

（加盖监理项目部公章）

______年______月

目　录

TJZL3： 工程质量通病防治工作评估报告

工程质量通病防治工作评估报告

工程名称：

建设管理单位		工程规模	
监理单位		开工日期	
施工单位		竣工日期	
设计单位采取的通病防治措施			
施工单位采取的通病防治措施			
主要防治监督措施			
平行检验内容及结果			
防治项目完成情况			
防治成果评价			
备　注			

监理项目部（章）

总监理工程师：________

日　期：______年___月___日

C.3.3 技术管理部分

TJJS1：竣工验收证书

技术管理部分（竣工）

电 力 通 信 工 程

竣 工 验 收 证 书

（范本）

工程名称：______________________

鉴定机构：______________ 工程验收委员会

鉴定日期：______________ 年　　月　　日

目　录

附件：1　工程验收委员会名单
　　　2　生产准备与工程文件检查组成员名单
　　　3　工程验收检查组成员名单
　　　4　工程遗留问题处理清单
　　　5　工程建设有关单位代表名单
　　　6　工程移交有关单位代表名单
　　　7　移交工程范围
　　　8　移交专用工器具清单
　　　9　移交备品备件清单
　　　10　移交工程文件清单

工程验收委员会鉴定书

在______________工程通过为期________月的试运行后，工程验收委员会于________年_____月_____日对工程全部设施的质量进行了竣工验收检查。工程验收委员会认为工程测试结果和试运行正常、性能符合设计要求，工程质量符合国家规定，达到设计和施工验收规范标准，验收工作符合工程验收规范要求，工程质量总评为_______级。工程验收委员会认定，本工程已具备交接验收条件，同意从________年____月____日起交付运行单位，正式投入运行。

工程遗留问题按清单要求限期完成。

工程验收委员会

主任委员（签字）：

________年____月____日

工程移交生产交接书

__________工程已于____________年______月______日经工程验收委员会认定已具备交接验收条件，交接双方同意办理正式交接。自即日起，按移交范围和内容由建设单位交付给接收单位，由接收单位使用并负责保管和维护。

遗留问题按工程验收委员会的决定由建设单位负责，按清单要求按时完成。

工程验收委员会

主任委员（签字）：

________年____月____日

附件 1

工程验收委员会名单

工程验收委员会	姓名	单　位	职务/职称	签名
主任委员				
副主任委员				
副主任委员				
委员				
委员				
委员				
委员				
委员				

附件 2

生产准备与工程文件检查组成员名单

检查组	姓　名	单位	职务/职称	签　名
组　长				
副组长				
副组长				
成　员				
成　员				
成　员				

附件 3

工程验收检查组成员名单

工程验收检查组	姓　名	单位	职务/职称	签字
组　长				
副组长				
副组长				
成　员				
成　员				
成　员				
成　员				
成　员				
成　员				
成　员				

附件 4

工程遗留问题处理清单

序号	内　容	责任单位	限期完成日期

附件 5

工程建设有关单位代表名单

单　位	姓　名	单位名称	职务/职称	签名
建设单位				
设计单位				
监理单位				
施工单位				
测试单位				
运行单位				
工程质量监督中心站				

附件 6

工程移交有关单位代表名单

单位	姓名	单位名称	职务/职称	签名
建设单位				
接收单位				
监理单位				
设计单位				
施工单位				
调试单位				

附件 7

移 交 工 程 范 围

移交工程范围

附件 8

移交专用工器具清单

序号	名称	规格	数量	建设方代表	接收方代表

附件 9

移交备品备件清单

序号	名称	规格	数量	建设方代表	接收方代表

附件 10

移交工程文件清单

序号	名　称	卷、册、页数	建设方代表	接收方代表

C.3.4 造价管理部分

TJZJ1：工程竣工结算书

内容详见《公司输变电工程工程量清单计价规范》工程量清单计价格式中“竣工结算表格”的标准样式。

附录 D

档 案 管 理 模 板

通信工程项目文件归档范围及分类

类目号	类目名称	归档文件名称	立卷单位	保管期限
8100	01 前期文件	1. 项目年度投资计划	建设管理单位	永久
		2. 土地征用文件		
		3. 拆迁补偿协议		
	02 合同	4. 设计、施工、监理合同及中标通知书		
		5. 安全合同、承包安全协议、廉正合同		
		6. 设备材料采购合同、技术协议		
		7. 项目合同		
		8. 其他		
8101	可行性研究	1. 可行性研究报告（项目建议书）	建设管理单位	永久
		2. 项目可研评审意见		
		3. 项目可研批复		
8102	初步设计	1. 资金计划文件	建设管理单位	永久
		2. 初设会议及签字		
		3. 初步设计文件		
		4. 初设评审文件		
		5. 初设批复文件		
		6. 初设图纸		
		7. 概算书、批准概算书		
		8. 设备材料清册		
		9. 拆旧设备清单及处置意见		
		10. 其他		
8103	施工图设计、施工管理文件	1. 设计交底会议通知	建设管理单位	
		2. 竣工图（预验收时使用白图）	设计单位	永久
		3. 施工图（设计说明书、材料表）	建设管理单位	长期
		4. 施工图设计交底纪要、记录及评审纪要	监理单位	长期
		5. 施工图会检纪要（附参会人员名单）		
		6. 施工组织设计及报审表	施工单位	长期

续表

类目号	类目名称	归档文件名称	立卷单位	保管期限
8103	施工图设计、施工管理文件	7. 施工方案（安全技术措施、特殊施工方案、作业指导书）及报审表		
		8. 施工技术交底记录		
		9. 设计变更、工程联络单、执行报验单		
		10. 作业指导书 10.1 工程概况表 10.2 组织分工及职责表 10.3 作业人员分工表 10.4 作业施工机械设备及工器具表 10.5 作业材料及备品备件表 10.6 作业环境因素分析及环境控制措施表 10.7 作业进度计划表 10.8 作业开工条件验证表 10.9 标准化作业流程图 10.10 作业项目流程图		
		11. 人员岗位工作标准报告		
		12. 安全目标的责任分解表		
		13. 施工项目部组织机构成立通知		
		14. 施工项目部主要人员资格报审表		
		15. 项目管理实施规划报审表		
		16. 施工进度计划报审表		
		17. 施工进度调整计划报审表		
		18. 工程开工报审表		
		19. 工程开工报告		
		20. 通用报审表		
		21. 施工安全管理及风险控制方案表		
		22. 工程总结		
		23. 甲供主要设备开箱申请表		
		24. 过程质量检查表		
		25. 调式报告报审表		
		26. 监理初检申请表		
		27. 设计变更联系单		
		28. 设计变更审批单		
		29. 设计变更执行报验单		
		30. 图纸预检记录		
		31. 一般施工方案（措施）报审表		
		32. 交底记录		
		33. 其他		

续表

类目号	类目名称	归档文件名称	立卷单位	保管期限
8104	土建施工文件	1. 工程开（复）工报告及报审表	施工单位	长期
		2. 施工质量验收范围划分表及报审表	施工单位	长期
		3. 工程材料（砂、石、水泥、钢筋、螺栓、角钢等）进场报审 （1）数量清单 （2）出厂质量证明文件 （3）复检报告 （4）原材料跟踪使用台账	施工单位	长期
		4. 桩基工程记录		
		5. 地基验槽记录		
		6. 隐蔽工程验收记录及报审表		
		7. 施工记录及报审表		
		8. 其他		
8105	01 机电施工文件	1. 工程开（复）工报告及报审表	施工单位	长期
		2. 施工质量验收范围划分表及报审表		
	02 光缆检测项目记录	1. 光缆现场单盘开箱检验项目记录	施工单位	长期
		2. 金具及附件现场开箱检验项目记录		
		3. 光缆单盘测量记录		
		4. OPGW 施工质量记录		
		5. 光缆接续点熔接记录		
		6. 导引光缆安装记录		
		7. 光纤配线架（ODF）安装质量记录		
		8. 光缆全程单向接续点损耗测试记录		
		9. 光缆全程接续点平均损耗记录		
		10. 光缆线路全程综合情况一览表		
		11. 光缆区段/中继段光纤色散测试记录		
		12. 分流线施工质量记录		
		13. 光缆与障碍物最小垂直净距离		
		14. 光缆交叉跨越检查记录		
		15. 引导光缆全程敷设图		
		16. 光缆线路配盘图		
		17. 其他		

续表

类目号	类目名称	归档文件名称	立卷单位	保管期限
8105	03 光接口参数规范检测项目记录	1. STM－1 光接口参数规范表	施工单位	长期
		2. STM－4 光接口参数规范（Ⅰ类光口）表		
		3. STM－4 光接口参数规范（Ⅱ类光口）表		
		4. STM－16 光接口参数规范（Ⅰ类光口）表		
		5. STM－16 光接口参数规范（Ⅱ类光口）表		
		6. STM－64 光接口参数规范（Ⅱ类光接口）表		
		7. SDH 设备 155M、2M 电接口技术指标表		
		8. SDH 设备比特率、容差及测试用 PRBS 表		
		9. SDH 网络 STM－N、E1 接口输出抖动值表		
		10. STM－N 输入口抖动和漂移容限值表		
		11. PDH 输入口抖动和漂移容限指标表		
		12. 集成式 WDM 系统的 S1－Sn 和 R1－Rn 光接口参数表		
		13. 光监控（OSC）通路的接口参数表		
		14. 发送端波长转换器（OUT）的接口参数表		
		15. 作为再生中继波长转换器（OUT）的接口参数表		
		16. 8 通路、16 通路 WDM 光纤数字传输系统通路标称中心波长及频率表		
		17. 通路 WDM 传输系统连续频带通路标称中心频率及波长表		
		18. 32 通路 WDM 传输系统分离频带通路标称中心频率及波长表		
		19. 8×22dB WDM 系统主通道参数表		
		20. 5×30dB WDM 系统主通道参数表		
		21. 3×33dB WDM 系统主通道参数表		
	04 传输设备检测项目记录	1. 设备开箱检验报告	施工单位	长期
		2. SDH 设备单机性能检测记录		
		3. 系统误码性能测试表		
		4. 抖动、时钟选择、公务电话测试表		
		5. 保护倒换、环回功能检查表		
		6. SDH 网元及网管功能检查表		
		7. 集成式波分复用设备光通路性能测试表		
		8. PCM 设备技术指标测试及功能检查表		
		9. 机架安装质量检查记录表		
		10. 其他		

续表

类目号	类目名称	归档文件名称	立卷单位	保管期限
8105	05 通信电源设备检测项目记录	1. 安装工艺验收项目	施工单位	长期
		2. 交流配电设备检测项目表		
		3. 直流配电设备检测项目表		
		4. 高频开关整流设备检查项目表		
		5. 蓄电池组检查项目表		
		6. 接地汇集装置处的接地电阻值		
		7. 其他		
	06 交换设备检测项目记录	1. 程控交换设备系统的建立功能的测试	施工单位	长期
		2. 程控交换设备系统的交换功能的测试		
		3. 程控交换设备系统的维护管理功能的测试		
		4. 程控交换设备系统的信号方式及网络支撑的测试		
		5. 程控交换设备系统的性能测试		
		6. 其他		
	07 其他设备施工、调试记录	1. 设备安装记录	施工单位	长期
		2. 设备单机测试报告、记录		
		3. 系统测试报告、记录		
		4. 网管系统功能检查记录		
		5. 已安装的设备清单、工余料交接清单		
		6. 隐蔽工程验收记录及报审表		
		7. 绝缘、接地电阻等性能测试记录		
		8. 中间交工验收记录		
		9. 工程质量检查评定记录		
		10. 其他		
8106	01 竣工验收、投运文件	1. 竣工验收证书 （1）工程验收委员会鉴定书 （2）工程验收委员会名单 （3）生产准备与工程文件检查组成员名单 （4）工程验收检查组成员名单 （5）工程遗留问题处理清单 （6）工程建设有关单位代表名单 （7）工程移交有关单位代表名单 （8）移交工程范围 （9）移交专用工器具清单 （10）移交备品备件清单 （11）移交工程文件清单	建设管理单位	永久

续表

类目号	类目名称	归档文件名称	立卷单位	保管期限
8106	01 竣工验收、投运文件	2. 接地装置实验报告及报审表（交接实验）	建设管理单位	永久
		3. 竣工测试及报审表		
		4. 工程竣工报告		
		5. 试运行方案		
		6. 试运行维护记录、报告		
		7. 事故分析记录、报告		
		8. 建设单位、监理单位施工单位、运行单位总结		
		9. 工程结算及审核报告		
		10. 决算报告及批复		
		11. 审计报告		
		12. 工程项目文件归档清单、档案移交清单及项目文件归档目录		
		13. 其他		
		14. 结算书	第三方	永久
	02 声像材料	1. 照片	施工单位	永久
		2. 光盘		
8107	工程管理文件	1. 工程建设管理文件	建设管理单位	永久
		2. 工程创优相关文件		
		3. 其他		
8108	监理文件	1. 监理规划、监理实施细则	监理单位	长期
		2. 监理单位资质、监理项目部成立文件、监理人员任职及资格证书、印章启用文件		
		3. 监理项目部成立及任命		
		4. 工程开工令（开工报审表等）		
		5. 监理策划文件报审表		
		6. 监理规划		
		7. 监理日志		
		8. 监理月报		
		9. 监理工作总结		

续表

类目号	类目名称	归档文件名称	立卷单位	保管期限
8108	监理文件	10. 监理旁站方案、旁站监理记录 11. 安全监理工作方案、安全巡视检查记录 12. 监理平行检查记录 13. 监理会议纪要、签到表 14. 工作联系单、监理工程师通知单、回复单 15. 工程质量评估报告 16. 设备材料开箱检查记录表 17. 监理初检方案 18. 监理初检报告 19. 工程竣工预验收申请表 20. 工程质量评估报告 21. 施工图预检记录表 22. 施工进度计划（含调整工期）及报审表 23. 施工单位资质、施工项目部成立文件、施工管理人员资质及报审表 24. 试验（检测）单位资质报审表（附：资质证书、试验设备检定证明、试验人员资格证书） 25. 主要材料及设备供货商资质及报审表（未集中招标部分） 26. 特殊工种、特殊作业人员资质证书及报审表 27. 主要测量、计量器具检定证书及报审表 28. 主要施工机械、工器具、安全用具检定证书及报审表	监理单位	长期
8109	报表、简报	统计报表、简报、大事记	建设管理单位	长期
8110	综合竣工图	竣工图编制总说明等	施工单位	永久
8111	土建竣工图	土建竣工图	施工单位	永久
8112	机电竣工图	机电竣工图	施工单位	永久

附录E

评价机制部分

PJ1：项目前期评价综合评价表

项目前期评价综合评价表

序号	评价指标	标准分值	考核内容及评分标准	扣分	扣分原因
一	项目建设单位标准化建设（40分）				
1	项目部组建	10	建设单位组建符合公司规定的原则及标准，组建时间符合要求，项目管理人员以文件形式正式任命并按要求履行报备手续。管理人员任职资格符合规定，建设单位项目负责人参加公司总部或省级公司组织的项目经理培训并考试合格 （查任命文件及报备资料，培训证书、建设单位组织机构管控表。无任命文件，扣2分；未按要求报备，扣1分；组建不及时，扣1分；任职资格不符合规定，每人扣1分）		
2	项目部资源配置	10	应配备满足工程管理需要的办公设施、设备，以及必备的规程、规章制度等文件 （查办公设施。缺少一项扣0.2分）		
3	项目管理策划	10	建设管理纲要、安全文明施工总体策划、质量通病防治任务书等项目策划文件编制符合公司有关要求，科学合理、有针对性、符合工程实际，按要求履行编审批手续，发放及时到位等（3分） （查项目管理策划文件，发放记录等，每缺少一项扣2分；不规范，发放不及时、不到位，每项扣0.5分）		
			设计、施工、监理招标文件及合同内容符合国家及公司有关规定，满足项目管理策划相关要求；物资招标技术规范书满足通用设备“四统一”的要求（2分） （查招标文件及合同，内容不符合相关国家及公司有关规定，每处扣0.5分；与项目管理策划中的有关要求不一致或符合性较差，每处扣0.5分）		
			及时对监理规划、项目设计计划、项目管理实施规划（施工组织设计）、项目进度计划、施工安全管理及风险控制方案、强制性条文执行计划等报审资料进行审查，审查意见明确、准确，有针对性，符合实际，并及时反馈报审单位（3分） （查建设单位对参建单位策划文件审批表。每缺少一项扣1分；不规范、审查意见不准确、表述模糊，每项扣0.5分；反馈意见不及时，每项扣0.3分）		
4	设计管理	10	及时组织设计联络会，组织设计交底和施工图会检，签发会议纪要并监督纪要的闭环落实 （查设计联络会纪要、设计交底纪要、施工图会检纪要，纪要发放记录、相关管控记录表。未组织，每项扣2分；组织不及时，每次扣1分；会议议定事项落实不到位，每项扣1分；纪要发放记录不全、不及时，每项扣0.5分）		

续表

序号	评价指标	标准分值	考核内容及评分标准	扣分	扣分原因
二	监理项目部标准化建设（30 分）				
1	项目部组建	15	监理项目部组建符合公司标准化管理要求，管理人员任职资格符合要求并持证上岗，主要管理人员与投标承诺一致。 ［查任命文件、资格证书、投标文件。无任命文件或未按要求报备，扣 1 分；项目总监理工程师或副总监理工程师、总监理工程师代表等主要管理人员与投标承诺不一致，每人扣 1.5 分（经建设单位批准同意并履行相应手续的，每人扣 0.5 分）；人员配备数量不满足要求，每缺一人扣 1 分；组建时间不符合规定要求，扣 1 分；总监理工程师任职资格或兼职项目数量不符合要求扣 1.5 分，其他主要管理人员任职资格不符合要求，每人扣 0.5 分］		
2	项目部资源配置	15	监理项目部及监理站点设置合理，配备满足独立开展监理工作所需的办公、交通、通信、检测、个人安全防护用品等设备或工具，并配置必要的法律法规、规程规范和规章制度、技术标准等。 （对照投标文件和管理手册，查项目部办公设施、交通工具、检测工具及相关规程、规章制度，以及监理站点设置及设施配备情况。与投标承诺有明显差异、不满足实际需要或不符合要求，每项扣 1 分）		
三	施工项目部标准化建设（30 分）				
1	项目部组建	10	项目部组建和管理人员任职资格符合公司相关要求；主要人员与投标承诺一致。 ［查任命文件、资格证书、投标文件。无任命文件扣 1 分；项目部管理人员与资格报审表不一致，每人扣 1 分；项目经理或副经理、项目经理程师等主要管理人员与投标承诺不一致，每人扣 1.5 分（经建设单位批准同意并履行相应手续的，每人扣 0.5 分）；人员配备数量不满足要求，每缺一人扣 1 分；项目经理任职资格不符合要求或同时承担 2 个及以上在施项目管理岗位，扣 1.5 分，其他主要管理人员任职资格及兼职情况不符合要求，每人扣 1 分］		
2	项目部资源配置	10	施工项目部办公设施、交通工具、主要施工工器具、规程规范和标准的配备满足要求；施工班组驻点、材料站等选址合理，办公及生活设施配备满足需要。 （对照投标文件和管理手册，查项目部办公、生活设施、交通工具、主要施工工器具及维护管理记录、规程规范和标准、施工班组及材料站设置与设施配备情况。与投标承诺有明显差异、不满足实际需要或不符合要求，每项扣 0.5 分）		
3	项目管理提升	10	对建设单位和监理项目部提出的问题进行闭环整改，制订并落实针对性管理措施。 （查工程现场及相关检查记录、整改资料。存在未闭环整改，或同类重复出现的问题，每项扣 1 分）		

建设管理单位负责人：＿＿＿＿＿＿　　　　　　＿＿＿＿年＿＿月＿＿日

PJ2：项目进度综合评价表

项目进度综合评价表

序号	评价指标	标准分值	考核内容及评分标准	扣分	扣分原因
一	项目建设单位（40分）				
1	标准化开工	5	开工前按要求核查项目核准及可研批复文件、相关支持性文件；初步设计及批复文件；建设用地规划许可证、建设用地批复、土地使用证；建设工程规划许可证；施工许可证；通信工程质量监督申报书；设计、施工、监理中标通知书、合同文本等有关手续，落实标准化开工条件（3分） （查标准化开工审查管控记录表。未核查或核查内容不真实，每项扣1分） 按要求审批工程开工报审表（1分） （查开工报审表。未审批，扣1分；审批意见不明确或不准确，扣0.5分；审批不及时扣0.5分）		
2	工程协调与监督检查	10	定期召开工程例会，检查上次会议工作部署落实情况，对工作完成情况进行总结通报，布置下阶段主要工作（3分）（查工程例会记录、会议纪要，管控记录表。未组织，每项扣2分；组织不及时，每次扣1分；会议议定事项落实不到位，每项扣1分；发放记录不全，发放不及时，每项扣0.5分） 跟踪设备、材料供货情况，主设备的到场验收、开箱检查（3分）（查项目物资供货协调表、到场验收交接记录、开箱检查记录、专题会议纪要等。应开展而未开展，每次扣1分；开展不及时，每次扣0.5分；相关记录不全，每项扣0.5分） 落实公司基建各专业管理的相关规定及要求，掌控工程现场进度管理制度标准和工作计划落实情况，审批监理、施工项目报审的有关文件，按要求组织开展现场进度等监督检查并监督整改闭环（6分）（查进度等过程管理往来文件及相关审批意见，相关监督检查、核查记录等。应开展而未开展，每项扣2分；开展不及时，每次扣1分；报审文件审批不及时，每项扣0.5分；审批意见不准确、不规范，每处扣0.5分；检查记录不全，每项扣0.5分；检查问题未整改闭环，每项扣1分）		
3	工程设计变更管理	4	严格执行工程变更（签证）管理制度，及时组织审核确认工程设计变更（签证）中的技术及费用等内容，履行工程变更（签证）审批相关手续 （查工程设计变更审批单。未按规定履行审批手续，每项扣2分；审批程序不规范，每项扣1分；审查意见不规范、不准确，每次扣0.5分）		

续表

序号	评价指标	标准分值	考核内容及评分标准	扣分	扣分原因
4	信息与资料管理	12	应用基建管理信息系统信息化手段，规范项目建设过程管理，推动监理、施工项目部落实信息化应用工作要求，确保系统数据录入及时、准确、完整（3分） （查相关项目部基建信息管理系统。数据录入不及时、不准确、不完整，每项扣1分） 及时组织宣贯上级文件，来往文件记录清晰（3分） （查文件及收发文记录。每缺少一个文件，扣1.5分；不规范，每个扣1分） 及时完成资料收集，组织档案移交（5分） （查档案资料移交记录。未及时组织移交，扣5分；移交资料不全，每缺一项，扣0.5分） 对工程建设管理工作进行系统总结，按照相关要求和格式进行编写并上报（1分） （查项目建设管理总结。未编写，扣1分；编写不规范，扣0.5分）		
5	管控记录表执行	4	履行管理职责，按要求填写管控记录表 （查管控记录表填写的及时性、完整性、准确性、真实性。每缺少一项扣1分；不规范，每项扣0.5分）		
6	进度管理	5	按里程碑进度计划开工、投产得满分。开工每延迟1个月，扣0.5分；投产每延迟1个月，扣1分		
二	监理项目部（30分）				
1	项目管理	20	按要求审核工程开工条件、开工报审表（2分） （查开工报审表。审核流程不规范，审核意见不明确、不准确，审核不及时等，每项扣1分） 按照建设单位方进度计划管理要求，审批施工进度计划，并实施动态管理，对执行情况进行分析和纠偏，监督施工进度计划落实情况。需调整施工进度的项目，审查施工项目部施工进度调整计划，并报建设单位（3分）（查相关记录，未审批施工进度计划或审查不准确，扣1分；未对计划执行情况进行分析和纠偏，扣2分） 按要求组织召开监理例会或专题会议，参加建设单位等上级单位组织的有关会议（4分） [查例会纪要，未定期（每月）召开，每次扣1分；无会议记录，每次扣0.5分；未实施闭环管理，每项扣0.5分；未按要求参加建设单位等上级单位组织的会议、未落实会议议定事项，每次扣1分] 基建管理信息系统数据录入及时、准确、完整（2分） （系统中关键数据缺失或错误，每处扣0.2分） 协助建设单位监督施工合同条款执行，对施工合同的执行进行过程管理，及时协调合同执行过程中的各种问题（2分） （查会议纪要及相关记录。对相关分歧或纠纷事项未进行协调或协调不力，每项扣1分；无记录扣1分）		

续表

序号	评价指标	标准分值	考核内容及评分标准	扣分	扣分原因
1	项目管理	20	按照公司管理办法采集、管理施工过程安全、质量控制数码照片（3 分）（查数码照片。有弄虚作假问题，每张扣 1 分；缺项、主题不明确、数量不足、未按要求分类整理、不规范或不满足要求，每张扣 0.2 分；未及时整理、移交，扣 1 分） 及时组织宣贯上级文件，来往文件记录清晰。每月编制监理月报，及时报送建设单位（2 分） （查文件及收发文记录、宣贯记录、监理月报。每缺少一个文件，扣 0.5 分；未宣贯，每项扣 0.5 分；未编制监理月报或无实质性内容、未及时上报，每次扣 1 分） 及时收集监理档案文件资料，进行分类整理、组卷、录入，工程投运后及时移交（3 分） （查工程档案。缺项或内容不完整、不规范，每项/份扣 0.3 分；工程档案未与工程建设同步形成，每项/次扣 0.3 分；未按时移交，每项扣 1 分）		
2	进度管理	4	因监理单位原因造成开工延迟，每延迟 1 个月扣 1 分；因监理单位原因造成投产延迟，每延迟 1 个月扣 2 分（本项扣分最多不超过 4 分）		
3	问题纠偏与闭环管理	6	因监理单位未指出、未纠正或未监督整改闭环施工管理存在的问题，发生 8 级及以上安全事故或质量事件，每件/次扣 10 分； 建设单位及上级单位检查中发现监理未发现的安全质量隐患，每项扣 2 分； 未跟踪督促施工单位对检查出的安全质量隐患及时闭环整改、采取防范措施，每项扣 10 分 （本项扣分最多不超过 6 分）		
三	施工项目部（30 分）				
1	项目管理	20	按要求落实标准化开工条件、上报开工报审表（2 分）（查开工报审表。开工报审内容不真实，每项扣 1 分；未报审或未批准擅自开工，扣 2 分） 编制施工进度计划并报审，对进度计划进行过程动态管理，落实建设单位方进度计划管理要求；根据工程实际，合理调配资源，保障进度计划有效执行；施工进度与计划存在偏差，无法满足进度计划节点要求时，及时滚动修编进度计划并报审。工程停复工时及时办理相关手续（3 分）[查相关记录。未编制施工进度计划扣 1 分；未及时编制停电需求计划（如有）并上报，每项扣 0.3 分/次。施工进度计划不满足关键进度节点要求且未采取纠偏措施，每次扣 1 分； 达到施工进度调整要求调整施工进度计划的，每次扣 0.5 分；未定期（每月）分析、总结计划执行情况，每次扣 0.2 分；工程停、复工未办理停复工批准手续，每次扣 0.5 分]		

续表

序号	评价指标	标准分值	考核内容及评分标准	扣分	扣分原因
1	项目管理	20	实际进度与计划进度偏差（3 分）[对比工程现场实际进度与计划进度节点时间（指关键或阶段性节点），每滞后 1 个月扣 1 分；由于不可抗力而造成进度偏差不扣分] 组织召开工程例会或专题协调会，参加监理项目部、建设单位组织的会议，落实会议议定事项（2 分）[查例会纪要。未定期（每月）召开，每次扣 0.5 分；无会议记录每次扣 0.3 分；未参加相关会议，每次扣 0.5 分；未落实或有效落实会议议定事项，每项扣 1 分] 加强外部协调，确保工程按计划依法开工、有序推进，按期投产（3 分）[查相关记录。因施工单位外部协调原因，造成开工延迟，每延迟 1 月扣 1 分；因施工单位外部协调原因造成投产延迟，每延迟 1 月扣 1.5 分；因施工单位原因给属地协调工作带来额外困难，每次扣 1 分；因施工单位原因发生社会不良影响事件，每次扣 3 分] 按照公司管理办法采集、管理施工过程安全、质量控制数码照片（2 分）（查数码照片。有弄虚作假问题，每张扣 1 分；缺项、主题不明确、数量不足、未按要求分类整理、不规范或不满足要求，每张扣 0.1 分；未按时整理、移交，扣 1 分） 基建管理信息系统数据录入及时、准确、完整（2 分）（查基建管理信息系统、现场实际进度，系统中关键进度节点与现场实际进度偏差超出 7 天，扣 1 分；系统中关键数据缺失或错误，每处扣 0.2 分） 及时组织宣贯上级文件，来往文件记录清晰。每月编制施工月报并及时报送监理项目部（2 分）（查文件及收发文记录、宣贯记录、施工月报。每缺少一份文件，扣 0.5 分；未宣贯，每项扣 0.5 分；未编制施工月报或无实质性内容、未及时上报，每次扣 1 分） 工程档案完整、字体规范、载体合格，移交及时（3 分）（查工程档案。缺项或内容不完整、不规范，每项/份扣 0.3 分；工程档案未与工程建设同步形成，每项/次扣 0.3 分；未按时移交，每项扣 1 分）		
2	进度管理	10	因施工单位原因造成开工延迟，每延迟 1 月扣 1 分；因施工单位原因造成投产延迟，每延迟 1 月扣 2 分 （本项扣分最多不超过 10 分）		

建设单位负责人：__________　　　　　　　　　　　　______年____月____日

注　每分项扣分最多不超过本分项标准分值。

PJ3：质量管理评价表

质量管理评价表

序号	评价指标	标准分值	考核内容及评分标准	扣分	扣分原因
一	项目建设单位（30分）				
1	工程协调与监督检查	15	落实公司基建各专业管理的相关规定及要求，掌控工程质量管理制度标准和工作计划落实情况，审批监理、施工项目报审的有关文件，按要求组织开展质量监督检查并监督整改闭环（6分）（查质量管理往来文件及相关审批意见，相关监督检查、核查记录等。应开展而未开展，每项扣2分；开展不及时，每次扣1分；报审文件审批不及时，每项扣0.5分；审批意见不准确、不规范，每处扣0.5分；检查记录不全，每项扣0.5分；检查问题未整改闭环，每项扣1分）		
2	工程验收及质量监督	10	参与或受建设管理单位（部门）委托组织工程随工验收，参与竣工预验收、启动验收等工作（6分）（查验收过程资料，验收管控记录表等。未按要求组织或参加，每项扣2分；检查问题未整改闭环，每项扣1分） 组织做好工程质量监督配合工作，监督落实整改意见（2分）（查相关过程文件及资料。组织不及时，每次扣1分；整改意见未落实或落实不及时、不到位，每项扣1分）		
3	质量管理	5	实现《公司质量管理规定》所规定的工程项目质量目标，得满分，否则得0分		
二	监理项目部（40分）				
1	质量管理	10	审查施工项目部选择的供应商资质、原材料报验资料，进行见证取样、送检，组织设备开箱检验（3分）（查供应商资质报审表、原材料报审表、设备开箱记录。原材料质量证明文件和复检试验记录等不完备或记录不规范，每份扣0.5分；资质等不符合要求或现场实际供应商、应用的原材料等与报审不符而监理未纠正的，每项扣1.5分） 依据质量旁站方案，对施工关键部位、关键工序进行旁站监理，对施工质量实施管控（4分）（查质量旁站监理记录。每缺一份扣1分；应旁站而未进行旁站，每处扣1分；记录不规范、与其他资料不对应、问题未闭环，每处扣0.5分） 分部工程验收前对施工单位执行强制性条文情况进行检查，竣工预验收时复查汇总（2分）（查强制性条文执行检查及汇总记录。施工强制性条文执行检查表缺少，每份扣1分；无汇总表，扣1分；施工单位有未执行强制性条文情况而监理单位未发现或未指出，每条扣1分）		

续表

序号	评价指标	标准分值	考核内容及评分标准	扣分	扣分原因
1	质量管理	10	检查质量通病防治控制措施落实情况，工程结束后进行评估（2 分）（查工程实体、检查整改记录、评估报告。工程实体发现质量通病，每处扣 1 分；无质量通病防治过程检查资料，扣 1 分；无评估报告，扣 1 分） 参加标准工艺样板验收，对标准工艺的应用效果进行控制和验收，及时纠偏（3 分）（查会议纪要、检查整改记录。应采用而未采用标准工艺，每项扣 1 分；标准工艺样板验收记录缺少，每项标准工艺扣 0.5 分；无标准工艺应用分析会议纪要，扣 0.5 分） 组织监理初检，参加随工验收、竣工预验收、启动验收和启动试运行，督促缺陷整改闭环（5 分）（查初检记录、缺陷整改闭环记录。工程质量初检记录缺少，每次扣 2 分；验收走过场，质量缺陷未整改或在下一级验收重复出现，每项扣 1 分） 因监理单位原因未实现监理承包合同质量目标，扣 20 分		
2	问题纠偏与闭环管理	30	因监理单位未指出、未纠正或未监督整改闭环施工管理存在的问题，发生 8 级及以上质量事件，每件/次扣 10 分； 建设单位及上级单位检查中发现监理未发现的质量隐患，每项扣 2 分； 未跟踪督促施工单位对检查出的质量隐患及时闭环整改、采取防范措施，每项扣 10 分 （本项扣分最多不超过 30 分）		
三	施工项目部（30 分）				
1	质量管理	30	对特殊工种和特殊作业人员资格、主要施工机械/工器具/安全用具、大中型施工机械进场/出场进行检查并报审（3 分）（查报审记录。特种作业人员未做到持有效证件上岗，每人扣 0.2 分；证件不合格、过期、存档证件复印件不清楚按无证作业扣分；未向监理项目部报审特殊工种/特殊作业人员、主要施工机械/工器具/安全用具、报审大中型施工机械进场/出场，每缺一项扣 0.2 分）		
			据实记录、填写施工强制性条文执行记录表（2 分）（查施工强制性条文执行记录表。每少一份扣 0.2 分；工程实物违反强制性条文规定，每处扣 1 分）		
			落实质量通病防治措施，工程结束后进行总结（2 分）（查工程实体、通病防治技术交底、通病防治工作总结。工程实体发现质量通病，每处扣 0.5 分；无质量通病防治过程检查资料，扣 0.5 分；无通病防治工作总结，扣 0.5 分）		

续表

序号	评价指标	标准分值	考核内容及评分标准	扣分	扣分原因
1	质量管理	30	全面应用标准工艺，对过程标准工艺的应用情况及质量通病预防措施的执行情况进行检查，对质量缺陷进行闭环整改（2分）（查宣贯和培训记录、会议纪要、检查整改记录。缺少标准工艺宣贯和培训记录、检查记录，每次扣0.5分；未按要求应用“公司输变电工程工艺标准库”，每项扣0.2分）		
			对计量器具、检测设备建立台账并报审，对试验（检测）单位资质进行报审（2分） [查计量器具台账、主要测量计量器具/试验设备检验报审表、试验（检测）单位资质报审表，每缺一项扣0.5分]		
			对主要材料、设备生产厂家的资质证明文件进行报审，对原材料进行跟踪管理（2分） （查乙供主要材料供货商资质报审表、乙供工程材料/设备进场报审表、钢筋、水泥跟踪管理记录。钢筋和水泥台账每缺一项扣0.2分；台账不规范每项扣0.1分；原材料质量证明文件和复检试验记录不完备或不规范，每类扣0.2分）		
			编制、收集设备安装记录（施工记录）及试验报告、隐蔽工程检查记录、签证书等资料（3分） [查安装记录（施工记录）及试验报告、隐蔽工程检查记录、签证书。缺少一份扣0.3分；不规范，每份扣0.2分]		
			按规定开展质量活动并对质量缺陷进行闭环管理（1分） （查整改记录，会议纪要。每缺一次扣0.5分；未进行闭环管理，每次扣0.3分）		
			执行三级自检，做好三级检验记录、工程验评记录及质量问题管理台账；配合做好监理初检、随工验收、竣工预验收、启动验收和启动试运行以及质量监督检查工作，落实职责，做好存在问题的闭环整改（3分） （查三级自检记录、工程验评记录及质量问题管理台账，每缺一份扣1分；验收走过场，质量缺陷未整改或在下一级验收中重复出现，每类扣0.5分）		
			因施工单位原因造成开工延迟，每延迟1月扣1分；因施工单位原因造成投产延迟，每延迟1月扣2分 （本项扣分最多不超过5分）		

监理项目负责人：＿＿＿＿＿＿　　　　＿＿＿＿年＿＿月＿＿日

注　每分项扣分最多不超过本分项标准分值。

PJ4：安全评价表

安 全 评 价 表

序号	评价指标	标准分值	考核内容及评分标准	扣分	扣分原因
一	项目建设单位（10 分）				
1	安全管理	10	实现《公司安全管理规定》所规定的工程项目安全目标，得满分，否则得 0 分		
二	监理项目部（60 分）				
1	安全管理	30	适时开展监理安全检查，重点督查施工项目部的安全措施或专项施工方案、施工安全管理及风险控制方案的落实，对发现的各类安全事故隐患，要求施工项目部及时整改闭环（6 分）（查安全签证等记录、监理通知单、监理通知回复单、工程暂停令。安全签证等记录每缺一份，扣 0.5 分；记录不规范、与其他资料不对应，每份扣 0.5 分；发现的问题未监督整改闭环，每次扣 1 分）		
			审查施工单位和分包商的特殊工种、特种作业人员资格证明文件，并进行不定期核查（2 分）（查特殊工种、特种作业人员报审资料。审查不严格、未发现特殊工种、特种作业人员资格证明文件缺失或失效，每份扣 0.5 分；现场发现无证上岗，每例扣 1 分）		
			依据安全监理工作方案，对施工安全的重要及危险作业工序和部位进行安全旁站监理，实施三级及以上安全风险监理预控措施（4 分）（查安全旁站监理记录。每缺一份扣 1 分；应旁站而未进行旁站，每处扣 1 分；记录不规范、与其他资料不对应、问题未闭环，每处扣 0.5 分）		
			审查安全文明施工设施配置计划申报，检查现场的安全文明施工设施使用情况（2 分）（查安全文明施工设施配置计划申报单、安全文明施工设施进场验收单、监理检查记录，资料缺少扣 1 分；现场安全文明施工设施布置与计划不符、布置不规范而监理未发现或未指出，每处扣 0.5 分）		
			因监理单位原因未实现监理承包合同安全目标，扣 20 分		
2	问题纠偏与闭环管理	30	因监理单位未指出、未纠正或未监督整改闭环施工管理存在的问题，发生 8 级及以上安全事故，每件/次扣 10 分；建设单位及上级单位检查中发现监理未发现的安全隐患，每项扣 2 分；未跟踪督促施工单位对检查出的安全隐患及时闭环整改、采取防范措施，每项扣 10 分（本项扣分最多不超过 30 分）		

续表

序号	评价指标	标准分值	考核内容及评分标准	扣分	扣分原因
三	施工项目部（30分）				
1	安全管理	20	组织全体人员进行安全培训，经考试合格上岗；对新入场施工人员进行安全教育（3分） （查岗前培训和专项培训资料。未进行培训扣2分；未组织岗前安全培训教育和考试，每人扣0.2分；教育和培训记录存在代考/代签现象的，按未参加培训教育扣分）		
			组织全体施工人员进行安全技术交底（3分） （查交底记录。未进行全员安全技术交底，每次扣1分；未全员签字或存在代签现象，每人扣0.2分；交底内容针对性差、过于简单，或后补交底过程材料等，按未开展此类工作扣分）		
			施工安全风险识别评估及预控措施（2分） （查相关资料，未按规定开展相关工作，每项扣1分；工作开展不规范或不符合要求，每项扣0.5分）		
			贯彻落实安全文明施工标准化要求，实现文明施工、绿色施工、环保施工（3分） （查现场布置。安全防护设施配置不统一、不规范，每处扣0.2分；安全文明施工类物品包括：安全帽、安全带、速差自控器、安全自锁器、下线爬梯、验电器、接地线等的管理和使用不符合规定，每类扣0.3分）		
			组织和配合现场安全检查工作，对检查中发现的各类安全隐患及时整改闭环（3分） （查安全检查提纲、检查表、安全检查整改通知单、安全检查整改报告及复检单等。未按规定每月至少组织一次安全检查，缺少一次扣0.5分；未对建设单位、监理及自行组织的安全检查所发现的问题进行整改闭环，每项扣0.3分）		
			组建现场应急救援队伍，配备应急救援物资和工器具，参加应急救援知识培训和现场应急演练（2分） （查应急队伍组建、物资准备情况、现场应急处置方案演练记录。未按要求组建现场应急救援队伍，扣1分；未配备应急救援物资和工器具，或未落实管理人员及责任，扣1分；应急救援物资和工器具配备不全，每缺少一项扣0.5分；未填写现场应急处置方案演练记录，扣0.5分）		
2	问题纠编管理	10	因施工单位原因未实现施工承包合同安全目标，扣10分		

监理项目负责人：________　　　　______年___月___日

注　每分项扣分最多不超过本分项标准分值。

PJ5：技术管理评价表

技术管理评价表

序号	评价指标	标准分值	考核内容及评分标准	扣分	扣分原因
一	监理项目部（50 分）				
1	技术管理	50	对施工图进行预检，形成预检意见（1 分） （查施工图预检记录。未按规定开展施工图预检，每次扣 0.5 分）		
			参加施工过程中重要（关键）环节的施工技术交底会（2 分） （查项目部施工技术交底记录，缺少一次扣 0.5 分；施工单位未进行交底或交底走过场、内容没有针对性而监理单位未发现或未指出，每次扣 1 分）		
			根据工程不同阶段和特点，对现场监理人员进行岗前教育培训和技术交底（2 分） （查安全/质量活动记录表、试卷及成绩。未按规定进行岗前教育培训和技术交底，每人次扣 0.5 分；培训或交底记录存在后补、虚假以及代签字等现象，每次扣 2 分）		
			组织审查专项施工方案，审查意见明确、准确，有针对性，及时反馈施工项目部，并监督方案在现场的有效执行（4 分）（查专项施工方案报审表、文件审查记录表。每缺少一项扣 1 分；不规范、审查意见不准确、表述模糊，每项扣 0.5 分；反馈意见不及时，每项扣 0.5 分；施工方案与现场实际执行不符而监理未指出并纠正，每项扣 2 分）		
二	施工项目部（50 分）				
1	技术管理	50	对施工图进行预检，形成预检意见（1 分） （查施工图预检记录。未按规定开展施工图预检，每次扣 1 分）		
			建立技术标准执行清单并及时进行更新（1 分） （查技术标准执行清单。未建立清单扣 1 分；有未更新项每项扣 0.5 分）		
			编制施工方案（措施）、作业指导书并履行审批程序，审批后进行技术交底，监督技术方案在现场的实际执行（4 分） （查施工技术方案/措施、作业指导书及报审表、交底记录。方案未编制或缺乏可操作性，每份扣 1 分；编审批未签字或签字手续不规范，或未按规定流程报审和审核的，每份扣 0.5 分；未按规定在施工前进行技术交底、交底时未履行签字手续或签字手续不规范，每份扣 0.2 分；施工方案与现场实际执行不符，每项扣 2 分）		
			提出设计变更时，编写设计变更联系单，履行设计变更审批手续，严格执行审批后的设计变更。设计变更单执行完毕后，填写设计变更执行报验单并履行报验手续（2 分） [查设计变更联系单、（重大）设计变更审批单，设计变更执行报验单。设计变更联系单、（重大）设计变更审批单未履行审批手续，每份扣 0.3 分；设计变更完毕未履行报验手续，每份扣 0.2 分；未严格执行设计变更，每项扣 2 分]		

建设单位项目负责人：＿＿＿＿＿＿　　　　　　　　＿＿＿＿年＿＿月＿＿日

注　每分项扣分最多不超过本分项标准分值。

PJ6：生产技术改造项目后评价管理流程图

国家电网公司生产技术改造项目后评价管理流程

阶段	国网电网公司 运检部	国网电网公司 相关部门	国网电网公司 直属单位	省电力公司 运检部	省电力公司 相关部门	省电力公司 二级单位	地市供电公司 运检部	地市供电公司 相关部门	地市供电公司 二级单位	外部单位	过程描述
后评价项目确定阶段	开始 1.1 确定技改后评价项目	1.2 安质部、信通部、物资部、国调中心等部门配合确定技改后评价项目	1.3 国网运行公司、国网新源公司确定技改后评价项目	1.4 确定技改后评价项目	1.5 安质、信通、物资、调度等部门配合确定技改后评价项目						1. 公司总部、各分部、各单位运检部根据技改项目后评价管理规定相关要求，确定需要开展后评价的技改项目。
后评价报告编制阶段	2.1 组织开展技改项目后评价工作	2.2 安质部、信通部、物资部、国调中心等部门配合开展技改项目后评价工作	2.3 国网运行公司、国网新源公司组织开展技改项目后评价工作	2.4 组织开展技改项目后评价工作	2.5 安质、信通、物资、调度等部门配合开展技改项目后评价工作	2.6 省检修公司组织开展技改项目后评价工作	2.7 组织开展技改项目后评价工作	2.8 安质、信通、物资、调度等部门配合开展技改项目后评价工作	2.9 市检修公司配合开展技改项目后评价工作	3. 咨询机构/专家组编制技改项目后评价报告	2. 各级运检部门组织相关项目单位开展本单位技改项目后评价工作。 3. 咨询机构或专家组全程参与后评价工作，根据后评价工作情况编制项目后评价报告。
后评价报告审核阶段	5.1 审核技改项目后评价报告	4.1 安质部、信通部、物资部、国调中心等部门审核本单位技改项目后评价报告	4.2 国网运行公司、国网新源公司审核本单位技改项目后评价报告	5.2 审核本单位技改项目后评价报告	4.3 安质、信通、物资、调度等部门审核本单位技改项目后评价报告	4.4 省检修公司审核本单位技改项目后评价报告	5.3 审核本单位技改项目后评价报告	4.5 安质、信通、物资、调度等部门审核本单位技改项目后评价报告	4.6 市检修公司审核本单位技改项目后评价报告		4. 项目单位审核相关技改项目后评价报告并报本单位运检部门。 5. 各级运检部门审核相关技改项目后评价报告。
总结提炼阶段	6. 组织交流反馈、完善制度标准 7.1 提出项目管理改进措施 结束	8.1 安质部、信通部、物资部、国调中心等部门组织落实改进措施	8.2 国网运行公司、国网新源公司组织落实改进措施	7.2 提出项目管理改进措施	8.3 安质、信通、物资、调度等部门组织落实改进措施	8.4 省检修公司组织落实改进措施	7.3 提出项目管理改进措施	8.5 安质、信通、物资、调度等部门组织落实改进措施	8.6 市检修公司组织落实改进措施		6. 国网运检部组织反馈和交流，完善相关制度标准。 7. 各级运检部门提出项目管理改进措施。 8. 项目单位组织落实项目管理改进措施。

1. 确定后评价项目
2. 组织开展技改项目后评价工作
4. 项目单位审核后评价报告
5. 运检部审核后评价报告
7. 提出项目管理改进措施
8. 组织落实改进措施

PJ7：生产技术改造项目后评价报告模板

生产技术改造项目后评价报告模板

第一部分　编制单位资质证书

第二部分　参加评价人员名单和专家组人员名单

第三部分　评价方法论简述

第四部分　报告正文

一、项目概况

二、项目前期工作评价

三、项目实施管理工作评价

四、项目运行情况评价

五、社会效益和环境影响评价

六、退出设备再利用评价

七、评价结论

第五部分　附件

一、项目立项可行性研究报告

二、项目主管部门批准文件

三、项目招标资料（邀请书、评标报告、中标通知书）

四、项目设计、监理、采购、施工、设备安装、试验等合同

五、项目相关设备测试鉴定报告（厂方出厂试验报告，现场测试报告）

六、项目监理、设备监造等报告（概述和结论部分）

七、项目竣工验收报告

八、项目竣工决算报告

九、项目运行情况报告（项目验收完成至后评价期间应用情况）

十、项目获奖证明资料有关项目的其他文件资料

备注：

1. 项目后评价数据来源。项目后评价应依据项目各阶段的正式文件和真实数据，内容包括：项目建议书、可行性研究报告；初步设计、招标、合同文件；施工阶段重大问题变更（如概算调整、设计变更、设备主要技术修正）的请示及批复；工程验收报告（含附件）和工程竣工、决算报告。

2. 第五部分附件列举的资料为一般性要求，具体应根据项目投资规模、项目性质不同进行增减，但其中一、二、四、七、八、九项为必需资料，且七、八、九项资料必须有单位盖章（可以是复印件）。

3. 报告正文内容参照办法第三部分，其中评价结论主要包括：

（1）评价结论。依据评价内容和评价方法进行全面分析得出的结论，包括定性评价结论和定量评价结论。定性分析内容主要包括项目全过程回顾、前期工作、准备阶段、实施过程以及项目全过程管理评价，占项目评价权重 35%。定量分析指项目安全（包括安全预期目标实现程度）、效能和效益评价，安全评价占项目评价权重 30%，重点做好性能指标偏差程度评价；效能评价占项目评价权重 15%，重点做好效能指标偏差程度评价；效益评价占项目评价权重的 20%，主要按照资产全寿命周期成本方法对项目实施效益进行评价。二项综合评价等级为：80 分及以上为成功，60 分及以上基本成功，60 分以下为不成功。

（2）经验教训。对存在问题进行有针对性的、全面的分析评价，真实反映问题成因；深入分析项目成功或失败的具体根源，总结经验教训；形成的对策建议应具有可操作性，能具体指导项目管理的改进、提升。

（3）措施和建议。根据综合评价结论和项目存在的主要问题，提出建议以及需要采取的措施。

（4）技术改造项目的后评价应针对技改项目的特点，着重项目预期目标实现程度的评价。

4. 定性分析评价指标参照表

指标名称	指标内容	满分条件	偏差说明	评分权重	分值
可研设计	可研报告	有切实、完整的可行性报告		8%	
		可行性报告经过评审、批准；立项决策科学、合理		6%	
	方案设计	有正式的设计方案（文件）		6%	
		方案设计经过评审、批准		6%	
实施	采购合同	采购程序符合公司采购管理规定		5%	
	进度控制	项目按计划完成		5%	
	资金管理	资金使用符合规定，及时形成固定资产；预算合理，费用不超支		5%	
		有竣工决算		5%	
	安全措施（系统、消防、隔离、设备事故、人身事故等）	安全措施充分		3%	
		未发生人身事故		2.5%	
		未发生火灾或系统、设备事故		2.5%	
	环保控制（生态、废气、废水、废物、电磁）	不影响环境保护或对环境有改善		5%	
	施工组织（新老系统/设备过渡、实施组织协调、人员落实）	有专门的项目实施组织		2%	
		项目有关人员职责分工明确		2%	
		项目实施过程有专人协调		2%	
		新老系统/设备隔离、过渡有措施，实施顺利		2%	

续表

指标名称	指标内容	满分条件	偏差说明	评分权重	分值
验收	目标实现	全部项目质量优良		5%	
		全面实现立项目标		10%	
	性能、功能测试	验收手续完备		5%	
		全面完成项目性能、功能指标测试		8%	
文档	过程文件	资料真实完整		5%	
总分×100%					